환경 재난과 인류의 생존 전략

● 박석순 지음 ●

어문학사

이 책에 기술한 수많은 환경 문제를 이미 20세기 초에 예견하고,
1921년 세계 최초로 대학에 학문과 교육의 기초를 세운
미국 럿거스대학교 환경과학과 창립 교수들과 그곳에서
나의 석사 및 박사 과정을 지도하고 지금까지 학문적 삶을 이끌어준
크리스토퍼 유클린(Christopher G. Uchrin, Ph. D., P.E.) 교수님께
이 책을 헌정한다.
창립 교수들의 선구자적 정신과 유클린 교수의 균형 잡힌 환경관은
이 책을 저술하는 동안 항상 나와 함께하였다.

••머리말

2020년 개정판을 내면서

지금은 코로나19라는 세계적인 대재앙이 몇 개월째 계속되고 있는 재난의 시기다. 공교롭게도 나는 이 재난의 시기에 재난 책의 개정판을 준비하면서 재난이란 무엇인지 다시 한번 숙고하게 되었다. 끝을 모르는 세계적인 공황 상태와 수많은 희생자 뉴스가 주는 참담함을 느끼면서 정부의 방역지침에 따라 행동하는 것이 지금의 일상이다. 유력한 발생원인 중 하나로 무선통신기술과 인공위성으로 인한 지구 전자기장 교란이 거론되면서, 이번 코로나 대재앙 또한 새로운 유형의 환경 재난으로 불리게 될 여지를 남겨두고 있다. 만약 급증한 인공 전자파에 의한 지구 전자기장 교란이 바이러스 돌연변이로 이어져 코로나 대재앙이 발생했다면, 인류는 앞으로 또 다른 차원의 환경 재난에 대비해야 할 것 같다.

이 책은 내가 환경 재난에 남다른 관심을 갖게 되면서 저술이 시작됐다. 그리고 그 시기는 지난 1980년대 초 미국에서 대학원 공부를 시작할 즈음이다. 당시 미국은 스리마일섬 원자력발전소 사고와 러브 커낼 사건이 발생하여 그 여파가 채 가시지 않은 상태였다. 환경 재난은 강의 시간에도 자주 인용되었고 사회적으로도 큰 반향을 일으켰다. 나는 강의를 통해 여러 가지 환경 재난 이

야기를 들으면서 좀 더 많은 사례를 자세히 알고 싶다는 생각을 했다.

이렇게 시작된 나의 관심은 환경 재난에 관한 자료를 수집하고 정리하는 취미 생활로 이어졌다. 나는 과거로부터의 배움이 미래의 재난을 막을 수 있을 것으로 생각하고 시간이 날 때마다 여기저기 조금씩 흩어져 있는 자료를 모으기 시작했다. 그리고 불행하게도 새로운 사건들이 계속 일어나 나의 취미 생활을 도와주었다. 1984년에는 인도에서 보팔 사건이, 1986년에는 우크라이나에서 체르노빌 사건과 스위스에서 라인강 바젤 사건이 발생하는 등 세계를 놀라게 하는 대형 사건들이 연이어 발생했다. 공교롭게도 1980년대는 유난히 세계적 환경 재난이 많았던 시절이었다.

내가 귀국한 후에는 마치 기다렸다는 듯이 크고 작은 사건들이 우리나라에서도 발생하여 환경 재난에 대한 나의 집착을 다시 한 번 자극하기 시작했다. 1991년의 낙동강 페놀 사건을 시작으로 시프린스호 기름 유출 사건, 여천공단 대기오염, 시화호 수질오염, 그리고 월성 원자력발전소 사고에 이르기까지 1990년대는 우리 역사상 환경 재난이 가장 빈번했던 시기로 기록되었다. 그리고 이 시기에 성수대교, 삼풍백화점 붕괴 사건, 위도 여객선 침몰 등 뜻하지 않은 대형 참사가 연이어 발생하여, 우리 스스로 자초한 인재에 대한 사회적 질타가 극에 달했다.

이러한 시기를 거치면서 내가 그동안 모았던 환경 재난 사례는 신문과 방송을 통해 조금씩 소개되었고, 『지구촌 환경 재난』이라는 작은 책으로 만들어질 수 있었다. 그리고 지난 2003년에는 우리 학교 출판부의 권유로 교육용 만화책으로도 만들어졌다. 나의 오랜 취미와 집착으로 수집된 환경 재난 사례가 여러 경로를 통해서 대중에게 전해질 수 있었던 것은 다행이었다. 그러나 나는 항상 좀 더 내용이 충실한 책을 만들어야 한다는 생각에 사로잡혀 있었다. 특히, 『지구촌 환경 재난』은 당시로써 내가 얻을 수 있었던 모든 자료를 동원하여 집필하였지만, 나로서는 책 내용이 다소 미흡하다는 생각을 떨칠 수가 없었다. 사건 수도 많지 않았고 설명도 사건 개요에 불과했다.

환경 재난에 관하여 완전히 새로운 책을 써야 한다는 나의 오랜 강박 관념은 결국 지난 2005년 『살생의 부메랑』이라는 제목의 저서를 내놓게 되었다. 다양한 유형의 환경 재난들을 모두 망라하고, 사건이 발생하게 된 배경, 전개 과정 및 결과, 그리고 사후 대책 등을 설명했다. 책이 나오자마자 2005년 12월 대한출판문화협회 '올해의 청소년도서', 2006년 1월 간행물윤리위원회 '이달에 읽을 만한 책' 등으로 선정되면서 독자들의 호평을 받았다.

환경 재난은 그 후 세계 곳곳에서 계속됐다. 2005년 11월 중국 쑹화 강 벤젠 유출, 2010년 10월 멕시코 만 석유시추시설 딥워터 호라이즌호 폭발, 2011년 3월 일본 후쿠시마 원전 폭발 등 세계를 놀라게 하는 대형 사건들이 발생했다. 우리나라에서도 2007년 12월 허베이 스피릿호 태안 앞바다 기름 유출을 비롯하여 크고 작은 환경 재난이 발생했다. 공교롭게도 내가 국립환경과학원 원장으로 재직하는 동안 사건은 더욱 빈번하게 일어났다. 2011년 11월 서울 월계동 도로 아스팔트 방사능 검출, 2012년 9월 구미 휴버글로벌 불산 유출, 2013년 1월 상주 웅진폴리실리콘 염산 유출 등과 같은 사건들을 나는 관련 공직자의 자격으로 직접 경험하면서 환경 재난의 심각성을 또 다른 차원에서 실감할 수 있었다.

학교로 돌아온 후 나는 대학원에 '환경 재난 사례 연구'라는 새로운 강좌를 열었다. 환경 재난은 지금까지 취미로 자료를 모으고 교양 도서를 저술하는 단계를 넘어 체계적인 교육과 연구를 필요로 하는 분야라고 판단했기 때문이다. 그동안 국립환경과학원에서 경험한 환경 사건들과 국제 환경회의를 통해 알게 된 세계 환경 이슈 변화가 이러한 판단을 이끌어냈다. 특히 2012년 6월 브라질 리우에서 개최된 리우+20 유엔환경정상회의 참석이 큰 도움이 되었다.

이 책은 2013년 처음 개설된 본과 대학원 기초과목 "환경 재난 사례 연구"의 교재로도 지금까지 사용되어왔다. 수강 학생들이 새로운 시각에서 환경을 생각하고 흥미로워하는 것을 보면서 저자로서 무척 만족스러웠다. 학생들의 이러한 반응이 이 책에 대한 나의 애착을 다시 한번 자극했다. 기회가 되면 새로운 사건을 보충하고 내용을 다듬어 개정판을 내야겠다는 생각을 했다. 특히 국내에서 가습기 살균제 사건으로 여러 해에 걸쳐 수많은 희생자가 발생하고, 2018년 라돈 침대 사건으로 생활환경 방사능 물질이 사회적인 주요 이슈로 등장하게 되었으며, 또 최근 몇 년간 전자파에 관한 역서를 몇 권 출간하면서 관련 사건을 포함하고 싶었다. 하지만 개정판을 낼 기회는 쉽게 오지 않았고 매번 망설이기만 했다. 그러다 코로나19라는 대재앙이 개정판을 준비할 수 있는 시간을 마련해주었다. 코로나 재난이 환경 재난을 다시 정리할 기회를 준 것이다.

이 책은 총 7부에 걸쳐 45개 대표 환경 사건을 장으로 하고 있다. 제1부에서는 19세기에 유럽, 아메리카, 아시아에서 일어난 대표 재난을, 제2부에서는 대기와 관련된 사건을 소개했다. 제3부에서는 중금속, 유독성 화학물질, 병원성 미생물 등이 먹는 물과 음식을 통해 일으킨 사건들을 다루었고, 제4부에서는 유독성 오염물질로 병든 자연과 기름 유출 사건을 살펴보았다. 제5부는 원자력발전소 사고와 화학물질 누출 사건, 제6부는 라돈, 가습기 살균제, 전자파 사건을 소개하고, 제7부는 현재 지구 곳곳에서 계속되는 환경 문제, 즉 생물 멸종, 산성비, 물 부족, 사막화, 유해물질 국제이동, 지구온난화, 오존층 파괴를 관련 사건과 함께 이야기하고 있다. 또한, 이 책은 환경 재난의 유형별 대표 사건 외에 지금까지 지구상에서 일어난 대부분의 환경 사건들을 유사 사례로 소개하고 있다. 예를 들어, 기름 유출로 인한 엑슨발데즈 사건은 아모코카디즈 사건에, 공해산업으로 인한 대기오염 재난인 뫼즈 밸리 사건은 도노라 사건에 포함하는 식으로 기술되어 있다.

환경 재난은 많은 경우 인간의 사소한 실수나 무지에서 시작하지만, 그 피해 규모가 엄청나기에 듣는 사람들에게 충격적인 자극을 준다. 그리고 피해자는 대부분 불특정 다수의 억울한 서민들이고 가해자는 무모하고 비양심적인 기업인 경우가 많다. 환경 재난이 갖는 이러한 속성 때문에 환경운동이나 반공해운동 그리고 노동운동에도 자주 인용되곤 한다. 사례로 적절하고 필요하다면 이러한 목적에 사용되는 것도 나쁘지 않다고 생각한다. 그러나 이 책의 가장 중요한 목표는 이 시대를 살아가는 우리 모두가 과거에 일어난 환경 재난을 바로 알고 미래를 대비해야 한다는 것이다. 특히, 환경 재난에 직접적인 책임이 있는 정부나 기업체 그리고 환경전문가들이 환경 재난을 과거에 일어난 어처구니 없는 사건이나 충격적인 사건 정도로 여길 것이 아니라 과학적으로 분석하고 배움의 대상으로 삼아야 한다. 그리고 자라나는 청소년들이나 일반인들에게 사건의 공포감을 주기보다는 환경의 소중함을 알리고 이를 통해 보다 친환경적이며 밝고 건강한 사회를 만들어 가는 데 이 책이 기여할 수 있길 바란다.

이 책이 지금의 모습을 갖추기까지 많은 분들의 도움이 있었다. 먼저 그동안 국내와 국외에서 수많은 사진과 기록물을 수집 정리하고, 출간된 책을 애독해준 제자들에게 다시 한번 고마움을 전한다. 특히 이 책의 내용으로 본교 학부과정에 '환경 재난과 국제 협력'이라는 인기 교양과목을 개설하여 많은 학생들에게 다양한 사건을 알려준 제자 최정현 교수에게 깊은 고마움을 전한다. 또 나의 저술 활동을 항상 흔쾌히 지원해 주시는 어문학사 윤석전 사장님과 좋은 책을 만들기 위해 열정을 다하는 편집부 직원들에게 특별한 감사를 드린다. 아울러 훌륭하게 성장하여 아빠에게 큰 기쁨을 준 박은별과 박상현, 새로운 가족 김택균과 연서, 그리고 항상 기도와 사랑으로 자녀 교육에 헌신해온 아내 조문희에게 고마움을 전한다.

2020년 10월

신촌 이화 동산 신공학관 560호에서

박 석 순

차례

제3부

죽음의 독이 된 물과 음식

제4부

병든 자연과 검은 바다

제 1 부

백 년 전 환경 재난

런던 콜레라 사건

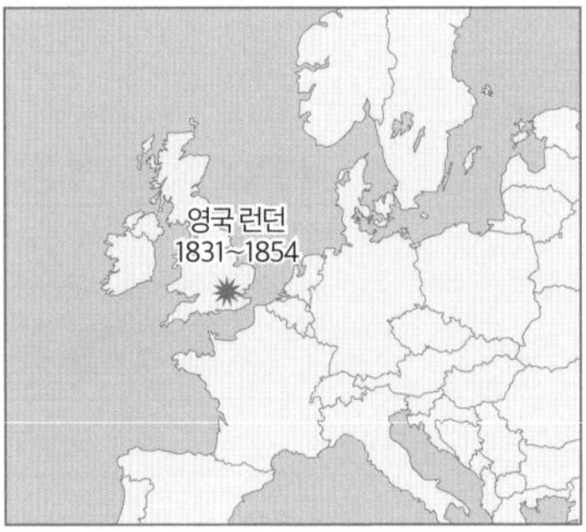

영국 런던은 과거 유럽 최고의 해상무역 기지였다. 중세 때부터 내륙에서 생산한 물건을 실은 배들이 템즈강을 따라 바다로 나가 스코틀랜드나 아일랜드로 향했다. 런던에서 가져간 물건을 팔고 돌아올 때는 빈 배의 균형을 잡기 위해 그곳에서 생산된 석탄을 바닥짐으로 싣고 와 부두에 내려놓았다. 처음에 쓸모없는 검은 돌에 불과했던 석탄은 난방 연료로 사용되다 18세기 후반에는 산업혁명의 기폭제가 된 증기기관의 발명으로 이어졌다.

영국에서 산업혁명이 시작되면서 템즈강 유역에는 철강·화학·석탄·방직 공업 등이 번창했고, 수많은 사람이 런던으로 모여들었다. 19세기 초 영국은 이미 세계 교역량의 3분의 1을 차지할 정도로 산업이 발달했다. 20세기가 시작될 무렵 런던은 인구가 660만 명에 이르는 세계 최대의 도시였다. 그러나 급격한 산업화와 도시화로 심각한 환경 문제를 겪어야 했다. 산업폐수와 생활하수로 템즈강은 악취가 진동했고 공장과 가정에서 태우는 석탄 때문에 하늘은 스모그로 가득 찼다.

산업혁명 이후 런던에서 가장 먼저 발생한 환경 재난은 수많은 인명을 앗아간 콜레라 사건이었다. 1832년 2만 3,000여 명의 런던 시민이 콜레라로 사망했고 1848년, 1849년, 1854년에 잇따라 총 5만 3,000여 명이 희생되었다. 원래 콜레라는 19세기 초 인도, 중국, 한국, 일본 등 아시아 지역에 널리 퍼졌던 전염병이었다. 조선의 역사 기록을 보면 1821년 북경을 통해 전염된 것으로 추정되는 콜레라가 한반도 전역에 창궐하여 10만여 명이 사망한 것으로 되어 있다. 그 후 콜레라는 러시아를 거쳐 1823~24년경 유럽으로 확산되었다. 당시 세계 최대의 해상무역 기지였던 런던은 많은 외국인이 왕래하던 곳이었기 때문에 각종 전염병이 쉽게 옮겨질 수 있었다.

그 무렵 런던은 급격히 늘어나는 인구로 도시 기반시설이 턱없이 부족했고 생활하수는 그대로 방류되어 식수로 사용하던 우물물마저 오염시켰다. 그러나 당시 영국인이 가진 환경 지식이나 의학 수준으로는 오염 경로나 병의 원인을 알 수 없었기 때문에 어떠한 대책도 이루어지지 못했다. 처음 콜레라가 발생했을 때, 심한 갈증과 체력 저하로 의식을 잃고 결국 사망에 이르는 증상을 과거에 경험한 적이 없던 사람들은 이 병이 런던의 더러운 도시 환경과 관련이 있을 것으로 짐작하고 있었다. 이 병이 대기오염이 심한 도시 중심부에서 처음 시작된 관계로 오염된 공기로 인해 병에 걸리는 것으로 생각한 것이다.

그러다 1854년에 와서 또 한 차례 콜레라를 경험하면서 정확한 원인이 밝혀졌다. 그해 여름 런던 중심부에서 콜레라가 기승을 부리기 시작하더니 불과 열흘 만에 500여 명이 사망했다. 당시 산과 의사였던 존 스노(John Snow)는 지난 10여 년간 계속된 런던의 콜레라를 남다른 생각으로 지켜보고 있었다. 그는 콜레라가 일반 시민들이 믿고 있듯이 더러운 공기가 원인이 아니라 오염된 식수를 통해 전염된다고 생각했다. 스노는 공기나 안개가 오염원이라면 발병 지역이 도시 전체에 고르게 분포해야 하는데, 실제로는 환자들이 주로 브로드 가(Broad Street) 주변에 몰려 있음을 이상하게 여기고, 지도에 사건 발생 현황을 표시하기 시작했다. 그는 1848년 콜레라가 발생했을 때도 만약 공기가 원인이라면 환자들이 폐에 통증을 느껴야 하는데, 장에 통증을 호소하는 것으로 봐서 식수가 문제라고 생각했다. 환자들의 공통점을 추적하던 중에 스노는 그들이 마시는 물이 브로드 가에 있는 우물에서 온다는

콜레라 원인을 밝힌 존 스노

1854년 런던의 콜레라 발생 현황(● 사망자, ✖ 우물): 브로드 가의 우물을 중심으로 사망자가 집중되어 있다. 현재 브로드 가는 브로드윅 가(Broadwick street)로 불린다.

사실을 확인했다. 또한, 처음 콜레라가 발생한 곳이 해외를 오가는 선원의 집이었으며, 템즈강 물을 직접 사용하는 가난한 집에서 많은 희생자가 났다는 사실도 알게 되었다.

스노는 이러한 사실로 미루어 식수로 인해 콜레라가 전염된다고 확신할 수 있었고 브로드 가의 우물에 있는 펌프 손잡이를 떼어내 사람들이 그 물을 먹지 못하게 할 것을 런던시에 촉구했다. 처음에는 그의 주장을 믿지 않던 관련 공무원들도 다급한 상황에 이르자 이를 받아들였다. 그러자 놀랍게도 콜레라 환자가 빠르게 감소했다. 이 사건을 계기로 스노는 생활하수 방류지점, 식수 취수지점, 그리고 발병 지역의 상호 관련성을 체계적으로 밝혀냄으로써 현대 역학(Epidemiology)의 기초를 세우는 업적을 남겼다. 또한, 과거 콜레라 발병 시 수만 명의 희생자가 생겼던 것과 달리 1854년에는 스노의 공로로 2,000여 명의 사망자만 내고 콜레라가 소멸했다.

이 사건 이후 런던에는 상수공급위원회가 구성되어 과학적인 식수 관리가 이루어졌다. 먹는 물 관리 기준이 만들어졌으며, 상

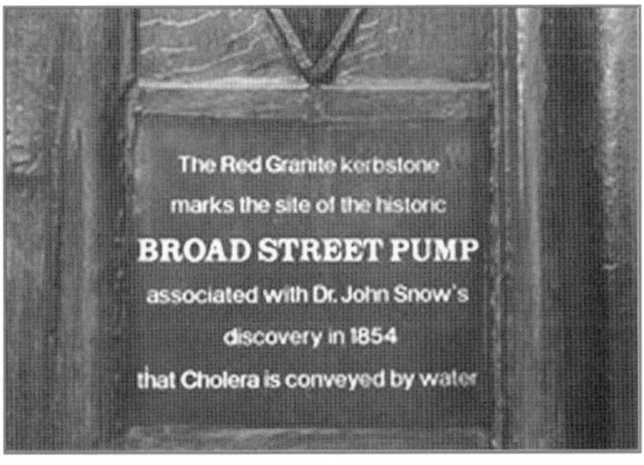

존 스노의 업적을 기념하기 위해 남겨진 브로드 스트리트 펌프

수원 주변에 있던 더러운 웅덩이나 화장실을 없애고 사람과 동물의 배설물이나 도축장에서 나온 폐기물을 강에 버리는 것도 금지시켰다.

하지만 1858년 런던에서 '대악취 사건(Great Stink)'이 발생했다. 그해 여름 템즈강이 썩어 런던 전체가 악취로 진동하고 시민들은 모두 도시를 빠져나갔으며, 국회의사당도 폐쇄된 사건이었다. 이후 1865년 근대 도시로는 처음으로 런던 전 지역에 하수관거가 설치되었으며, 1876년에는 세계 최초로 '하천오염방지법'이 제정·공포되었다. 당시 템즈강을 살리기 위한 노력의 하나로 양쪽 강변에 수로를 설치하여 하수를 바다로 버리는 방법도 시도되었으나, 조석 현상 때문에 배수가 원활하지 못하여 별다른 성과를 거두지 못했다.

1878년에는 템즈강에서 프린세스엘리스호와 바이엘캐슬호가 충돌하여 수많은 사망자가 발생했는데, 이때 오염된 강물에 황화수소가 많았기 때문이라는 주장이 제기되었다. 이 선박 충돌

대악취 사건으로 도시를 탈출하는 런던 시민들

은 템즈강 오염에 대한 전국적인 관심을 불러 일으켰다. 1882년에는 대도시 하수처리 위원회가 구성되어 템즈강에서 발생하는 악취의 원인을 규명하고 하수처리 방법을 모색했다. 이즈음 윌리엄 딥딘(William Dibdin)이라는 과학자가 처음으로 템즈강의 수질오염에 대한 체계적인 연구를 수행하여 암모니아와 용존산소를 측정하고, 생물화학적산소요구량(BOD) 개념을 도입하여 수질오염 정도를 설명했으며, 새로운 하수관리 체계 도입의 필요성을 제기했다. 딥딘은 당시 런던의 하수관리 체계를 개선하여 여과와 침강을 거쳐 하수를 정화시키고 배출구를 좀 더 바다 쪽으로 설치하자고 제안했다.

1889년에는 세계 최초로 영국에서 생활하수에 포함된 유기물질을 침강 처리하는 방법(1차 처리)이 개발되었으며, 오늘날의 수세식 화장실도 이때 런던 시내에서 사용되기 시작했다. 그 결과 1891년경에는 템즈강의 수질이 크게 개선되어 사라졌던 물고기들이 다시 나타났다. 1893년에는 미생물을 이용하여 유기물을 분

1878년 템즈강 선박 충돌 사고: 수백 명의 인명이 희생되었다.

해하는 생물학적 처리 방법(2차 처리)의 하나인 '살수여상법'이 세계 최초로 개발·사용되었다. 오늘날 널리 사용되는 생물학적 처리법인 '활성슬러지법'도 1914년 영국에서 처음 개발되었다.

영국에서 이루어진 이와 같은 노력은 오늘날 환경 관련 지식과 기술 축적에 크게 기여했다. 하천에서 물이 정화되는 과정, 수중산소의 중요성과 측정 방법, 그리고 유기물에 따른 오염 정도를 표현하는 방법에 관한 학문적 기초 이론이 이때 런던과 템즈강을 중심으로 확립되었다. 그러나 이러한 노력은 당시 영국이 추구하던 세계 진출과 산업 팽창, 전쟁 등에 떠밀려 별다른 실효를 거두지 못했고 템즈강은 또 다시 시궁창으로 변해갔다.

제2차 세계대전이 끝나자 런던 인구는 800여만 명으로 늘어났고 더 많은 오염물질이 템즈강으로 흘러들면서 1950년경에는 수질이 최악의 상태에 이르렀다. 급기야 1957년에는 강에 살던 모든 물고기가 자취를 감추었다. 템즈강변에 위치한 영국 국회의사당은 썩은 강물에서 나는 악취 때문에 창문을 열지 못할 정도였다. 의회는 악취가 나지 않는 물을 런던 시민에게 공급하는 것을 국

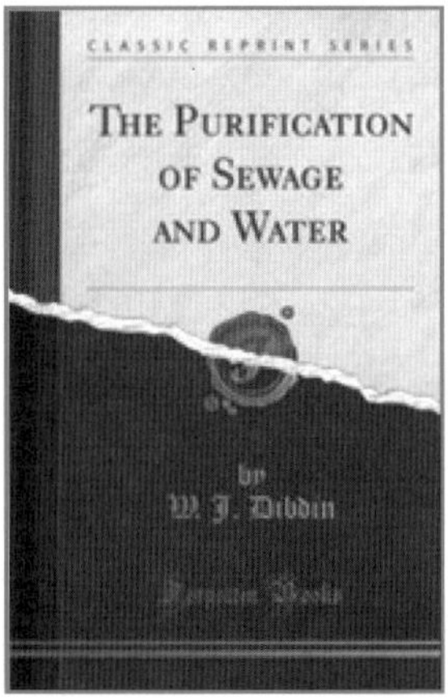

윌리엄 딥딘과 저서 『하수와 물의 정화』

가의 최우선 과제로 삼고 해결 방안 마련에 골몰했다.

1960년대에 영국 정부는 템즈강 살리기 운동을 재개했다. 1961년에는 하천에 오물과 쓰레기 버리는 것을 금지했고, 지역별 하천정화사업에 착수했다. 1963년에는 수자원법을 제정하여 지역별로 하천 관리 전담 부서를 두었다. 또한, 영국 전역에 하수처리장을 건설하여 철저한 수질오염 규제가 이루어지도록 했다. 1970년에는 공해 문제를 전담할 독립행정기구인 환경청을 설치하고 수질오염을 방지하기 위한 왕립위원회도 구성했다. 국토 전역에 양질의 수질이 유지될 수 있도록 감시하는 수질측정망도 마련했다. 이러한 노력에 힘입어 템즈강은 다시 살아나기 시작했다. 1974년경에는 19세기 초에 템즈강에서 사라졌던 연어가 다시 돌아왔다. 템즈강은 이제 물고기와 백조가 노니는 아름다운 강으로 되살아났으며, 시민들이 안심하고 마실 수 있는 수돗물과 쾌적한 휴식 공간을 제공하고 있다.

런던 콜레라 사건은 현대 예방의학의 주축이 되는 역학을 탄생시켰으며, 당시 유럽의 도시들이 과학적 위생 방법을 도입하는 계기가 되었다. 또한, 산업혁명 이후 죽음의 강으로 버려졌다 되살아난 템즈강의 역사는 환경의 유턴이론을 가장 잘 입증해주는 사례로 꼽힌다. 유턴 이론은 초기 산업화가 진행 되는 동안에는 오염이 가중되어 환경의 질이 저하되지만, 경제성장이 일정 수준에 도달하면 환경에 대한 국민들의 관심이 높아지고 기술이 향상되어 환경이 다시 회복된다는 이론이다. 템즈강의 유턴 과정은 인류에게 수많은 환경 지식과 기술을 남겼다.

시카고 장티푸스 사건

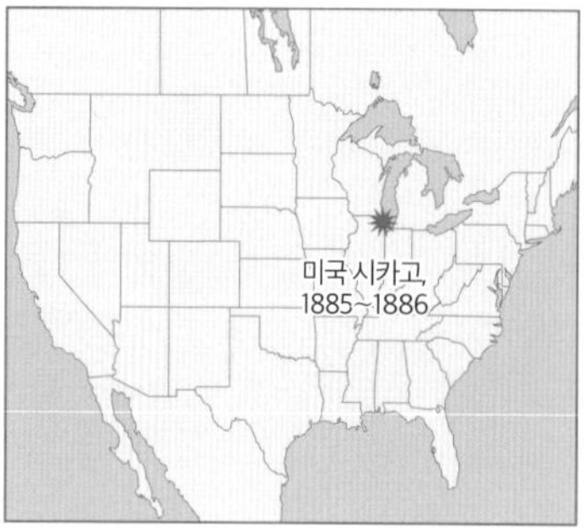

시카고는 미국 중서부 지역의 대평원과 오대호를 기반으로 형성된 도시다. 미국 제1의 도시인 뉴욕이 바다에 접한 항구 도시라면, 제2의 도시인 로스앤젤레스는 사막에 만들어진 태양의 도시이고, 제3의 도시인 시카고는 미시간호 연안에 위치한 호반의 도시다.

19세기 초 미시간호로 흘러드는 시카고강 하구에 포트 디어본(Fort Dearborn)이라는 군사기지가 만들어졌고 이곳에 사람들이 정착하면서 생긴 도시가 시카고다. 19세기 중반 시카고 인구는 3만여 명에 이르렀고 모든 생활하수는 시카고강을 따라 미시간호로 흘러갔지만, 그때까지 별다른 문제는 없었다.

그러다 1864년 미국 남북전쟁이 끝나자 많은 인구가 한꺼번에 시카고로 몰려들었다. 1871년에 도시 대부분이 전소하는 대화재를 경험한 시카고는 그 후 시작된 재정비 사업과 더불어 더욱 빠르게 성장했다. 도심에 고층 건물이 들어섰고 인구도 급속히 증가하여 1885년에는 100만 명을 돌파했다. 인구가 늘어나면서 도시는 인접한 칼루메강 유역까지 확대되었고 거리는 마차에서 나오는 배설물과 쓰레기로 넘쳐났다. 그리고 더 많은 생활하수가 시카고강과 칼루메강에 방류되었고 두 강은 다시 미시간호로 흘러들어가 물은 썩고 쓰레기로 범벅되었다. 시카고 시민들은 악취와 질병으로 고통스러워했고 더 이상 깨끗한 식수도 구할 수 없었다.

1885년과 1886년 이곳에서 장티푸스가 창궐하여 9만여 명이 사망했다. 100만 인구의 생활하수와 쓰레기가 버려진 미시간호의 물로 인한 대참사였다. 이것은 지금까지 기록된 환경 재난 가운데 가장 많은 사망자를 낸 사건이었다. 그 후에도 오염된 강과 호수를 통해 시카고의 전염병은 계속되었다. 기록에 따르면 1891년부터 1895년까지 약 2만 명의 시카고 시민들이 다시 장티푸스에 걸렸다고 한다. 미시간호의 물을 사용하고 하수를 다시 그곳에 버리는 한 시카고는 계속해서 수인성 전염병으로 고통받을

19세기 말 미국의 수질오염과
거리의 쓰레기를 풍자한 당시 신문 삽화

수밖에 없었다.

거듭해서 참사를 겪은 시카고는 대규모 토목공사를 계획하게 되었다. 미시간호로 흘러가던 시카고강과 칼루메강의 유역을 변경하여 미시시피강의 지류인 일리노이강으로 흐르게 하는 대역사였다. 이는 시카고의 하수로 오염된 두 강의 흐름을 역류시킨 것이다. 이 유역 변경 덕분에 시카고의 하수는 더 이상 미시간호로 흘러들지 않고 미시시피강을 따라 세인트루이스를 거쳐 강 하류의 뉴올리언스로 가게 되었다. 20세기 초 공사가 마무리되자 미시간호의 수질은 한결 좋아졌으며, 계속되던 전염병도 멈췄다.

그러나 오염된 하천의 흐름을 변경하여 전염병을 몰아내고 미시간호를 살린 건국 이래 최대 토목공사는 그 후 이로 인해 피해를 입은 두 지역과의 법정 소송에 휘말렸다. 우선 뜻하지 않게 시카고의 하수를 받게 된 일리노이강과 미시시피강 하류에 위치한 세인트루이스를 포함한 여러 도시가 시카고시와 일리노이주

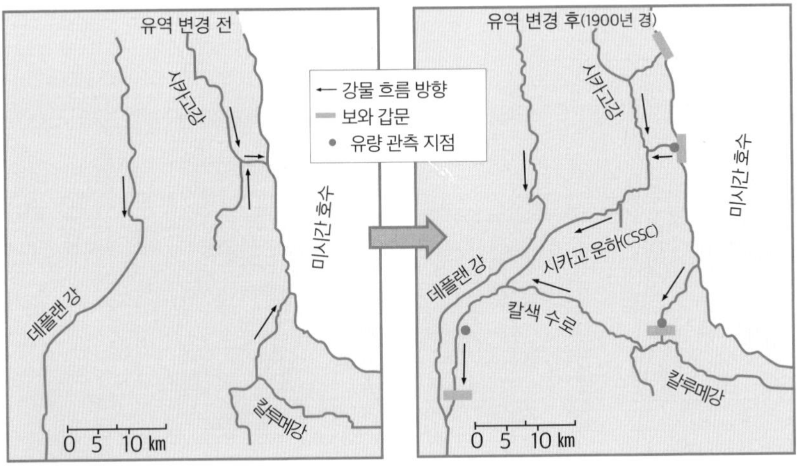

시카고강과 칼루메강의 유역 변경

를 법정에 제소했다. 또한, 미시간호 연안에 위치한 캐나다와 미국의 주들도 시카고가 미시간호에서 많은 양의 물을 끌어가고는 다시 방류하지 않아 호수 수위가 내려가는 데 대해 소송을 제기했다. 실제로 유역 변경 이후 미시간호와 온타리오호의 수위는 20~30㎝가량 내려간 것으로 조사되었다. 유역 변경에 대한 이와 같은 반발은 시카고가 지하수 사용량을 늘리고 당시 활용 가능해진 하수처리 기술로 물을 정화하여 방류하면서 누그러졌다.

시카고에서 처음 시도한 유역 변경은 이후 다른 여러 지역에서도 행해졌다. 1930년경에 시애틀의 생활하수가 인접한 워싱턴호로 흘러들어가 심각한 수질 악화를 야기하자, 시애틀시는 1936년 워싱턴호로 흘러가던 생활하수의 흐름을 태평양 연안 퓨젯만으로 변경시켰다. 1940년경 도시가 교외로까지 확장되면서 1955년 무렵에는 워싱턴호의 수질이 다시 문제가 되었다. 1963년 시애틀시는 교외 지역의 생활하수도 퓨젯만으로 흐르게 하여 호수의

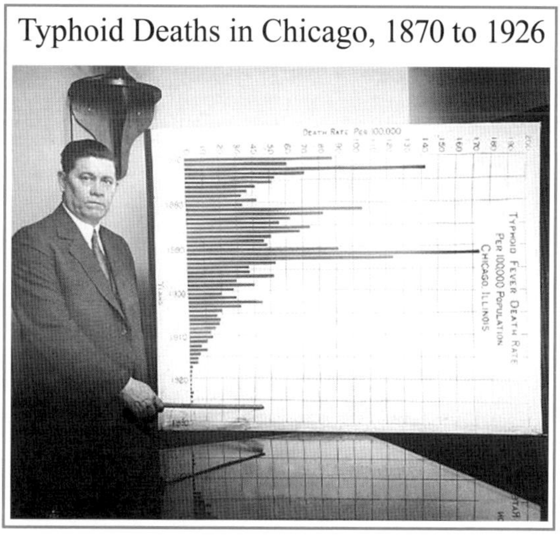

시카고의 장티푸스 사망률 감소를 발표하는 운하 책임자: 운하 개통과 수돗물 염소소독으로 사망률이 크게 감소했다.

수질을 개선했다. 1950년대 말 당시 비누 사용이 일반화되면서 심각한 호수 부영양화를 겪게 된 스위스의 레만호도 하수처리장 건설과 유입 하천의 유역 변경을 통해 호수의 수질을 개선했다. 그러나 유역 변경은 시카고 사례에서 본 것처럼 지역 간 분쟁을 야기할 수 있다. 특히 지금과 같이 물 부족과 수질오염에 대한 지역 간 이해가 첨예한 시대에 오염 하천의 유역 변경은 심각한 물 분쟁으로 이어질 소지가 크다.

시카고 대참사는 다른 한편으로 미국의 정수처리와 하수처리 기술을 발전시키는 원동력이 되었다. 당시 미국에서는 전국적으로 전염병 발생이 잦았다. 인구는 늘어나고 도시화와 산업화가 급속히 진행되었지만, 식수 공급이나 하수처리가 이런 추세를 따라가지 못한 것이 주된 원인이었다. 1883년 뉴올리언스에서 대규모 콜레라가 발생했고 필라델피아에서도 장티푸스가 계속되었다. 20세기가 시작될 무렵 오염된 식수로 인한 설사병은 미국에

미시간호에 위치한 시카고항 ▶
시내를 관통하는 시카고 운하 ▼

서 세 번째로 많은 사망 원인이었다.

1887년 미국에서는 처음으로 강에서 취수한 물을 모래로 여과하는 장치가 매사추세츠주 로렌스에 설치되었다. 그 후 이곳에서는 장티푸스 발병률이 크게 줄었다. 그러자 미국 전역의 여러 도시가 여과 장치를 도입했다. 1907년 무렵 미국 33개 도시가 기계식 여과 장치를, 13개 도시가 모래여과 장치를 사용했다.

여과 장치가 도입된 후 몇 년 뒤에 염소소독법이 사용되기 시작했다. 염소소독은 1908년 뉴저지주의 저지시티에서 존 릴(John L. Leal)이라는 내과 의사에 의해 처음 도입되었다. 독극물인 염소를 먹는 물에 주입하려는 시도는 주변의 엄청난 반대에 직면했지만, 그는 여기에 굴하지 않고 실행에 옮겼다. 그 결과 박테리아 숫자가 현저히 감소했고 염소소독이 안전한 식수를 만들어내는 데 매우 효과적이라는 사실이 입증되었다. 그 후 염소소독법은 전 세계로 퍼져나가 지금까지도 널리 사용되고 있다.

19세기 말 미국 도시들의 또 다른 골칫거리는 강에 버려지는

염소소독을 발명한 존 릴과
미국 장티푸스 사망률 그래프

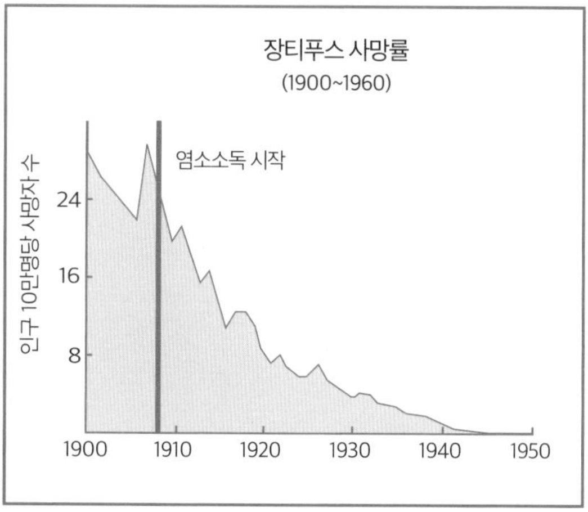

쓰레기였다. 강의 쓰레기는 바다로 흘러가 해안가를 더럽혔다. 1899년 미 연방의회에서는 강과 바다에 쓰레기 버리는 것을 금지하는 '강과 항만에 관한 법(Rivers and Harbors Act)'을 제정했다. 하지만 이 법은 단지 쓰레기를 버리는 행위를 금지했을 뿐 하수나 다른 수질오염물질의 배출을 규제하는 조항은 없었다. 1907년 미국은 세계 최초로 수질기준치 개념을 도입하여 과학적인 수질관리의 토대를 마련하기는 했지만, 제2차 세계대전이 끝날 때까지 연방정 부차원에서 강력한 규제는 이루어지지 못했다.

1948년 비로소 오염물질 배출을 규제하는 '연방오염규제법(Federal Pollution Control Act)'이 시행되었으며, 이 법은 그 후 개정을 거쳐 오늘날 수질관리의 기본 틀인 '청정수질법(Clean Water Act)'이 되었다. 이로써 미국 정부는 공공수역에 오염물질을 방류하는 것, 특히 산업폐수나 생활하수 배출을 강력히 규제할 수 있게 되었다. 청정수질법은 방류되는 오염물질을 최소화하도록 하수처리를 의무화했다. 정부의 미생물 수질기준치 제정과 하수처리 및 정수 과정에서의 염소소독을 통해 수인성 전염병은 크게 줄어들었다. 장티푸스나 콜레라와 같은 수인성 전염병은 그 후 드물게 나타나는 현상으로 변했다. 이러한 과정을 거쳐 20세기 중반에 이르러 사람들은 그 어느 때보다 깨끗한 물을 마실 수 있게 되었다.

그러나 20세기 후반에 식수는 유독성 화학물질이라는 새로운 도전에 직면했다. 제2차 세계대전 이후 합성 유기화학물질 사용이 급증하고 상수원의 화학물질 오염이 심각해지면서 이러한 물질의 처리가 중요한 문제로 대두되었다. 강과 호수에서 흉측한 종양을 가진 죽은 물고기의 발견은 화학물질 오염에 대한 시민들의 관심을 증폭시켰고 이는 법률 제정에도 큰 영향을 미쳤다. 또 유독성 화학물질의 위험성에 대한 과학적 규명, 암에 대한 공포, 화학물질 분석 기술의 향상 등으로, 1940년대에 제정된 법으로는 더 이상 먹는 물을 관리하기 어렵다는 사실이 명백해졌다.

이러한 시대적 변화로 1974년에는 '먹는 물 관리법(SDWA: Safe Drinking Water Act)'이 제정되었다. 이 법은 당시만 해도 상수원과 먹는 물을 관리하는 역사상 가장 포괄적인 법이었다. 1970년에 설립된 미국 연방환경보호청(EPA: Environmental Protection Agency)이 이 법을 통해 강, 호수, 지하수 등의 수질을 관리하고 환경기준과 규제제도를 개선하고, 주정부에 대해 수계관리를 위한 재정적 지원을 하는 등 연방정부의 역할을 새롭게 정립했다. 이러한 사항들이 잘 이행되고 있는지 감시하는 것도 먹는 물 관리법의 일부였다. 또한, 이 법은 유해물질에 대한 국가 수질기준치를 제정하고 가능한 모든 기술을 적극 활용하여 수질을 관리할 수 있도록 했다.

역사상 단일 환경 재난으로는 최대 규모의 사망자를 낸 시카고 장티푸스 사건은 정부가 강과 호수의 수질을 관리하여 시민들에게 안전하고 깨끗한 식수 공급을 보장해야 한다는 인식을 심어주는 시발점이 되었다. 또한, 이 사건은 강과 호수의 수질을 관리하기 위한 법과 제도를 만들고 효과적인 하수처리와 정수처리 기술을 개발하는 중요한 계기가 되었다.

아시오 광산 사건

일본 도쿄에서 북쪽으로 150㎞ 떨어진 도치기현 아시오 마을에서 1610년 거대한 구리 광맥이 발견되었다. 이후 거의 2세기 동안 이곳에서 소규모 구리 광산이 운영되다 1790년 채광이 중단되었다. 1868년 메이지 유신과 함께 광산은 다시 문을 열었고 생산량을 꾸준히 늘려갔다. 아시오 광산은 20년 뒤 일본 전체 구리 생산량의 44%를 차지하게 되었고 동북아시아 최대 기업 중 하나로 발돋움했다.

아시오 광산의 성장과 함께 채광과 제련 과정에서 나오는 폐기물도 늘어났으며, 이것은 모두 광산 인근 와타라세강에 버려졌다. 이 강은 하류 지역의 농민에게는 관개용수를 공급했고 어민에게는 좋은 어장이 되었다. 강은 가끔 범람하여 비옥한 농토가 만들어졌고 농부들은 이곳에서 벼농사를 짓고 살았다. 그러나 아시오 광산은 성장을 거듭하면서 주변 삼림을 밀어내고 제련 설비를 확장해갔다. 산은 점점 황폐해졌고 제련 공장에서 나오는 배출 가스는 남아 있던 초목마저 사라지게 했다.

1878년 초부터 강에서는 구리 오염의 징후가 나타났다. 물이 구리에 오염되어 수많은 물고기가 떼죽음을 당했고 강물에서 목욕한 사람들의 피부가 곪아 가기 시작했다. 해를 거듭할수록 그 정도가 심해져 동식물과 인간을 막론하고 살아 있는 모든 생명체에게서 구리 중독 증상이 나타났다. 당시 와타라세강을 조사한 보고서에는 그때의 상황이 다음과 같이 묘사되어 있다. "농토는 황폐해지고 메말라갔다. 유행병이 나돌아 수많은 가축이 몰살당했고 사람들 역시 질병과 죽음을 피할 수 없었다. 결코 천재지변이라 할 수 없는 이 재앙의 희생자들은 입을 옷도, 먹을 것도 없이 비참한 고통 속에 내버려졌다."

1890년 와타라세강 하류의 주민들은 아시오 광산이 재앙의 원인이라 믿고 채광 중단을 정부에 탄원했지만 거절당했다. 그러자 주민들은 농작물과 인체에 나타나는 피해가 광산 때문임을 과학적으로 입증하기 위해 강물과 인근 토양을 채취하여 농업상무성에 분석을 의뢰했다. 하지만 농업상무성은 이들에게 분석을 할 수 없으니 이해해달라는 말만 되풀이할 뿐이었다. 결국 동경제국대학 교수들이 조사에 착수했고 당시 28개 마을에 번진 구리 중독의 원인이 아시오 광산에 있다는 사실을 밝혀냈다. 아시오 광산은 곧 전국적인 문제가 되었다.

1891년 12월, 새로 구성된 일본 국회의 도치기현 지역구 의원인 다나카 쇼조는 아시오 광산 문제에 관해 농업상무성을 공개적으로 추궁했다. 행정부처와 새 의회의 역할은 국민의 생활과 복리를 보장하고 증진시키는 것이라고 주장하면서 다나카는 광산업 관련 법령을 제대로 시행하지 못한 정부를 신랄하게 비판했다. "광산업이 국민 복리에 해로우면 농업상무성 대신은 채광 허가를 내주지 말아야 한다"고 주민의 뜻을 대변하면서 당당하게 주장했다. 그러나 농업상무성 대신이 다나카의 질문에 공식적인 답변을 내놓기도 전에 의회는 예산안 문제로 표류하다 결국 회기를 끝내고 말았다. 농업상무성 대신은 휴회 기간 중에 답변했으나, "와타라세 일대에 농토 피해가 있기는 했지만 그 원인이 무엇인지는 아직 알 수 없다"고 우길 뿐이었다. 정부는 아무런 조치도 취하지 않았고 논쟁은 다음 회기까지 기약 없이 미뤄졌다.

재선된 다나카는 다시 한 번 정부의 소극적인 태도를 공격했다. 신임 농업상무성 대신은 그의 추궁에 직접적인 답변은 회피하고 "피해 보상은 회사 차원에서 해결해야 할 것"이라는 답변서만 제출했다. 게다가 그는 사기업의 조업 여부를 두고 정부가 중단을 명령할 수는 없다고 주장했다. 결국 도치기현의 현장과 행정관리들은 피해 농민들과 광산 운영자 간의 분쟁을 조정하기 위

다나카 쇼조 의원과 가동 당시 아시오 광산

한 중재위원회를 구성했다. 농민들은 7,000엔 가량의 보상금에 합의했고, 회사는 광산폐수 정화설비를 가동하고 더 이상 강이 오염되지 않도록 하겠다고 약속했다. 총 1,100만 엔으로 추산되는 피해 규모에 비해 보상액은 턱없이 적은 액수였으며, 정화 설비도 별 효과는 없었다. 1891년에서 1897년 사이에 오염된 농토 면적은 2,000헥타르에서 4,000헥타르로 늘어났고 피해 지역도 도치기현에서 도쿄까지 5개 현으로 확대되었다.

이 무렵 일본은 농민들의 고통에 관심을 쏟기 어려운 형편이었다. 1894년에 일본은 중국과의 전쟁(청일전쟁)에 돌입했고 구리 수요는 급속히 늘어났다. 일본의 승리를 위해서라면 일부의 희생은 아무리 고통이 크다 할지라도 감내해야 했다. 오염 정화시설에 투자할 경우 생산성이 떨어져 전쟁에 사용할 구리 생산량이 줄어드는 것은 당연했다. 농민들 역시 전쟁 상황임을 이해하고 정부를 성가시게 하지 않는 것이 자신들의 의무라고 생각했다. 당시 아시오 광산의 구리 생산량은 일본 전체 생산량의 절반을 차지하고 있었다. 자신들의 땅이 오염되는 것을 묵묵히 감내하면서 농민들은 전쟁이 끝나면 애국적 희생에 대한 보상이 돌아오리라 막연히 기대하고 있었다.

그러던 1896년 가을, 두 차례나 대홍수가 발생하여 심각하게 오염된 하상 퇴적물이 강 주변의 농지를 뒤덮었다. 이듬해 2월, 2년에 걸친 중국과의 전쟁이 승리로 끝나자 다나카 의원은 다시 정부에 광산조업 중단을 요구했다. 그러나 정부는 그에 대해 이미 종결된 문제라고 주장했다. 정부의 태도에 분노한 농민 800여 명은 도쿄의 농업상무성으로 몰려가 시위를 벌였다. 정부는 아시오 광산 오염조사위원회를 구성하고 농업상무성 대신이 아시오 광산을 방문하여 직접 문제를 조사하겠다고 약속했지만, 사태는 전혀 진전되지 않았다.

첫 번째 시위가 있은 지 한 달 후인 1897년 3월 3,000명이 넘는 농민들이 두 번째 시위를 위해 도쿄에 집결했다. 정부는 오염된 물로 인한 홍수가 더 이상 일어나지 않도록 방지하겠으며, 피해 농지에 대해서는 세금을 감면해주겠다는 답변을 내놓았다. 이에 따라 홍수 방지용 둑이 강줄기를 따라 건설되었고 한동안 효과가 있는 듯 보였으나 결과는 참담했다. 1899년의 대홍수로 이전에 피해가 없었던 지역까지 침수되고 말았던 것이다.

1900년 2월 3,000여 명의 피해자가 다시 도쿄로 가 시위를 벌이려 했다. 그러나 그들이 현 경계를 벗어나기도 전에 중앙 정부가 보낸 무장 경찰에 의해 저지 당하고 말았다. 그리고 일방적일 수밖에 없는 싸움이 벌어졌다. "경찰 다섯 명이 달려들어 한 노인을 번쩍 들어 올리더니 강물로 던졌다. 시위대의 얼굴은 진흙 범벅이 되었고 입은 모래와 오물로 틀어 막혔다. 다친 사람들이 길 양옆에 죽 누워 있었고, 그 길은 10㎞도 넘는 기다란 핏줄기로 얼룩졌다." 시위 주도자 60여 명이 구속되었고 재판은 2년 반 동안 계속되었다. 이 사건은 결국 기각되었지만, 그러는 동안에도 광산 조업은 법적으로 아무런 제재를 받지 않았다.

당시 아시오 광산 사건은 일본에서 가장 시급한 사회 문제 중 하나가 되었다. 뜻을 같이하는 사람들이 모여 오염조사위원회를 결성했고 여성기독교연합은 구제 단체를 만들었다. 기독교 사회 운동가들은 연일 연설회와 회합을 열었고 문부성의 제지에도 불구하고 학생들까지 시위에 가세했다. 항의 기간 동안 기독교로 개종한 다나카 의원은 아시오 운동의 선봉장이 되었다. 그는 의회와 정부의 책임 회피적 태도에 환멸을 느끼고 결국 61세 되던 1901년 10월 모든 공직에서 사퇴했다. 두 달 후 시민의 한 사람으로서 투쟁에 참여한 다나카는 국회를 상대로 싸우는 대신 황실에 직접 항의를 시도했다.

1902년 3월, 정부 차원에서 내각에 광산오염위원회를 설치하려는 움직임이 일었으나, 이번에는 이를 방해하는 천재지변이 일어났다. 와타라세강에 큰 홍수가 발생하여 광산 위쪽의 깨끗한 토양이 쓸려 내려와 오염된 농토를 덮어 농민들이 다시 농작물을 경작할 수 있게 되었던 것이다. 정부와 광산회사는 구리 오염 문제가 해결되었다고 발표했다. 표면적인 문제가 사라짐에 따라 주민들의 분노도 가라앉았다.

정부는 잠잠해진 틈을 이용해 아시오 운동의 중심지인 야나카 마을을 홍수 방지용 저수지로 만들 계획을 발표했다. 다나카

다나카 의원이 왕실 마차에
상소문을 올리는 전경을 그린 신문 삽화와 상소문

는 야나카 마을로 이주하여 주민들과 고락을 함께하며 필사적으로 저항했다. 그러나 결국 이곳에 거주하던 450가구는 자신들의 땅을 나라에 팔고 1907년 일본의 시베리아라고 불리는 홋카이도로 이주했다. 그 후 이주자들은 수백 년 동안 터를 잡고 살아온 땅으로 되돌아가리라는 믿음을 갖고 살았으나, 시간이 흐르면서 고향은 돌아갈 수 없는 곳이 되어버렸다. 중앙 정부와 기업의 막강한 힘이 승리를 거둔 셈이었다. 결국 아시오 광산은 1973년 2월까지 운영되다 조업을 중단했다. 현재 아시오 광산은 복원되어 그 때의 이야기를 생생하게 전하는 관광지로 탈바꿈했다.

이 사건은 기록으로 남겨진 일본 최초의 환경 재난이자 그 후 찾아온 참혹한 사건들의 서막이었다. 미나마타, 이타이이타이, 니가타, 욧카이치, 가네미유 등 괴상한 형태의 재난들이 일본 열도에서 잇따르면서 수없이 많은 무고한 생명이 병들고 죽어갔으며, 개발과 오염으로 전 국토가 신음해야만 했다. 게다가 히로시마와 나가사키는 세계에서 유례없는 참혹한 원폭 피해까지 감당해야 했다. 인류 역사에서 일본의 20세기는 세계 환경 재난의 전시장이라는 치욕이 영원히 남게 되었다.

관광 코스로 개발된 광산 터널과 전시품
(다나카 쇼조 동상, 광부 모형)

제2부

잿빛 하늘과 숨 막히는 공기

도노라 사건

미국 펜실베이니아주 모논가헬라강을 끼고 아담하게 자리 잡은 도노라(Donora)는 금속 가공과 제철산업으로 생겨난 작은 공업도시다. 1900년에 윌리엄 도너(william Donner)가 물살이 빠른 강변에 제철소를 짓기 시작하여 사람들이 정착하면서 이 도시가 만들어졌다. 제철소가 완공되자 당시 유럽에서 미국으로 이주한 많은 이민자가 일자리를 찾아 몰려들었다. 도노라는 노동자로 가득 찬 젊고 소박한 도시였다. 예순을 넘긴 사람이 거의 없었기 때문에 몇 달이 지나도록 사망자가 나오지 않는 그런 도시였다.

어린아이들도 강철이 어떻게 만들어지는지 알고 있을 정도로 제철 산업은 이 지역 주민들의 삶에 밀접해 있었다. 보통 강철을 만들려면 철광석, 석탄, 석회석이 필요한데, 당시 이곳의 한 공장에서만 하루 평균 화물차 45대분의 철광석과 40대분의 석탄, 6대분의 석회석, 그 외 각종 원료 6대분이 사용되었다. 여기서 사용하는 석탄은 인접한 대도시 피츠버그의 모든 가정에서 하루 동안 사용하는 석탄과 맞먹는 양이었다.

석탄은 도노라 사람들이 살아가는 데 무엇보다도 중요했다. 사람들은 석탄으로 집을 따뜻하게 하고 공장의 거대한 용광로와 화덕에 불을 지폈다. 공장에 산더미처럼 쌓인 석탄은 이 도시의 경제가 잘 돌아가고 있음을 말해주는 징표였다. 주민들은 옷에 항상 시커먼 먼지가 붙어 있거나 커튼과 창문이 더러워져도, 또 가끔은 종일 해가 보이지 않는데도 그냥 그러려니 하고 지나쳤다. 공해에 대해 아무도 알지 못했고 관심도 없었다. 그들에게 석탄가루는 황금가루였으며, 먹고 살아야 하는 일보다 우선하는 것은 없었다.

1915년에는 이곳에 아연공장이 세워졌다. 당시로써는 세계 최대 규모의 아연공장이었다. 그런데 새로 생긴 이 공장의 굴뚝 높

20세기 초 미국의 산업도시 대기오염 배출 광경 (1906년 피츠버그)

이는 45m에 불과해서 주위를 둘러싼 180여 m 높이의 야산 위로 연기를 뿜어 올릴 수 없었다. 공장 매연이 지면에 내려앉는데도 주민들은 하루 세 시간만 일하고도 최고의 임금을 받는다는 사실에 만족했다. 그들이 하루 세 시간만 일한 것은 누구도 그 이상의 시간을 견뎌내지 못했기 때문이기도 했다. 일하다가 건강한 청년들이 기절하거나 그만두는 일이 발생했지만, 사람들은 대수롭지 않게 여겼다.

아연은 우리 몸에 소량으로 있을 때는 필요한 원소이지만, 대량으로 존재하면 맹독성을 띠는 물질이다. 당분과 결합한 미량의 아연은 감기 바이러스 퇴치에 도움이 된다. 그러나 황, 탄소, 불소, 질소 등의 기체와 결합한 아연은 대단히 위험한 물질로 변한다. 일반적으로 아연과 제철제련공장에서는 불소와 칼슘을 함유한 광물이 많이 사용된다. 제련 과정에서 이런 광물은 부식성이 매우 강한 불소 기체를 만들어내어 유리를 부식시키기도 하고 아이들의 치아를 상하게 할 수도 있다.

제철소, 석탄 화덕, 아연 용광로 등에서 나오는 이러한 불소 증기는 도노라 주위를 둘러싼 산 때문에 대개 계곡 안에 갇히곤 했다. 강을 따라 펼쳐진 제철소와 아연공장에서 내뿜는 매연과 열기 때문에 주변 산은 황폐해졌다. 제2차 세계대전으로 제철소와 아연공장은 번창했고 도시도 활기를 띠었지만, 죽음의 그림자는 더욱 짙게 드리워졌다.

1948년 10월 26일, 이곳 도노라에서 살인 안개가 수많은 생명을 앗아간 사건이 발생했다. 그날 아침 도노라는 차가운 공기로 뒤덮였다. 공기가 차갑고 구름이 많았으며, 유난히 바람이 없던 날씨 속에서 도노라의 제철소와 용광로, 화덕에서 나온 온갖 매연들은 안개와 뒤섞여 집과 거리를 가득 채우기 시작했다. 한낮에도 앞을 전혀 분간할 수 없을 만큼 짙게 어둠이 깔리면서 모든 교통수단이 마비되었다. 공기는 노란색을 띠었으며, 역겨운 냄새가 나기도 했다.

화요일 아침에 시작된 이 안개는 수일 동안 계속되었으며, 주변을 둘러싼 산에 막혀 미동도 하지 않았다. 주민들은 이 안개가 그저 기상현상이려니 생각하고 일상생활에 열중했다. 나흘 뒤 금요일 오후에는 미국의 연례행사인 핼러윈 퍼레이드가 예정대로 이 마을에서도 열렸다. 거리에 깔린 유령 같은 안개는 핼러윈 의상과 아주 잘 어울리는 분위기를 만들어냈다. 그러나 이미 마을 주민의 거의 절반이 앓아누워 있었고 며칠 사이에 9명이나 숨졌다. 이런 사실도 모른 채 토요일에는 고등학교 미식축구 경기가 열렸고 주민들은 다시 모여 경기를 즐겼다. 그러는 중에도 사

모논가헬라 강변에 세워진 도노라의 공장. 굴뚝이 낮고 매연이 정화되지 않았다.

람들은 계속해서 앓아눕거나 죽어갔다. 안개가 빠져나가기 시작한 일요일에는 장의사 집에 남은 관이 하나도 없을 지경이었다. 11월 1일, 비가 내려 안개가 사라지자 장례식을 치르느라 온 마을이 분주했다.

일주일 동안 주민 20명이 사망했다. 그 후 한 달간 50명이 추가로 사망했으며, 질병에 걸린 사람만 6천여 명에 달했다. 그리고 그 영향은 오래 지속되어 10년이 지난 뒤에도 이곳의 사망률은 주변 지역보다 훨씬 높게 나타났다. 사건 발생 후 보건당국은 아연공장의 작업을 일시 중단시켰지만, 곧 재개를 허용했고 스모그를 일회성 이상기후로 단정지었다. 그러나 도노라의 스모그는 단순한 기상이변이 아니었다. 대부분의 사망자들이 아연공장으로부터 반경 800m 이내, 즉 공장에서 뿜어져 나온 매연이 가장 많이 머물러 있던 곳에서 나왔다는 사실이 이를 뒷받침했다.

이와 유사한 사건이 이미 1930년 유럽에서도 일어났었다. 1930년 12월 1일부터 4일까지 벨기에 뫼즈 지방에서 수백 명의 호흡기 질환자가 발생하고 급성폐렴과 심장병으로 63명이 순식간에 사망했다. 당시 벨기에는 도노라와 같은 계곡 지역에 제철·제

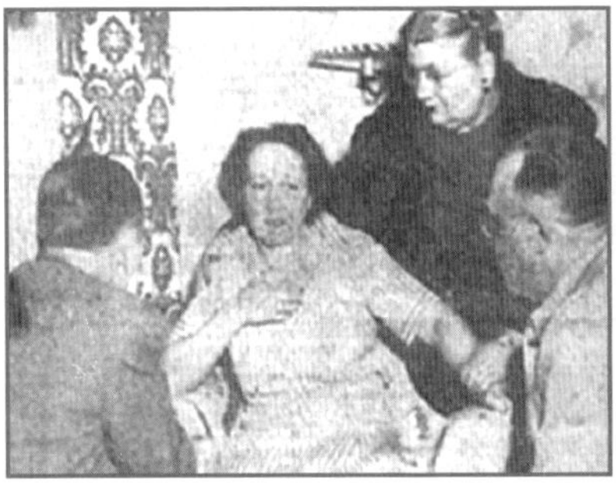

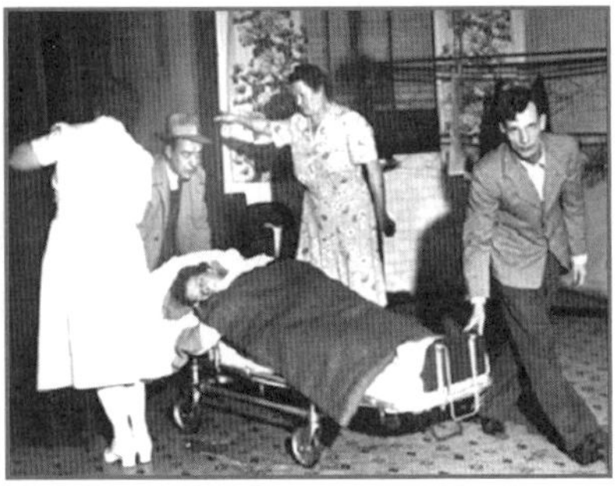

사건 당시 대기오염 피해자들

련 산업 위주의 대규모 공업지대를 조성하고 조업을 계속해오다 결국 엄청난 환경 재난을 당하게 되었다. 초겨울에 발생한 무풍과 기온역전 현상으로 공장에서 배출된 매연이 계곡에 정체되면서 뫼즈의 계곡은 일시에 죽음의 계곡으로 변했던 것이다. 이때 인명뿐만 아니라 가축과 새, 그리고 주위의 수목 등 계곡에 살던 모든 생명체가 거의 몰살당했다.

이 뫼즈밸리 사건은 20세기 들어 처음으로 발생한 대형 환경 재난이었기 때문에 당시 산업화를 추구하던 대부분 국가에 널리 알려졌다. 그러나 도노라에서는 누구도 뫼즈밸리 사건에 대해 알지 못했다. 뫼즈의 공업지대와 마찬가지로 도노라도 계곡에 있고 오랫동안 공장에서 배출되는 매연에 시달려왔다는 사실에 조

도노라 사건 직후 마을이 내려다보이는 언덕에서 대기 상태를 조사하는 모습. 공장에서 나온 매연이 마을 전체를 덮고 있다.

1948년 12월 29일 정오에 찍은 사진 (스모그로 가득한 도노라의 거리)

금만 주의를 기울였어도 그런 큰 희생은 막을 수 있었을 것이다. 도노라의 재앙은 앞선 뫼즈밸리 사건이 재연되기를 기다린 꼴이었다.

도노라 사건은 대기오염의 무서움을 미국 전역에 알리고 연방정부가 규제 법안을 제정하는 데 결정적인 역할을 했다. 미국에서 대기오염이 문제가 된 것은 이미 19세기 후반부터였다. 당시 석탄은 나무를 대체하면서 국가 경제성장을 이끄는 주 에너지원으로 자리 잡았다. 석탄 연기를 뿜어내는 기관차와 공장 굴뚝은 근대화의 상징이었다. 1881년 시카고와 신시내티에서는 용광로와 기관차에서 나오는 매연과 검댕을 규제하기 위해 미국 최초의 대기오염 규제법을 제정했다. 20세기가 시작될 무렵 군(County) 단위의 일부 지방자치단체에서도 오염 규제법을 제정했다. 그러나 주정부는 반세기가 지나서야 오염 규제를 심각하게 고려하게 되었다. 1952년 오리건주가 처음으로 대기오염을 법으로 규제했고 다른 주들도 곧 그 뒤를 따랐다. 이때 제정된 법은 주로 연기와 분진 규제를 목표로 했다.

1963년 미국은 연방정부 차원에서 '청정대기법(Clean Air Act)'을 제정했다. 이때의 청정대기법은 비교적 약한 법률로서, 대기오염 연구를 재정적으로 지원하고 주정부 내의, 또는 주 정부 간의 공조 프로그램에 도움을 주는 정도였다. 미국에서 대기오염 규제의 역사적 이정표를 남긴 해는 사실 1970년이었다. 이때 청정대기법은 강력한 법으로 개정되었고 미국 연방환경보호청(EPA)이 설립되어 전국의 실외공기에 적용되는 대기기준치와 자동차에 적용되는 대기오염 배출기준치를 정하는 권한을 가지게 되었다. 청정대기법은 1990년에 다시 개정되어 환경보호청의 권한을 더욱 강화했으며, 독성이 우려되는 많은 오염물질을 규제 대상으로 지정했다. 인체에 유해한 물질로 분류된 각종 저농도 대기오염물질을 환경보호청이 규제하도록 한 것이다. 저농도 유독성 대기오염물질 목록에는 가솔린에서 생성되는 벤젠, 드라이클리닝 시설에서 배출되는 퍼클로로에틸렌, 몇몇 산업체에서 용매로 사용하는 메틸렌클로라이드 등 188개의 물질이 포함되었다.

도노라 사건은 미국이 획기적인 대기질 개선을 이룩하는 데 중요한 계기가 되었다. 여러 차례에 걸친 청정대기법 개정과 민간 부문에서 이루어진 괄목할 만한 기술 진보로 미국 전역에서 오염물질 배출은 크게 줄었다. 1970년부터 1999년까지 약 30년 동안 미국 인구는 33%, 차량 주행거리는 140%, 국내 총생산은 147%, 전력생산용 석탄 사용량은 세 배 정도 증가했지만, 주요 대기오염물질은 같은 기간 동안 31%나 감소했다. 도노라에서 치명적인 역할을 했던 아황산가스는 1972년에 미국 내 총배출량이 3,200만 톤으로 최고치를 기록했지만, 그 후 꾸준히 감소하여 1999년에는 1,900만 톤에 머물렀는데 이는 1915년의 배출 수준에 가까운 양이

1963년 청정대기법 제정에 사인하는 존슨 대통령과 1970년 개정에 사인하는 닉슨 대통령

었다.

아래에 나와있는 미국의 대기 개선 그래프에서 볼 수 있듯이 국가 주요 측정망의 모든 관측치가 1980년대 이후 크게 개선되었다. 특히 유연휘발유 사용 규제로 납 농도가 급속이 줄어들었고, 그 외 일산화탄소, 질소산화물, 황산화물, 미세먼지 등도 계속 줄어들었다. 2차 대기오염물질인 오존과 초미세먼지도 2000년대 이후 서서히 감소세로 돌아섰다. 그래프에서 주목할 또 다른 점은 미세먼지와 초미세먼지는 각각 1990년대와 2000년대에 와서 측정 기술이 가능하여 기록되기 시작했다는 사실이다.

도노라 재앙이 50주년 되는 1998년에는 저스틴 숄리(Justin Shawley)라는 한 열성적인 고교생의 노력으로 기념비가 세워졌다.

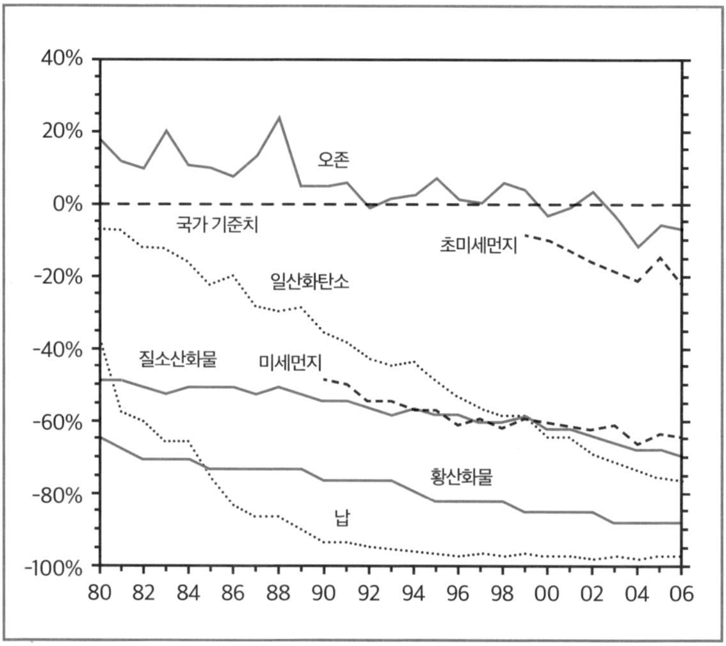

미국 국가 주요 측정망의 대기 개선(1980부터 2006년까지)

펜실베이니아주 역사 및 박물관 위원회는 희생자를 기리기 위해 과거에 있었던 철강공장 부근에 약 $0.5m^2$ 크기의 동판을 세웠다.(그림참고)

기념 동판과 새겨진 내용

<1948 도노라 스모그>

대기오염에 대한 전국적인 관심을 집중시킨 이 환경 재난은 연방정부의 청정대기법을 유산으로 남겼다. 1948년 10월 말, 두꺼운 안개가 이 계곡을 담요처럼 무겁게 덮었으며, 날이 갈수록 안개는 더욱 짙어졌다. 이 지독한 스모그로 약 20명이 목숨을 잃었고 수천 명이 병에 걸렸다. 도노라의 아연공장은 10월 31일에야 용광로의 가동을 중단했으며, 그로부터 몇 시간 후 내린 비가 마침내 스모그를 흩어 놓았다.

런던 스모그 사건

1952년 12월 4일, 영국 런던의 날씨가 갑자기 추워지기 시작했다. 런던의 초겨울 날씨가 흔히 그렇듯이 고기압이 영국 남부 지역에 형성되어 바람이 불지 않는 무풍 현상이 계속되었으며, 하늘은 구름으로 가려지고 안개가 짙게 지면을 덮었다. 구름과 안개로 햇빛이 차단되어 낮에도 앞을 분간할 수 없을 정도로 어두웠으며, 습도가 80%를 넘었다.

때마침 지면 부근의 차가운 공기 위로 따뜻한 공기가 자리 잡는 기온역전 현상이 나타나 대기의 수직 혼합이 이루어지지 못하여 오염을 더욱 가중시켰다. 일반적으로 기온은 위로 갈수록 낮아지는데, 배출된 연기는 주위 공기보다 온도가 높아서 가볍기 때문에 위로 올라가게 되고 점차 희석된다. 그러나 지면 부근의 대기 온도가 상층보다 낮은 기온역전 현상이 발생하면 배출된 연기가 위로 올라가지 못하고 지면 부근에 머물게 되어 더 큰 피해를 유발한다.

기온이 급속히 떨어져 정오에도 -1℃를 나타냄에 따라 런던 전역에서 연료 사용이 급속히 증가했다. 당시 영국은 가정이나 산업체 모두 자국에서 생산되는 석탄을 연료로 사용하고 있었다. 석탄을 태운 연기는 여과 없이 대기 중으로 배출되었으며, 무풍과 기온역전 현상으로 상층 대기와 섞이지 못하고 지면에 정체되었다. 이렇게 배출된 연기는 짙은 안개와 합쳐져 스모그를 형성했고, 특히 연기 속에 있던 아황산가스는 황산으로 변했다. 바로 이 황산이 런던 시민의 호흡기에 치명적인 영향을 미쳤다.

이러한 현상은 12월 10일까지 1주일간 계속되었다. 특히 12월 7일은 최악의 날로 기록되었는데, 그날은 두꺼운 스모그가 거의 런던 전역을 뒤덮었다. 이 기간 동안 기록된 매연 농도는 12월 평균 농도에 비해 약 16배, 이산화황 농도는 약 9배 이상 증가했다. 이 수치는 12월 9일 바람이 불기 시작하면서 빠르게 원상태로 되돌아갔다. 실제로 이 기간 동안 매연 1,000여 톤, 이산화탄소 2,000여 톤, 이산화황 370여 톤이라는 엄청난 양의 오염물질이 매

사건 당일 정오에 찍은 사진. 앞이 보이지 않아 라이트를 켠 버스를 교통 지도하고 있다.

일 두꺼운 안갯속으로 배출되었다.

하지만 짙은 안개에 늘 익숙해 있던 런던 시민들은 이 현상이 나타났을 때 앞을 분간할 수 없을 만큼 어두워 교통이 마비될 지경이었는데도 각종 스포츠 경기와 영화 상영, 그리고 오페라 공연이 취소되는 데에만 관심을 가질 뿐이었다. 많은 신문이 스모그에 관한 기사를 내보냈지만, 일상적인 이야기나 경제적 손실을 다루는 데 그쳤다. 일반 시민뿐 아니라 의사나 정부 관료 역시 무슨 일이 일어나고 있는지 전혀 파악하지 못했으며, 질병이나 사망에 대해서는 한참이 지나서까지 아무것도 보고된 바가 없었다. 오히려 스모그가 인체에 미치는 위해성을 맨 처음 인식한 사람들은 검시관이나 병리학자, 사망신고 접수를 담당하는 공무원들이었다. 이 기간 동안 갑자기 사망자 수가 엄청나게 늘었기 때문이다. 당시 사망률은 과거 그 어떤 유사한 스모그 발생 시기에 보고된 수치보다도 훨씬 높게 나타났다.

1주일 동안의 심한 대기오염 현상으로 인해 사건 발생 후 첫 3주 동안 호흡기 장애와 질식 등으로 런던 시민 4,000여 명이 사망했고, 그 후 만성 폐 질환으로 8,000여 명이 추가 사망하여 총 1만 2,000여 명이 생명을 잃었다. 사망 원인은 대부분 호흡기나 심장, 혈관 계통의 질병이었다. 당시 사망자들은 주로 노인, 어린이, 환자 등 허약 체질의 사람들이었고 모든 연령층에서 심폐성 질환이 급증했는데, 특히 45세 이상은 중증을 나타냈다. 이 사건이 일어난 1주일 동안 시민들은 런던을 떠나 다른 곳으로 피신하는 것 외에는 별다른 대책이 없었으며, 기상 변화를 통해 대기가 원상태로 회복되기를 기다릴 수밖에 없었다.

역사적으로 영국 런던은 안개와 석탄으로 인한 대기오염 피해 사례가 많이 보고되던 곳이다. 산업혁명 훨씬 이전인 1273년 에드워드 2세는 세계 최초로 대기오염 방지를 위해 석탄 사용량을 줄이는 칙령을 발표한 바 있다. 1306년에도 같은 칙령을 발표했는데, 위반자는 사형에 처한다고 되어 있었다. 그 후 산업혁명 시대로 들어서면서 대기오염으로 인한 환경 재난은 더욱 잦아졌다. 1878년, 1880년, 1891년, 1892년, 1911년, 1948년, 1952년, 1956년, 1957년, 1962년에도 런던에서 스모그 사건이 발생했다. 이처럼 런던은 동일 지역에서 같은 원인으로 인한 환경 재난이 가장 빈번히 일어난 곳으로 기록된다.

영국 정부는 이처럼 빈번하게 발생하는 재난에도 불구하고 대응책 마련보다는 문제 회피에 급급했다. 20세기 초에 들어와서 대기의 질이 다소 개선되는 듯했으나, 여전히 가정집에서 석탄 연소로 발생하는 연기는 큰 문제로 남아 있었다. 그래서 당시 공장들은 자신들이 대기오염의 주범으로 몰릴 때마다 런던 시내의

당시 교외로 탈출하고
애완동물에게 마스크를 씌우는 시민들

가정집 굴뚝에서 나오는 매연이 전체 대기오염 배출량의 95%나 차지한다며 반론을 제기하곤 했다.

최악의 피해를 야기한 1952년 사건이 일어날 때까지 영국 정부는 책임 회피와 새로운 법령 요구에 대한 반대만 되풀이했다. 당시에는 관련 기관들 사이에 대기오염에 관한 책임 소재가 불분명하여 서로 책임을 떠넘기려 한 데다, 무엇보다 정부가 2차 대전 후의 어려운 경제 상황에서 깨끗한 연료를 공급하는 데 드는 추가적인 비용을 감당하기 어려울 것으로 판단하고 있었다.

1952년에 엄청난 피해를 경험하고 나서도 영국 정부는 서둘러 대책을 내놓지 못했다. 당시 영국은 총선을 앞두고 있던 시기였기 때문에 정부로서는 자신들이 내놓는 대책에 대한 여론이 나쁠 경우 정치적 위협이 될 수 있다고 판단하여 그저 사태 추이만 보고 있었다. 정부 관료들은 사건 후 계속되는 사망이 유행성 독감에 의한 것이라고 대충 얼버무리면서 아무것도 하지 않았다. 무대책이라는 비난을 피하기 위한 고육지책으로 실제로는 별로 효과도 없었던 마스크를 쓰도록 권유했다. 그러다 1953년 5월에 비로소 이 문제를 연구하기 위한 '비버 위원회(Beaver Committee)'를 발

사건 이후 런던 거리에 등장한 마스크 판매상(1953년 1월)

족시키고 대책 마련에 착수했다. 이처럼 정부의 태도가 바뀐 것에는 크게 두 가지 의도가 숨어 있었다. 우선 1952년은 유난히 광부들의 파업이 많았던 해였는데, 정부에 압력을 가할 정도로 광부 노조의 힘이 커지고 있던 시점에서 보수 세력은 에너지 정책에 있어 석탄에 의존하는 상황을 탈피하여 새로운 대안을 만들어야겠다는 필요성을 느끼고 있었다. 또 1953년 들어 다시 스모그 사건이 발생할지도 모른다는 소문이 정부 내에 돌기 시작했다. 이러한 상황에서 정부에 대한 압력이 여기저기서 계속되자 영국 정부도 마침내 문제 해결에 적극적인 태도를 보였던 것이다.

비버 위원회에서 제출한 보고서를 바탕으로 영국은 1956년 '청정대기법(British Clean Air Act)'을 제정했다. 이 법은 스모그 사건의 재발 방지를 목적으로 했으며, 가정용 난방 기구에서 발생하는 연기, 재, 먼지 등을 다룬 최초의 법안이었다. 또 가정에서 난방용으로 석탄 대신 천연가스, 석유, 무연탄, 전기를 사용하도록 지원

1950년대 런던 거리의 연인 풍경.

해주는 내용도 이 법에 포함되어 있었다. 그러나 무엇보다도 획기적인 것은 흔히 '무연지구(Smokeless zone)'라고 불리는 배출규제지역 지정제도의 도입이었다. 이 제도는 지정된 지역에서는 허가받은 연료만을 사용할 수 있도록 하는 것이다. 또, 허용 연료를 일일이 법으로 명시하고 있다는 것이 특징이다. 이 법은 결국 영국이 석탄 사용을 줄이고 대기질을 개선하는 데 크게 기여했다.

1962년 또다시 심각한 스모그 사건이 런던에서 발생했다. 이때 기상 상태와 대기 질은 1952년 사건 때와 매우 유사했지만, 그 피해는 크게 감소했다. 런던의 실제 거주 인구는 10년 사이 꾸준히 증가했는데도 사망자 수가 크게 줄어든 이유는 예상되는 대기 상태와 위험을 사전에 방송으로 예보하여 시민들이 대피하도록 했기 때문이다. 특히 청정대기법 제정으로 1957년 이후 석유 사용이 증가했고 1960년대부터는 천연가스 사용도 늘었으며, 동시에 중화학 공업의 비중이 줄고 발전소를 도시 외곽으로 이전함으로써 매연과 대기 중 이산화황 수준이 90% 이상 감소하는 효과를 보

영국 대기오염에 항의하는 세계적인 그룹 싱어 비틀즈(1965년)

였다. 이 과정에서 가장 큰 힘이 되었던 것은 보다 깨끗한 공기를 원하는 시민들의 끊임없는 요구였다. 런던은 현재 전 세계 대도시 중에서 비교적 깨끗한 공기를 유지하고 있다(78쪽 참고).

런던 스모그 사건은 영국뿐만 아니라 세계 각국에 대기오염에 대한 경각심을 일깨우는 계기가 되었다. 안개가 많은 도시는 대기오염에 특히 민감하기 때문에 석탄과 같이 많은 오염물질을 배출하는 에너지원 사용을 억제해야 하며, 일단 환경 재난이 발생하면 인간은 자연현상에 의해 회복될 때까지 속수무책으로 기다릴 수밖에 없다는 것을 이 사건은 잘 보여주었다. 또 대기오염 하면 공장 굴뚝이나 자동차에서 나오는 매연을 우선 떠올리지만, 가정에서 사용하는 난방연료 또한, 수천 명을 살상할 수 있다는 사실도 이 사건을 통해 알 수 있다.

로스앤젤레스 스모그 사건

로스앤젤레스는 미국 캘리포니아주 남부 사막기후 지대에 자리한 미국에서 두 번째로 큰 도시다. 일반적으로 사막기후 지역에는 물이 부족하기 때문에 대도시가 형성되기 어려운데, 로스앤젤레스는 멀리 로키산맥의 오웬스 계곡, 그리고 콜로라도강과 새크라멘토강까지 인공수로를 건설하여 수자원을 확보함으로써 미국 서부지역의 최대 도시로 성장했다.

풍부한 천연자원과 넓은 땅을 가진 미국에서 하필 물이 부족한 사막에 대도시가 만들어진 이유 중 하나는 1900년대 초부터 번창하기 시작된 영화산업 때문이었다. 당시에는 조명과 영상 촬영 기술이 발달하지 않아 강렬한 태양 빛이 영화 제작에서 가장 중요한 조건이었다. 로스앤젤레스는 미국의 다른 어느 지역보다도 선명한 화면의 영화를 만들 수 있었기에 미국의 영화산업이 이곳에 몰렸고 도시도 급속히 팽창했다. 그리고 이즈음 시작된 미국의 자동차 문화는 이 강렬한 태양빛과 더불어 로스앤젤레스 스모그라는 이곳 특유의 대기오염 현상을 만들어 냈다.

로스앤젤레스 대기에 황갈색 스모그가 발생하여 시민들이 호흡곤란을 호소하고 눈물과 안구 통증에 시달리는 증상이 처음 보고된 것은 1943년 여름이었다. 로스앤젤레스시는 이 스모그를 해결하기 위해 여러 가지 대책을 시행했지만 별다른 효과를 얻지 못했다. 그 후 여러 해 동안 이 황갈색 스모그는 원인도 밝혀지지 않은 채 정도가 심해졌고, 사람뿐만 아니라 식물과 가축에도 상당한 피해를 줬다.

로스앤젤레스에 거주하면서 이 현상을 유심히 관찰해온 캘리포니아 공과대학의 아리에 하겐스미트(Arie. J. Haagen-Smit) 교수는 1951년 자동차와 강렬한 태양빛이 황갈색 스모그의 원인임을 규명했다. 그는 자동차가 배출하는 질소산화물과 휘발성 탄화수소 등이 강렬한 태양 빛을 받아 황갈색의 유독성 물질을 발생시킨다

로스앤젤레스 스모그 기록으로 남겨진 최초의 사진(1943년)과 당시 고통받는 시민

는 광화학스모그(Photochemical Smog) 이론을 제안하고 실험으로 이를 증명해 보였다. 그리고 이 스모그를 기존에 알려졌던 이산화황과 안개에 의한 스모그(런던 형 스모그)와 구분하여 광화학스모그(로스앤젤레스 형 스모그)라고 부르게 되었다. 런던형 스모그는 태양빛이 약하고 안개가 심한 밤에 짙은 회색으로 형성되는 반면, 로스앤젤레스형 스모그는 태양 빛이 강렬한 낮에 황갈색으로 나타난다. 또 광화학스모그는 맹독성의 오존과 질산과산화아세틸(PAN: Peroxyacetyl Nitrate) 같은 물질을 동반하기 때문에 정도가 심할 경우 외출을 자제해야 한다. 오존은 물에 잘 녹지 않기 때문에 폐 깊숙이 들어가 낮은 농도에서도 염증과 폐부종을 일으키며, 심할 경우 호흡곤란으로 질식에 이르기도 한다. PAN은 황갈색의 초미세먼지로, 도시를 자욱한 태양열 안갯속에 묻히게 하여 시정장애를 유발한다.

태평양에 인접한 로스앤젤레스는 지리적 특징으로 대기오염을 더욱 가중시킨다. 북태평양 동부에 반영구적으로 위치해 있는 고기압이 로스앤젤레스 하늘을 덮고 있으며, 해안에서 불어오는

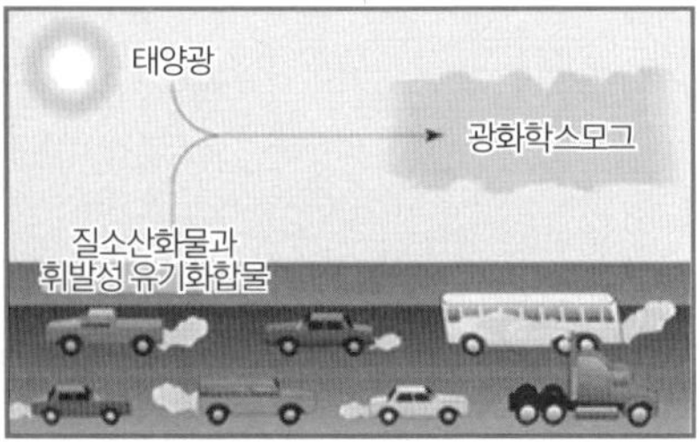

하겐 스미트 교수와
광화학 스모그 발생원리

저온 해풍의 영향으로 기온역전이 자주 발생한다. 그래서 이곳은 여름과 가을에 항상 역전층이 형성되어 지면에서 배출되는 오염물질이 대기상층으로 확산되지 못하고 지면 가까이 축적된다. 로스앤젤레스는 상층의 대기가 지면을 누르는 고기압, 사막에서 불어오는 따뜻한 바람에 의한 기온역전, 강렬한 태양빛, 무풍 현상 등 광화학스모그가 형성되기에 최적의 기상과 지형 조건을 지니고 있다.

로스앤젤레스는 이 독특한 광화학스모그 때문에 세계에서 가장 먼저 강력한 자동차 배출가스 규제를 실시했으나, 늘어나는 자동차와 강렬한 태양빛으로 인해 심각한 대기오염을 겪어야 했다. 1970년에는 1년 동안 148번의 오존 경보가 발효된 적도 있었다. 이 경보는 대기가 강에서 황토물이 흐르는 색깔과 비슷한 정도일 때 내려지는데, 이때 노약자나 어린이, 환자 등은 실내에 머물러 있어야 한다. 그 후 자동차에서 배출되는 질소산화물과 탄화수소를 줄이는 방법이 연구되었고, 1970년대 들어 새로운 촉매장치가 개발되어 실용화됨으로써 광화학스모그를 줄이는 데 어느 정도 성공을 거두었다. 그러나 통계상으로 볼 때 로스앤젤레스 시민들은 다른 지역 주민들보다 폐암에 걸리는 비율이 훨씬

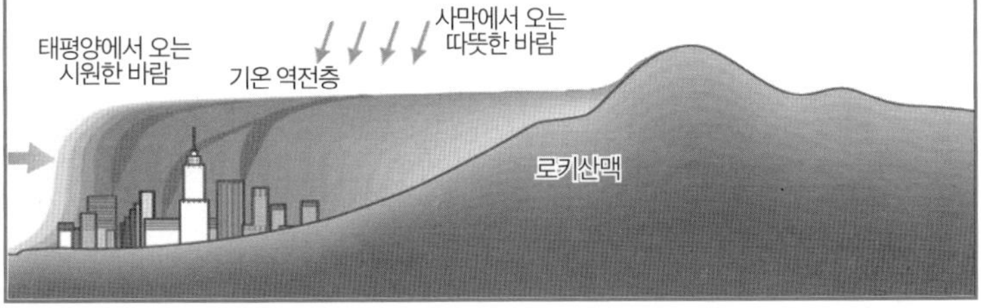

로스앤젤레스 스모그 발생 지형 조건

높은 편이었다. 1980년에는 이곳에서 또다시 심각한 광화학스모그가 발생했다. 그해 10월 첫째, 둘째 주에 걸쳐 스모그 때문에 시민들의 조깅이 금지되었고 어린아이와 노약자는 외출을 삼가라는 경고가 내려졌다. 이 기간에 많은 시민이 눈, 귀, 호흡기 질환으로 생활에 큰 불편을 겪었다.

해풍과 고기압으로 인한 기온역전은 미국 태평양 연안도시에서 일반적으로 나타나는 현상이다. 그래서 캘리포니아주는 현재 미국에서 가장 강력한 대기오염 규제를 실시하고 있다. 주 정부는 지난 수십 년 동안 계속된 스모그를 근절하기 위해 1987년 야심 찬 20년 장기계획을 마련했다. 이 계획은 법적 규제와 시민 참여라는 두 가지 기본 개념하에 수립되었다. 1988년에 캘리포니아주는 대기정화법을 제정하여 자동차 배기가스 검사기준과 공해산업 규제기준을 더욱 엄격하게 했다. 100명 이상 고용하는 사업체에서는 승용차 함께 타기를 의무화했으며, 이를 실행하는 시민에게 우선적으로 주차권을 부여하는 제도도 도입했다. 차량 운행

1954년 로스앤젤레스 스모그에 항의하는 시민들

당시 로스앤젤레스에 등장한 신선한 공기 풍선 판매상

을 줄이기 위해 재택근무를 권장하고 매연차량 신고, 전기 절약, 나무 심기, 걷기 등 시민들의 자발적인 참여도 적극적으로 유도하고 있다.

이 정책은 매우 성공적이어서 10년이 지난 1997년에는 오존 경보가 단 한 차례만 내려졌다. 1970년에 거의 하루건너 한 번씩 내려졌던 오존 경보가 1년간 한 번 내려진 것은 엄청난 성과였다. 이는 환경과학과 기술의 발달과 산업기술 혁신, 시민들의 참여와 협조가 있었기에 가능했다. 미국은 지난 30년 동안 적어도 1조 달러를 맑고 깨끗한 공기를 위해 투자했다. 그 결과 로스앤젤레스뿐만 아니라 과거 대기오염으로 악명이 높았던 뉴욕, 시카고, 도노라, 피츠버그 등의 대기도 다시 맑아졌다(78쪽 참고).

지난 20세기 미국을 중심으로 시작된 자동차 문화는 인류 생활에 엄청난 변화를 가져다주었다. 멀리까지 재화와 용역을 쉽게 공급할 수 있게 되었으며, 원하는 곳에 언제라도 갈 수 있는 자유를 얻었다. 특히 제2차 세계대전 후 선진국에서 자가용이 일반화되면서 도시인들은 맑은 공기와 자연이 있는 교외에 주택을 갖고 휴가 여행도 마음껏 즐길 수 있게 되었다. 모든 사람이 갈망하는 이동의 자유 때문에 자동차 수는 지난 100년간 폭발적으로 증가했다. 1900년 미국 전역에서 약 8,000대에 불과했던 자동차는 한 세기 만에 1억 7,000만 대로 늘어났다. 우리나라도 1965년 4만 대에 불과하던 것이 1985년에 100만 대, 1997년에 1,000만 대를 돌파했고, 2003년에는 1,300만 대, 2020년에는 2,400만 대가 넘었다. 전 세계 자동차는 지난 2010년에 10억대가 넘었고, 현재(2016년 기준) 약 13억 2천만 대가 굴러다니고 있다. 앞으로 개발도상국을 중심으로 꾸준히 증가하여 2035년에는 20억대가 넘을 것으로 추산하고 있다.

인류가 만들어낸 위대한 문명의 하나라고 할 수 있는 자동차는 세계 곳곳에서 많은 환경 문제를 야기했다. 과도한 에너지를 소모함으로써 한정된 석유 자원을 고갈시키고 넓은 주차 공간과 도로는 자연을 파괴하며, 유독성 배출가스와 교통사고는 우리의 건강과 생명을 위협한다. 그러나 한편으로는 자동차가 등장함으로써 과거 우마차로 인해 심한 악취를 풍기고 병균이 득실거리던 수천 톤의 동물 배설물이 거리에서 사라진 것도 사실이다.

인류는 지금까지 자동차로 인한 환경 문제 해결을 위해 부단히 노력해왔으며, 그 결과도 매우 성공적이었다. 1970년대에 등장한 삼원촉매장치(CO, HC, NO를 CO_2, H_2O, N_2로 전환)와 무연휘발유 사용은 대기오염을 줄이는데 크게 기여했다. 기술의 발달로 지금의 자동차 한 대가 배출하는 대기오염물질은 지난 1970년대 초에 비해 1백분의 1(1%)로 줄었다. 최근에는 하이브리드 차와 전기차가 실용화되었고, 수소연료전지 자동차도 거리를 달리기 시작했다. 그래서 환경 전문가들은 앞으로 선진 대도시의 대기 환경을 매우 낙관적으로 본다. 하지만 차가 달릴 때 도로에서 날리는 비산먼지와 소음은 여전히 해결되지 않는 난제다.

욧카이치 사건

일본 혼슈의 욧카이치는 도쿄와 교토 중간에 있고 좋은 항만 조건을 갖추고 있어 일찍부터 산업이 발달했다. 메이지 시대에는 상업과 면방직 공업이 번창했으며, 20세기 초 동아시아 침략 시기에는 군수산업의 전진기지였다. 1937년 이곳에 정유공장과 일본 해군의 석유저장 기지가 세워졌고, 이로 인해 2차 세계대전 말미에는 미군의 폭격으로 도시 전체가 폐허로 변했다.

전쟁이 끝난 후 일본의 산업정책 입안자들은 폐허가 된 욧카이치가 석유화학공업에 매우 적합하다고 판단하여 공단 조성에 들어갔다. 이곳 주민들은 자신들의 고장이 새로운 일본 건설에 앞장서게 된 것을 매우 자랑스럽게 생각하고 공단 건설에 협력을 아끼지 않았다. 1956년 정유공장을 시작으로 각종 석유화학공장이 이곳에 입주했으며, 1959년부터는 본격적으로 공단이 가동되었다.

공단이 가동되면서 이곳 아이들이 이전보다 쉽게 감기에 걸리고 좀처럼 낫지 않는 현상이 나타났다. 예전에는 감기에 걸리면 푹 쉬면서 자연히 회복되기만을 기다리면 되었으나, 이 새로운 감기는 도무지 나을 기미를 보이지 않았다. 주민들은 하나둘 기침을 하기 시작했고 어떤 사람은 숨쉬기조차 곤란한 지경이었다. 공단의 가동 시간이 길어지고 강도도 높아지면서 주민들은 지독한 악취와 소음 때문에 잠을 이루지 못했다. 공단 쪽에서 바람이 불어올 때마다 독한 화공약품 냄새가 코를 찔렀고 기침이나 천식, 만성기관지염 등 각종 호흡기 질환이 주민들을 괴롭혔다.

본격적으로 공단이 가동된 지 채 일 년도 되지 않은 1960년 4월 주민들의 항의가 시작되었다. 주민들의 항의가 빗발치자 1960년 8월에 시 당국은 공해방지 대책위원회를 발족시키고 10월에 첫 회의를 열었다. 대책위는 대기오염 실태와 주민 건강에 관한 조사에 착수했다. 천식 환자의 수는 1961년 봄에서 여름까지 단 몇 개월 동안 급격히 늘어났다. 그 당시 조사에 따르면 10세 이하 어린이 중 48%, 60세 이상 노인 30%, 20대 19%가 호흡기 이상을 나타냈다. 원인 물질은 아황산가스, 이산화질소, 포름알데하이드 등으로 밝혀졌으나, 당시 상황으로 공단 가동을 중단할 수도 없었고 오염물질을 처리할 기술도 없었기 때문에 대기는 무작정 더럽혀지고만 있었다. 욧카이치를 떠나지 않는 한 기침을 피할 방법은 없었다.

주민들은 시 당국에 오염 방지를 위한 행정 조치를 강력히 요구했다. 시 당국은 불편하겠지만 참아달라는 부탁과 함께 천식 환자에게 의료 서비스를 제공하겠다고 약속했다. 그렇게 해서 병원을 무료로 이용할 수 있었지만, 대기오염은 점점 더 심각해지고 주민들은 병마에 시달려야만 했다. 황이 다량 함유된 중동산 원유를 사용하는 석유화학공단은 고작 30~50m 높이의 굴뚝으로 연소가스를 배출하고 있었다. 욧카이치는 흡사 인간 한계를 시험하는 거대한 실험실로 변해갔다.

상황이 이러한데도 시 당국은 생산 규모를 계속 확대해나가 1963년에는 제2 석유화학 공단을 가동하기 시작했다. 고통스러운 기침은 어떤 약으로도 낫지 않았고 환자 수는 계속 늘어만 갔다. 1962년 8월부터 무료검진과 의료비 면제가 실시되었으나, 보상은 이루어지지 않았다. 당시 일본에서는 환경 피해로 발생한 분쟁을 조정할 제도적 장치가 마련되어 있지 않았기 때문에 여러 가지 사회 문제도 잇따랐다.

1964년 4월 2일, 3일째 계속 스모그가 두텁게 욧카이치를 내리덮던 날 62세의 후루카와 요시로는 세상을 떠났다. 사인은 폐기종과 만성 기관지염으로 밝혀졌다. 그는 욧카이치의 첫 번째 공

당시 가동 중인
욧카이치 공단의 야경

해병 사망자였다. 후루카와의 죽음은 전국적인 관심을 불러일으켰고 이것이 계기가 되어 시당국은 1964년 말 일본은 물론이고 세계에서 최초로 공해병 관리시스템을 구축했다. 이런 와중에도 시당국은 제3 공단 조성과 입주기업 유치활동을 계속하고 있었다.

1965년 4월 2일, 후루카와 1주기 추도식에서 천식 피해자들은 욧카이치 공해병 환자보호협회를 결성했다. 그들은 과거처럼 가만히 참고 살아서는 안 된다는 것을 절실히 깨닫고 있었다. 공짜 약을 받고 공해병 피해자로 시의 인정을 받는 것으로는 삶에 아무런 도움이 되지 못했다.

1966년 6월 10일에는 연로하고 쇠약한 천식 환자였던 기히라 우사부로가 목을 매고 자살했다. 그의 주검 옆에는 약도 돈도 필요 없는 저 세상에서 편안히 지내고 싶다는 내용의 유서가 남겨져 있었다. 장례를 치르면서 공해병 환자보호협회 대표들은 시당국에 대해 네 가지 절박한 요구사항을 주장하며 시위를 벌였다. 그것은 공해병 환자의 복지 보장, 산 근처에 응급 요양소 설치, 공장 연료 교체, 산업 확장 중지 등이었다. 시 당국은 이에 답변을 내놓기는커녕 오히려 제3 공단 계획 승인에만 열중했다. 결국

당시 욧카이치시에서 배포한 공해 마스크를 쓰고 등교하는 초등학생들

1967년 2월에 주민들의 강력한 반대에도 불구하고, 시 의회는 강압적 투표를 통해 그 목적을 달성했다.

1967년 6월 13일, 두 번째 자살 사건이 발생했다. 첫 번째 자살자의 장례 행렬 앞에서 검은 띠를 두른 망자의 영정을 들었던 오타니 가쓰히로가 목을 맨 것이다. 오타니의 폐는 욧카이치를 가득 메운 회색 먼지를 더 이상 견딜 수가 없었다. 오타니가 남긴 한 일기에는 이렇게 적혀 있었다. "1966년 6월 3일, 오후 5시가 지나면서 스모그는 더 극심해졌다. 나는 기침을 멈출 수가 없었다. 도시락을 싸들고 나는 최대한 서둘러 마을을 떠났다. 처량하기 짝이 없었다. 나는 집에 있고 싶지만, 이 적막한 곳으로 와야만 했다. 망할 놈의 시장은 왜 천식도 안 걸리지? 하긴 그가 병에 걸린다고 해서 우리 심정을 이해할 수 있을까? 아, 난 이 더러운 공기 때문에 죽고 싶지는 않다."

오타니의 죽음은 천식 환자들을 극단적인 상태로 몰고 갔다. 기히라가 죽었을 때 소송하자는 말이 있기는 했지만, 그때는 그

공단에 인접한 마을과 피해 어린이가 병원에서 공부하는 모습

저 말뿐이었다. 그러나 활동적이고 주위의 존경을 받던 오타니가 죽자 천식 환자들의 태도는 눈에 띄게 바뀌었다. 1967년 9월 1일, 9개 욧카이치 천식 환자 모임은 오염에 대한 책임을 물어 6개 회사를 상대로 손해배상 소송을 제기했다. 1972년 7월 24일, 사건의 법적 공방이 시작된 지 5년 만에 법원은 석유화학 공단 내 6개 기업으로 하여금 총 8,800만 엔의 손해배상금을 원고에게 지급하라고 판결했다. 배상 책임을 기업 집단이 지도록 한 것은 당시 일본에서 매우 획기적인 일이었다. 욧카이치 사건으로 인근 지역의 주민 모두가 고통받았으며, 심각한 피해를 공식적으로 인정받은 사람만 해도 총 1,231명이나 되었고 그중 80여 명은 이미 사망한 상태였다. 일본 정부는 1961년에 아황산가스가 심각한 문제를 야기한다는 것을 알고 있었지만, 이 사건을 겪고 난 1969년 2월에 와서야 비로소 배출 기준을 마련했다.

1971년 7월에 설립된 일본 환경청은 대기오염 규제 실태를 점검한 다음 규제를 강화해나가기 시작했다. 이산화황에 대한 기

1972년 7월 24일 법정에서 승소한 욧카이치 시민들

준을 다시 정했고 농도가 아닌 총량을 기준으로 오염을 규제하는 법안을 만들었으며, 저유황 석유 사용 확대를 촉구했다. 산업 분야에서 오염 규제에 관한 관심이 높아진 것과 더불어 욧카이치 판결은 지역 환경 용량을 감안하여 공업단지 규모를 제한해야 한다는 점을 일깨워주었다. 또 기업체들은 공장별로는 대기오염 기준치를 만족한다 하더라도 공단 내 여러 공장에서 나오는 오염이 합쳐져 지역 주민들에게 피해를 입힐 경우 소송을 당할 수 있다는 것을 이 사건을 통해 알게 되었다.

한편 욧카이치 사건 당시 주민 피해는 대기오염과 천식만이 아니었다. 공단에서 바다로 배출하는 오염물질로 인해 어업의 피해 또한 막대했다. 1959년 말부터 연안에서 잡히는 생선은 맛과 냄새가 고약했다. 1960년 3월이 되자 도쿄 어시장에서는 이곳 생선을 수매하지 않았다. 그러자 1960년 12월에 연안 오염대책위원회가 구성되어 오염 조사에 착수했으며, 1961년 4월 공장 배출물과 먹을 수 없는 생선의 상관관계를 설명한 보고서가 발표되었다. 그 후 여러 번에 걸친 보상 요구와 격렬한 투쟁이 계속되었고, 결국 1965년 1월 정부가 주도하는 중재위원회는 공장 측이 어민들에게 총 3,600만 엔의 보상금을 지급하라고 결정했다.

욧카이치 사건은 전후 급속한 경제성장에 전력투구하던 일본에 엄청난 파장을 불러일으켰다. 1960년대 초는 일본의 경제적 팽창이 절정에 달했고 전국의 모든 지자체가 공단 설립에 혈안이 되어 있던 시기였다. 그러나 이 사건을 계기로 일부 지역에서 공단 설립을 반대하는 움직임이 일어났고 좀 더 신중한 검토가 이루어지기 시작했다. 또 이 사건은 1971년 일본의 환경청 설립과

대기오염 규제에 중대한 영향을 미쳤다. 특히 1974년에 시행된, 오염 유발자가 피해자에게 의료비와 생계비 등을 보상하는 내용을 골자로 한 '공해로 인한 건강피해보상법' 제정에 결정적인 역할을 했다.

우리나라도 욧카이치와 유사한 사건을 경험한 바 있다. 1960년대 공업단지 조성이 시작되면서 주변 농작물과 주민들의 건강 피해가 계속되었다. 그러나 공식적으로 기록된 주요 사건은 1978년과 1979년에 여천과 울산에서 각각 발생한 어린이 피부병 사례다. 그 후 1982년 온산공단 주변에서 신경통, 피부병, 구토, 가려움증 등을 호소하는 괴질병이 발생하여 큰 사회 문제가 되기도 했다. 당시 주민들은 정부에 이주 대책을 요구했으나, 정부와 학계 등에서는 정확한 원인조차 규명하지 못한 채 공해병 논란만 계속되었다. 결국 1985년에 이르러 정부의 이주 대책 시행으로 사건은 마무리되었다. 여천공단도 지역 주민들이 오랜 세월 대기오염 피해를 받아왔으며, 1996년에는 각종 유해물질이 다량 검출되자 이주 대책을 추진했다.

멕시코시티 사건

1987년 2월, 멕시코의 수도 멕시코시티에서 하늘을 날던 수천 마리의 새가 떨어져 죽는 충격적인 사건이 발생했다. 새의 사체를 조사해본 결과 심장, 폐, 간 등에서 다량의 납과 카드뮴, 수은 등이 검출되었는데, 이 물질들은 멕시코시티의 극심한 대기오염으로 인해 새의 체내에 농축된 것으로 밝혀졌다.

멕시코시티는 우리나라의 한라산 정상보다도 높은 해발 2,240m의 분지에 위치하며 주변이 4,000~5,000m 높이의 산으로 둘러싸여 있다. 서울의 약 6.5배(4,902㎢)에 해당하는 면적에 2,000만여 명이 살고, 약 500만 대의 자동차가 굴러다니고 있었다. 게다가 당시에는 정유공장과 화력발전소를 비롯하여 3만 5,000여 개의 공장들이 시내 곳곳에 산재해 있었다. 이들 공장에서는 단 하루 동안 약 4,500만 톤의 화석 연료가 연소되고 여기에 강렬한 태양빛과 건조한 기후가 더해져 1년 내내 광화학스모그가 끊이지 않았다. 또 이곳에서는 1990년대 중반까지 자동차 연료로 유연휘발유를 사용했기 때문에 많은 양의 납이 대기를 오염시켰다.

세계보건기구(WHO)가 조사한 바에 따르면 1980년대 멕시코시티의 대기오염은 전 세계 대도시 가운데서도 최악의 상태였다. 1986년부터 멕시코시티 내 28개 장소에서 세계보건기구가 지정한 6가지 대기오염물질인 아황산가스, 일산화탄소, 납, 질소산화물, 미세먼지, 오존을 측정하기 시작했는데, 각각의 경우 모두 기준치를 3~4배 이상 초과했다.

이러한 공기를 호흡하며 살아야 했던 멕시코시티 시민들은 두통과 불면증, 무기력과 구토 등의 증세로 고통을 겪는가 하면, 심한 경우 환각과 환청 증세까지 호소했다. 실제로 이곳 주민들의 체내 중금속 농도는 독일이나 미국에 비해 무려 20배 이상 높았다. 당시 맥시코시티에서는 모유에 많은 양의 중금속이 함유되어 있어 어린아이에게 수유하지 말 것을 전문가들이 경고하기도 했

스모그가 가득한
멕시코 시티 전경

다. 왜냐하면 중금속은 지방 성분이 많은 모유에 더 많이 축적되어 혈액이나 체액에서보다 농도가 훨씬 높게 나타나기 때문이다. 뿐만 아니라 대기오염물질로 인한 건물이나 차량 부식과 같은 재산상의 피해도 매우 심각했다.

멕시코시티에서 근무하는 외국 상사 주재원들은 이처럼 심각한 대기오염 때문에 별도의 위험수당을 받을 정도였고 여행자들에게는 호텔에서 창문을 열어 환기시키지 말라는 경고가 내려지기도 했다. 의사들은 당시 멕시코시티에서의 생활이 하루 두 갑 이상의 담배를 피우는 것과 같을 정도로 위해하다고 밝혔다. 멕시코시티가 세계 최악의 대기오염 상태를 보이게 된 원인으로는 여러 가지 들 수 있다. 그중에서 고산지대에 위치한 분지라는 지형적 요인에 따라 대기 혼합이 원활하지 않고, 평지보다 산소량이 23%나 희박한 고산지대에 인구 2,000만 명 이 넘는 거대 도시가 무계획적으로 팽창됐으며, 도시 내부에 산재해 있는 공장과 수많은 자동차에서 매연이 배출된 것 등이 주된 요인이다. 멕시코시티는 삼면이 높은 산으로 둘러싸여 있어 나머지 한쪽의 트인 공간을 통해 찬 공기가 밀려들어 와 더운 공기를 밀어 올리고, 상층

맥시코시티의 지형조건

의 더운 공기층은 검은 구름이 되어 뚜껑 역할을 하게 된다. 이때 지면의 차가운 공기는 분지 지형에 갇히면서 스모그가 지면 근처에 머무르게 되어 기온역전 현상이 매일 반복된다. 또한, 경제 사정으로 인해 인체에 해로운 납을 함유한 유연휘발유를 차량에 사용한 데다, 건조한 기후 때문에 연소 가스와 중금속을 함유한 많은 먼지가 빗물에 씻겨지지 않고 지면과 대기 사이를 오르내림으로써 대기오염은 더욱 가중되었다.

멕시코시티에서는 이미 몇십 년 전부터 정치인들이 대기오염 문제를 해결하겠노라고 공약해왔지만, 그 공약은 어려운 경제 사정을 이유로 아무런 실천 없이 끝나기 일쑤였다. 그런데 아이러니하게도 경제를 핑계로 내팽개쳤던 대기오염 문제가 1980년대 중반에 와서는 국가 경제에 심각한 피해로 돌아왔다. 멕시코시티에서 호흡기 질환이 사망 원인 2위가 되었고 국가에서 호흡기 질환에 지불해야 하는 의료비가 3년마다 두 배씩 증가했던 것이다. 멕시코시티 노동자들은 멕시코 다른 지역에 비해 노동 효율이 반으로 줄었고 어린아이들의 학습 능력도 25%나 뒤떨어진 것으로

대기오염에 괴로워하는 멕시코시티 어린이들과 마스크를 쓴 시민

나타났다. 또 멕시코시티의 대기오염이 국제사회에 널리 알려지자 관광객과 해외 투자자들도 급속히 줄어들었다.

그러자 지난 1990년대 초부터 멕시코시티에서는 대대적인 대기오염 방지대책이 추진되기 시작했다. 첫 5년 동안에는 47억 달러를 투자하여 저공해 연료 교체, 배출규제 강화, 공해산업 이전, 나대지 식생 복원, 차 없는 날 제정 등 112개의 프로젝트가 시행되었다. 멕시코시티는 사용하는 모든 연료의 질을 점진적으로 개선하고 대중교통 수단을 현대화하여, 모든 차량에 최첨단 연소 촉매장치 부착을 의무화하고 배출규제를 강화했다. 납이 함유된 유연휘발유 사용을 점차 줄이다가 1997년에는 사용을 완전히 중단하고 무연휘발유로 대체했다. 또 1989년 11월부터 외교관 차량을 제외한 전 차량에 대해서 5부제 운행을 실시했다. 멕시코시티는 지속적으로 낙후된 산업을 현대화하고 배출규제를 강화해나갔으며, 도시 전체 면적의 58%를 환경용지로 지정하여 개발을 제한하고 생태계를 복원했으며 나머지 도시 지역에도 나무를 심고 개발 정책을 근본적으로 재조정했다. 또 적극적인 환경교육을 실시하여 시민들이 자발적으로 참여할 수 있는 프로그램도 육성했다. 1994년 멕시코는 중남미 국가로는 처음으로 경제협력개발기구(OECD)에 가입했고 국제적인 환경 전문가의 도움을 얻어 대규모 연구 프로젝트를 시작했다. 1990년대 후반에는 국제 홍보를 위해 프레온 가스가 오존층을 파괴하는 연구로 1995년 노벨화학상을 수상한 멕시코 출신 미국 매사추세츠 공과대학(MIT) 교수 마리오 몰리나(Mario Molina)도 여기에 참여시켰다.

이러한 노력의 결과, 지난 10년간 멕시코시티의 대기는 크게 개선되었다. 일산화탄소와 황산화물, 오존 농도는 3분의 1 수준으로, 질소산화물과 미세먼지는 2분의 1 수준으로 감소했다. 대기 중 납 함유량도 10분의 1 이하로 떨어졌다. 2016년 세계보건기구(WHO) 자료는 멕시코시티의 미세먼지 농도가 서울보다 좋아진 것을 보여주고 있다(아래 그림 참고). 하지만 멕시코시티는 피할 수 없는 지형과 기후 조건 때문에, 여전히 세계에서 대기 환경 관리가 매우 어려운 거대 도시 중 하나로 남아 있다.

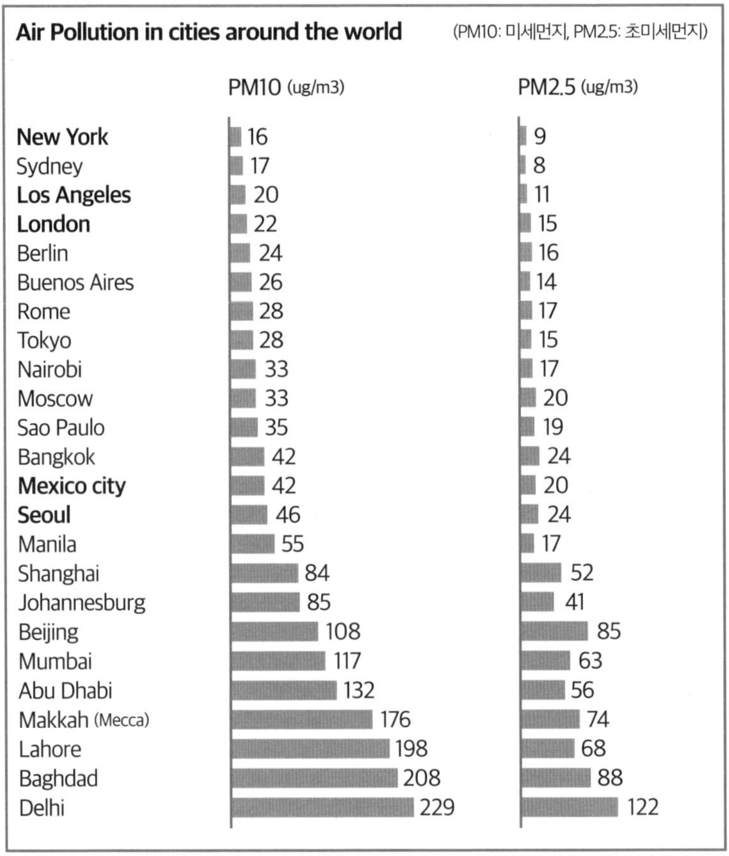

세계 주요 도시의 대기 오염(자료: 2016년 세계보건기구) : 뉴욕, 로스앤젤레스, 런던의 하늘은 다시 맑아졌다. 멕시코 시티도 서울보다 좋은 공기를 나타내고 있다.

제3부

죽음의 독이 된 물과 음식

미나마타 사건

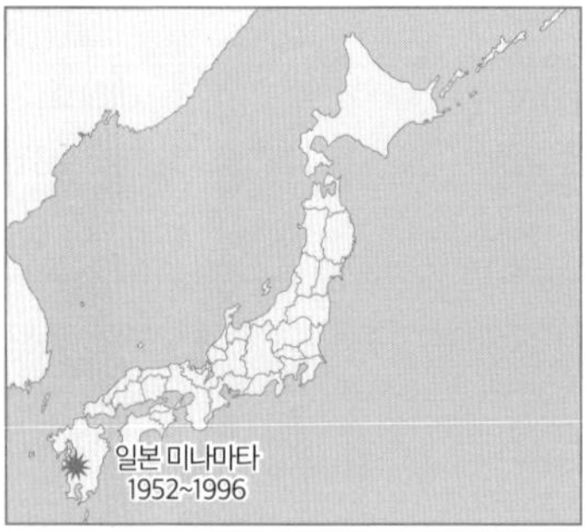

1952년 일본 규슈에 있는 미나마타라는 작은 어촌에서 이상한 질병이 발생했다. 하늘을 날던 물새가 갑자기 땅에 떨어지고 집에서 기르던 고양이들이 미친 듯이 뱅뱅 돌며 입에 거품을 내뿜는 괴이한 현상이 이 마을에서 나타난 것이다. 마을 사람들은 처음에 이것을 '춤추는 고양이 병'이라 불렀다. 그러다 1년 뒤 이 병은 이곳 주민들에게도 발병했다. 손과 발이 마비되고 통증과 오한, 두통, 시각장애, 운동장애, 언어장애 등이 주된 증상이었다. 심한 경우 격렬한 고통과 마비 증상이 나타났다가 죽음으로까지 이어졌으며, 태어나는 아기들은 기형이거나 사산되었다.

처음에 보건당국과 의사들은 세계적으로 보고된 적이 없는 이 병의 원인을 찾지 못하고 단순한 풍토병으로 생각했다. 그러나 이 병에 걸린 사람 수가 늘어나고 고양이나 물새에서 나타나는 증상도 계속되자 1956년 미나마타시는 대책위원회를 구성하여 질병의 원인을 조사하기 시작했다. 하지만 위원회에서는 이 병을 일본 뇌염의 일종이라는 잘못된 진단을 내린 채 별다른 대책을 세우지 못하고 있었다.

1959년 7월에 와서 구마모토 대학 다케우치 다다오 교수는 이러한 증상이 중추신경계와 뇌에 어떤 손상이 생겼을 때 발생하며, 액체 중금속인 수은 중독에 의한 것이라고 주장했다. 그 후 미나마타만의 해수와 해저 퇴적물, 그리고 부근에서 잡히는 물고기에 다량의 수은이 함유되어 있고 그런 물고기의 섭취가 이 증상의 직접적인 원인임이 밝혀졌다. 또 미나마타 만이 수은에 오염된 까닭은 만에 인접한 신일본질소비료공장(칫소공장)에서 배출한 폐수 때문인 것으로 결론 내렸다.

칫소공장에서 배출한 폐수에 함유된 수은은 바다에서 희석됐지만, 미생물에 의해 더욱 유독한 메틸수은이라는 물질로 변형되어 이곳에 서식하는 생물들의 체내에 농축되었고 먹이사슬을 따라 상위로 갈수록 농도가 증폭되었다. 그리하여 결국 수은이 고농도로 농축된 물고기를 오랫동안 먹어온 물새, 고양이, 사람들에게서 그 독성이 크게 나타난 것이다. 이것은 주위 환경이나 먹이

미나마타 병으로
태어난 기형아

사슬의 하위 생물체에 축적된 유해물질이 먹이사슬을 따라 상위 먹이 수준으로 가면서 농도가 높아지는 생물증폭(Biomagnification) 현상의 한 사례다. 예를 들어 해수에 수은이 매우 낮은 농도로 존재해도 물고기 체내에는 수천 또는 수만 배에 해당하는 높은 농도로 축적될 수 있다. 당시 미나마타만 해수의 수은 농도는 최고 0.0006ppm 정도였으나, 물고기는 10~50ppm으로 최고 8만 배까지 농축되었다.

구마모토현과 일본 중앙정부는 당시 미나마타만에 문제가 있음을 시인하면서도 그 원인은 인정하지 않았다. 구마모토현에서는 식품위생법에 따라 이 지역을 어업금지구역으로 선포하려 했으나, 중앙정부는 연안 해역 전체가 오염되었다는 명백한 증거가 없다는 이유로 어로 활동을 계속 허용했다. 또 중앙정부는 공장

미나마타만과 칫소공장

폐수에 문제가 있는 것은 확실하나, 원인 물질이 명백히 규명되지 않는 한 배출 금지는 불가능하다며 폐수 배출도 허용했다. 너무나 어처구니없는 결정이었다.

결국 공장은 계속 가동되었고 일부 주민들은 미나마타를 떠나기 시작했다. 하지만 남은 주민들의 계속된 투쟁으로 1959년 12월에 공장 측이 사망자에게는 30만 엔, 성인 환자에게는 연간 10만 엔, 어린이 환자에게는 연간 3만 엔, 그리고 장례비로는 2만 엔을 위로금으로 지급한다는 데 합의한 채 이 사건은 종결되었다. 그러나 이 위로금은 보상금과는 개념이 다른 것으로, 공장 측이 자신들의 책임을 인정하지 않겠다는 것을 의미했다.

그 후 6년이 지난 1965년 니가타현 아가노강 하류에 살고 있던 주민들 사이에서도 미나마타병과 유사한 증상이 보고되었다. 주민들은 상류에 위치한 쇼와전공(Showa Denko)의 폐수를 원인으로 단정하고 소송을 제기했다. 이것은 일본 최초의 법정으로 간 환경 소송이었다. 이후 1967년에 욧카이치 사건 소송, 1968년에 이타이이타이 사건 소송이 연이어 제기됐다. 1968년 9월에는 일본 후생성이 니가타 사건의 원인 물질이 유기수은 화합물임을 공식 인

사망자 영정을 들고
시위하는 미나마타 시민들

정했다. 이를 계기로 미나마타 사건의 원인 물질도 15년 동안이나 인정하지 않던 일본 정부가 칫소공장 폐수의 수은이라고 밝혔다.

그러자 1969년 미나마타 시민들은 10년 전인 1959년에 이루어진 칫소공장과의 합의를 파기하고 총 6억 4,000만 엔의 보상금을 요구하는 소송을 제기했다. 그 후 피해자들의 농성과 법정 투쟁이 계속되었고, 결국 1973년 피해자들이 승소했다. 이 사건을 담당했던 판사는 판결문에서 공장 측이 미나마타 만에 수은을 방류하고도 이를 철저히 은폐한 죄상을 인정했으며, 모든 점에서 원고 승소 판결을 선언했다. 또 이 판결은 소송을 제기한 30 가족에게 보상금 9억 3,700만 엔을 지급하도록 명령했다. 공장 측은 폐수가 미나마타병을 일으킨 사실에 동의했고 그 책임을 공식적으로 인정했다. 당시 피해 현황을 보면 사망자 43명에 111명이 불치의 마비 증상을 나타냈으며, 19명의 어린이가 심각한 기형을 갖고 태어난 것으로 집계됐다.

한편 그 무렵 또 다른 문제가 발생했다. 환자로 인정받지 못한 피해자들이 그 후 매년 증가했으며, 이들 또한 법정 투쟁에 나선 것이다. 게다가 미나마타와 니가타뿐만 아니라 니가타, 도쿄, 교토, 오사카, 후쿠오카 등에서도 미나마타병과 같은 증상을 호소하는 환자가 계속 나타나 법정 투쟁에 동참하기 시작했다.

미인정 환자들의 법정 투쟁은 그 후 수십 년 동안 계속되다가 1996년 5월 19일에 마침내 종결되었다. 소송을 제기한 환자들은 총 1,984명으로, 일인당 260만 엔의 보상금에 최종 합의하고 소송을 취하했다. 이들이 이처럼 적은 보상금에 합의한 이유는 갈수록 보상을 받아야 할 생존자가 줄어들고 가해자의 보상 능력은 한계에 다다랐기 때문이었다. 이에 일본 정부는 기금을 조성하여 가해자에게 대부해주고 그 돈으로 가해자가 피해자에게 보상금을 지불하도록 하는 방식을 택했다.

사건의 가해자가 된 신일본질소비료는 1908년에 미나마타 공장을 설립하여 비료, 화약, 화공약품 등을 생산하기 시작했으며, 일제 강점기에는 우리나라 원산에도 질소비료 공장을 건설하기도 했던 일본 근대화의 주역이었다. 그러나 1950년대 초 미나마타병이 표면화되면서부터 공해병으로 인한 이 회사의 수난은 수십 년간 계속됐다. 게다가 피해자들은 물질적 피해에 비할 수 없는 신체적 병을 일생 안고 살아야 하는 고통을 당했다.

미나마타 사람들은 자신들의 고장 이름을 이 끔찍한 병에 더 이상 붙이지 말 것을 정부에 호소했다. 중금속이나 방사능 물질, 유독성 화학물질은 사람의 유전자에 변이를 일으키기 때문에 증상이 당대에 나타나지 않더라도 후손에게 전해질 수 있다. 이 때문에 미나마타 출신은 결혼은 물론 취업 등 여러 가지 면에서 불이익을 당해야 하는 아픔을 겪어야 했다.

미나마타 사건은 발생에서 종결에 이르기까지 40여 년이 걸린

2011년에 열린 미타마타 희생자 추모 전시회

사건으로, 20세기 환경 사건 중 가장 오랜 기간이 소요됐다. 1959년과 1973년, 그리고 1996년의 세 차례에 걸쳐 가해자와 피해자 간에 보상에 관한 합의가 이루어졌다. 그러나 그 후에도 일본에는 미나마타병 환자로 인정받고자 하는 사람이 1만여 명이나 더 있는 것으로 추산하고 있다. 공해병의 무서움과 지긋지긋함을 전 세계에 보여준 대표적 사례라 하지 않을 수 없다.

유엔환경계획(UNEP)는 2013년 10월 9일 일본 구마모토시에서 수은으로 인해 초래되는 인체와 환경에 미치는 위해성을 줄이기 위한 '미나마타 협약'(Minamata Convention on Mercury)을 체결했다. 수은은 기체 상태로 장거리 이동하는 특성이 있기 때문에 생산, 사용, 배출, 폐기에 이르는 전 과정을 국제적으로 공동 대응해야 할 필요성이 오랜 기간 제기되어온 결과가 국제협약으로 이어졌다. 2020년부터 수은 원자재 교역을 제한하고 수은 첨가제품 제조와 수출입을 단계적으로 금지하는 것이 협약의 목적이다. 2017년 발효되었고 우리나라는 2019년 비준했다.

미나마타 협약 채택 회의에서 거행된 식목 행사

워번 지하수 사건

미국 동부 매사추세츠주의 워번(Woburn)은 지난 19세기 산업화가 처음 시작되었던 곳 중 하나다. 이곳에서는 초창기에 피혁산업이 크게 번창하여 많은 공장들이 들어섰다. 피혁산업의 발전은 다른 산업으로 파급되어 후에 이곳에는 각종 화학공장이 들어섰다. 그러나 1960년대 들어 피혁산업은 움츠러들기 시작하여 하나둘씩 문을 닫았고, 대신에 대기업의 화학공장들이 들어와 기존 산업을 대체하게 되었다.

1972년 이곳에 사는 3살짜리 아이 지미가 백혈병 진단을 받았다. 지미의 어머니 앤 앤더슨(Anne Anderson)은 자신의 아들이 오염된 식수로 인해 병에 걸린 것이라고 믿었다. 당시 백혈병은 어린이 10만 명 중 4명이 걸릴까 말까 한 희귀한 병이었음에도 불구하고 워번에는 유난히 백혈병 환자가 많았다. 그래서 앤은 이곳에서 사용하는 지하수가 분명히 백혈병과 관련이 있다고 공공연히 주장하고 다녔으나, 주위 사람들은 그녀를 까다롭고 유별난 엄마 정도로만 여겼다.

지미가 백혈병 진단을 받기 오래전부터 이곳 사람들은 식수에 대한 불만을 자주 얘기하곤 했다. 이곳을 흐르는 애버조나강은 150년이 넘도록 각종 오염물질이 둥둥 떠다녔고 식수로 사용하는 지하수도 이상한 맛과 냄새로 자주 문제되었다. 특히 1964년과 1967년에 각각 만들어진 두 개의 우물을 가동한 이후부터는 물맛이 확연히 나빠졌다. 이 두 우물의 안전성은 계속 논란이 되었으며, 폐쇄와 가동을 반복했다. 주민들의 반대로 우물이 폐쇄되었다가도 가뭄이 닥치거나 물 수요가 늘어나면 하는 수 없이 다시 가동해야 하는 상황이었다.

그러던 1979년 봄, 워번 경찰서가 북부 지역의 공터에서 184개나 되는 산업폐기물 드럼통이 버려져 있는 것을 발견했다. 사건 현장은 두 개의 우물에서 불과 500m 남짓 떨어진 곳이었다. 이에 두 우물의 수질을 조사해보니 공업용 용매제인 트라이클로로에틸렌(TCE: Trichloroethylene)으로 심하게 오염된 사실이 밝혀졌다.

백혈병으로 사망한 지미 앤더슨과
소송을 주도한 어머니 앤 앤더슨

또한, 이 지역 주민을 대상으로 역학조사를 한 결과 1964년부터 28건의 백혈병이 발생했음을 확인했다. 이 수치는 마을의 규모를 고려해볼 때 다른 지역보다 7배나 높은 것이었다. 게다가 환자들 대부분이 문제가 된 우물 가까이에 살았으며, 모두 오염된 우물물을 식수로 마셨다는 사실도 밝혀졌다. 관계 당국은 TCE와 퍼클로로에틸렌(PCE) 등으로 오염된 우물을 영구히 폐쇄해버렸다.

1981년 크리스마스를 보내고 며칠 뒤에 지미는 결국 12세의 나이로 사망했고 아이의 어머니는 같은 마을의 일곱 가구와 함께 식수를 오염시킨 당사자로 여겨지는 세 기업을 상대로 소송을 제기했다. 피소된 기업인 유니퍼스트(UniFirst), 베아트리스 식품(Beatrice Foods), 그레이스앤컴퍼니(W. R. Grace & Company)는 TCE를 비롯한 각종 유해화학물질을 사용하는 공장을 이곳에서 오랜 기간 가동해왔다. 이들 기업 중 유니퍼스트는 소송이 시작되기 전에 합의금으로 약 100만 달러를 지불하는 조건으로 빠져나갔고, 나머지 두 회사는 우물 오염에 대한 책임 여부와 오염물질이 백혈

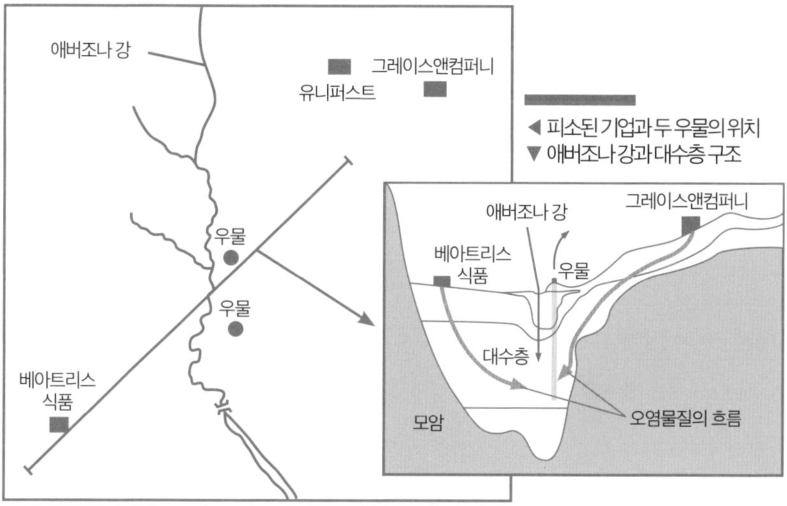

◀ 피소된 기업과 두 우물의 위치
▼ 애버조나 강과 대수층 구조

병을 일으킨 것인가에 대한 진실 게임을 계속해야 했다.

소송이 진행되는 상황에서 하버드 보건대학원의 교수 두 명이 3년간 워번에서 발생한 백혈병에 대한 조사 보고서를 발표했는데, 그들은 이곳의 두 우물이 각종 유해물질로 오염되었고 그 우물물이 백혈병과 관련이 있다는 결론을 내렸다. 이에 대해 피고 측은 여러 교수와 의사들을 동원해 TCE는 백혈병과 무관하며, 발암 가능성에 대해서도 회의적이라는 반론을 제시했다. 그러나 원고 측을 지원하는 학자들은 적은 양의 TCE라도 장기간 노출될 경우 면역 체계에 이상이 올 수 있다고 판단하여, 주민들의 혈액검사를 실시하고 자신들의 주장을 뒷받침할 자료를 찾아 나섰다. 그 결과 워번 주민들의 혈액에서 발암물질이 발견되었으며, 워번의 우물에서 검출된 TCE가 면역기능 장애 및 백혈병 등 중병의 원인이 된 것이라는 의견서가 재판정에 제출되었다.

다음 차례는 누가 지하수를 오염시켰으며, 그것은 누구의 지시에 의한 것이었고 또 얼마나 오염시켰는지를 알아내는 일이었다. 원고 측 변호사는 피소된 회사의 직원들을 상대로 집요하게 조사해나갔고 이 회사들이 TCE를 포함한 유해화학 폐기물들을 공터 웅덩이 등에 무단으로 폐기했다는 사실을 밝혀냈다. 그리고 여기에 버려진 것들이 애버조나강까지 흘러가 강변의 늪지대를 유해독성 물질로 오염시켰을 가능성을 제기했다. 또 이들 회사가 버린 TCE가 백혈병을 일으켰다는 직접적인 결론은 내릴 수 없더라도 오염된 식수가 백혈병을 악화시켰다는 것은 점점 분명해지고 있었다.

원고 측이 추가로 증명해야 할 사실은 강물에 흘러간 유해물질이 어떻게 워번의 지하수를 오염시켰느냐는 점이었다. 배심원들 앞에서 그레이스앤컴퍼니의 변호사는 회사 직원들이 땅에 TCE를 버렸다는 것은 시인했으나, 그 양이 매우 적어 우물에까지 영향을 주지는 않았을 것이며, 설령 우물에 들어갔다 하더라도 인체에 위험을 줄 만한 양은 아니었다고 강조했다. 그러나 베아트리스 식품의 변호사는 회사가 TCE를 사용한 적도 없고 유해 폐기물을 무단으로 매립한 적도 없다면서 혐의를 전면 부인했다. 원고 측 변호사는 전문가에게 의뢰하여 피고 측 공장의 땅이 유해화학물질들로 오염되어 있고 이것이 지하수로 흘러들어 1960년대 말 워번의 우물을 오염시켰다는 것을 증명하고자 했다. 그러나 법정 분위기에 익숙하지 않은 학자들은 노련한 상대편 변호사들의 공격에 맞서 자신들의 의견을 제대로 전달하는데 미숙했다. 피고 측은 지금까지 나온 조사 결과를 거짓으로 몰아붙였고 증인의 자격에 시비를 걸었다.

재판의 마지막 증인은 지하수 수리학자인 프린스턴대학의 조지 핀더(George Pinder) 교수로, 그는 공장에서 배출된 TCE 등의 유해물질이 백혈병이나 다른 관련 질병이 발생하기 전에 워번의 우물

애버조나 강가에
버려진 산업폐기물

로 들어갔다는 것을 증명해야 했다. 그의 증언은 순조로웠으며, 두 회사가 우물 오염에 책임이 있다는 그의 의견은 법정에서 증거로 채택되었다. 그러나 오염물질이 우물에 도달하기까지 걸리는 시간을 제시하는 데 착오가 있었고 상대편 변호사는 여기에 반론을 제기했다. 설상가상으로 핀더 교수는 우물물이 어디에서 온 것이냐에 대한 증언을 하면서 주장을 번복하여 재판은 원고 측에 불리하게 돌아갔다.

베아트리스 식품의 공장 지역과 우물 사이에는 애버조나 강이 자리 잡고 있었는데, 우물에서 지하수를 취수하기 시작한 후 이 강의 수위가 크게 낮아졌다. 이를 근거로 피고 측에서는 강물이 지하수와 무관하게 우물에 유입되었기 때문에 베아트리스 식품 공장에서 나온 오염물질은 우물에 들어가지 않았다고 주장했다. 이에 대해 핀더 교수는 우물물은 강이 아니라 지하수로부터 유입된 것이며, 강의 수위가 낮아진 것은 오염된 지하수가 우물에서 퍼올려 진 후에 강물이 지하수로 들어갔기 때문이라고 주장했다. 이것은 이론적으로는 타당했으나 과학적 근거가 없었기 때문에 재판에 인용되지 못했다.

결국 78일간의 파란만장했던 법정 논쟁이 끝나고 1986년 6월 배심원은 베아트리스 식품에 대해서는 기각을 결정했고 그레이스앤컴퍼니에만 우물 오염의 책임을 묻는 판결을 내렸다. 그레이스앤컴퍼니는 800만 달러의 보상액에 합의했는데, 이는 처음 소송을 제기했을 당시 예상한 금액에 비하면 너무나 적은 액수였다. 그 후 미국 연방환경보호청(EPA)이 우물에 대한 펌프 테스트를 실시했는데, 놀랍게도 그레이스앤컴퍼니와 베아트리스 식품 모두 워번의 지하수를 오염시켰다는 결론을 내렸다. 특히 베아트리스 식품의 공장 부지가 최대 오염원으로 밝혀졌다. 재판에 참여했던 배심원과 판사는 전문가의 증언을 무시한 채 지하수가 강을 지나 반대편 우물을 오염시켰다는 사실을 인정하지 않아 잘못된 판결을 내렸던 것이다. 원고 측 변호사는 곧 항소했으며, 베아트리스 식품 측 변호사와 증인이 진실을 알고 있으면서도 위증을 하여 증거를 은폐하려 했다는 것을 알아내고 그 죄를 물으려 했다. 그러나 이번에도 증거 불충분으로 원고가 패소했다.

미국 연방환경보호청은 이 사건 후 워번의 지하수 정화 계획을 발표했다. 환경보호청은 정화 비용을 배상받기 위해 그레이스 앤 컴퍼니와 베아트리스 식품을 상대로 소송을 제기했고 이들 회사는 결국 정화 비용을 분담하는 데 동의했다. 환경보호청은 50년에 걸쳐 총 6,940만 달러가 드는 미국 동북부 뉴잉글랜드 지방 역사상 최대 규모의 정화 계획을 시행하게 되었다.

이 사건은 기업의 부주의로 인한 환경오염이 주민들의 삶에 엄청난 피해를 야기하고 이에 맞서 힘겨운 법정 싸움을 벌인 사람들의 중요한 기록으로 남게 되었다. 안타깝게도 심각한 육체적, 정신적 피해를 받은 사람들이 그에 합당한 보상을 받는 데에는 실패했지만, 거대한 골리앗에 맞서서 진실과 신념을 지키고자 열정을 다했던 작은 다윗의 이야기는 그 어떤 소설보다도 극적이고 감동적이다. 그 후 이 사건을 다룬 민사소송이라는 의미의 『시빌액션(Civil Action)』이 미국에서 1995년 출간되어 베스트셀러에 올랐으며, 동명의 영화로 제작되어 우리나라에도 소개되었다. 이 영화의 주인공인 원고 측 변호사 잰 슐릭만(Jan Schlictmann) 역을 맡은 배우는 우리나라에도 잘 알려진 존 트라볼타(John Travolta)였다. 이 영화는 힝클리 크롬 사건을 소재로 한 『에린 브로코비치(Erin Brockovich)』와 더불어 환경 소송 법정 실화를 다룬 대표적인 영화로 손꼽힌다.

『시빌 액션』이라는 책과 영화 포스터

영화에서 존 트라볼타(잰 슐릭만 역)와 캐슬린 퀸란(Kathleen Quinlan, 앤 앤더슨 역)

이타이이타이 사건

일본 도야마현 진즈강 유역에 사는 주민들은 1910년경부터 허리와 관절에 심한 통증을 느꼈다. 이곳에 오래 거주한 사람일수록 증상이 심했으며, 팔, 늑골, 골반, 대퇴골 등이 자주 골절되었다. 기침만 해도 골절이 될 정도로 뼈가 약해졌고 뼈의 위축으로 키가 줄어들어 심한 경우에는 20cm 이상 작아진 사람도 있었다.

이러한 증상은 특히 강 근처에 사는 농부나 그 가족에게서 많이 나타났으며, 노동을 많이 하거나 20년 이상 이곳에 거주한 사람, 출산 경험이 있는 여성은 그 정도가 더욱 심했다. 그러나 당시에는 단순한 지역 풍토병쯤으로 여겨 원인 규명은 물론 병명도 알지 못한 채 수십 년이 흘렀다. 다만 이 병에 걸린 사람들이 심한 통증을 호소한다 하여 일본말로 '아프다. 아프다'라는 의미의 '이타이이타이'병이라 불렀을 뿐이었다.

제2차 세계대전이 끝난 직후 이 병의 원인 규명이 처음 시도되긴 했으나, 비타민 D 결핍증으로 잘못된 진단이 내려졌다. 그리하여 지역 주민들에게 비타민 D를 지급하여 치료를 시도했으나, 효과가 없었다.

이즈음 이 지방에 살던 하기노 노보루라는 의사는 이 병에 특별히 관심을 두고 증상과 사망자 수 등을 조사하여 1955년 학계에 보고했고, 1961년에는 오카야마대학의 고바야시 준 교수와 함께 이 병의 원인을 규명했다. 이들은 이타이이타이병이 진즈 강 상류 50㎞ 지점 가미오카에 있는 미쓰이 금속광업에서 배출한 카드뮴 때문에 발생한 것이라고 결론 내렸다. 이들은 환자의 신체 조직에서 고농도의 납과 아연을 검출했고 특히 수천 ppm에 달하는 카드뮴을 확인했다. 심지어는 카드뮴 농도가 1만 ppm이나 되는 환자도 있었다. 미쓰이 광업은 반세기 이상 그곳에서 구리, 아연, 납 등을 생산해왔다. 그런데 광산의 폐광석에 들어 있던 카드뮴이 진즈강을 오염시켰고 이 강물이 하류로 흘러 논과 밭의 농업

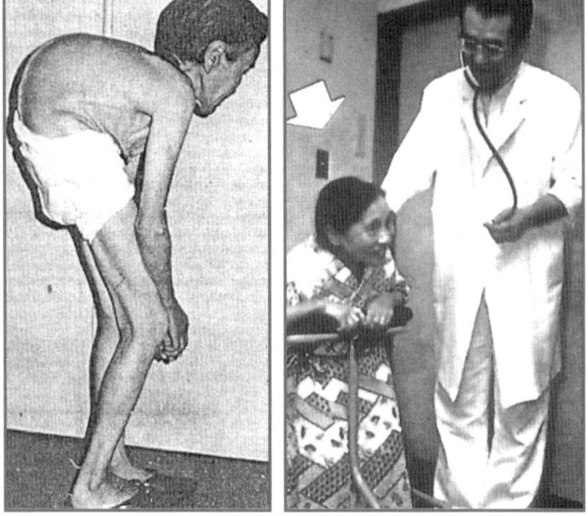

척추 이상을 보여주거나 키가 줄어든 이타이이타이병 환자

용수와 주민들의 식수로 사용됨으로써 카드뮴이 인체에 들어갔던 것이다. 카드뮴은 칼슘과 구조가 유사하기 때문에 동물 체내에서 뼈에 농축되며, 간, 신장, 갑상선 기능에 장애를 일으킨다. 그러나 미쓰이 광업은 이를 단호히 부인했고, 이타이이타이병은 과거에 결론이 났듯이 비타민 D 부족이 원인이라고 주장했다. 또 이 지역 의사협회에서도 미쓰이 광업의 주장을 옹호했다. 그 후 다시금 주민들에게 부족하다는 비타민 D를 나눠주고 섭취하게 했지만 효과가 없었다. 일본 후생성은 결국 1968년에야 미쓰이 광업의 카드뮴이 그 병의 원인임을 인정했다. 당시 이 병으로 사망한 사람만 56명이었으며, 수백 명이 고통을 당했다. 그러나 반세기가 넘는 동안 이 광산에서 배출된 카드뮴 피해자는 이보다 훨씬 많았을 것이 당연하다.

일본 후생성이 병의 원인을 카드뮴으로 인정하자 환자들은 7년 동안 부인해온 미쓰이 광업을 법정에 제소했다. 이것은 당시 일본에서 있었던 니가타, 미나마타, 욧카이치와 더불어 4대 주요 환경 소송 중 하나가 되었다. 그런데 다른 사건과는 달리 이타이이타이병 피해자들은 책임지려하지 않는 회사를 상대로 오랜 기

법정에서 승소한 이타이이타이
사건 피해자들

간 법정 공방을 벌일 필요가 없었다. 왜냐하면 1939년에 제정된 일본 광산법은 광산 작업으로 인해 발생할지도 모르는 위험에 대비하여 무과실 손해보상 보험과 같은 제도를 엄격히 시행하도록 했기 때문이다. 이 법은 원인만 증명하면 보상이 이루어지게 되어 있었다. 1971년 6월 30일, 도야마 법정에서 내려진 판결은 원고에게 완전한 승리를 안겨주었다. 뿐만 아니라 이 판결은 원인에 대한 역학적 증거는 병리학적·임상학적으로 모순 없이 증명만 된다면 법적 증거로 충분하다는 사실을 인정한 셈이었다. 이것은 후에 다른 환경 소송에서 유용한 판례로 사용되었다.

카드뮴은 독성이 매우 강하여 소량이라도 인체에 유입되면 구토와 설사, 복통, 위염, 두통, 근육통을 수반한다. 고농도의 급성 중독에 걸리면 호흡곤란, 흉부압박감, 식욕부진, 심폐기능부전을 일으키며, 심할 경우 사망에까지 이를 수 있다. 저농도의 만성 중독은 비염과 취각장애, 두통, 불면, 빈혈, 간장 기능 장애, 신장 기능 장애, 골연화증 등을 유발한다. 일반적으로 중금속이 인체에 유입되면 오랜 기간 체내에 축적되는데, 카드뮴의 경우 체내 잔

1972년 8월 희생자 가족들의 기자 회견 (이시카와현, 가나자와)

류 기간이 16~33년에 이르는 것으로 알려졌다.

카드뮴에 의한 피해가 공식화되자 일본 정부는 1968년 5월 물과 쌀에 대해 카드뮴 허용 농도를 정하고 인체 섭취와 산업폐수 배출기준을 정하는 등 카드뮴 오염 방지대책 수립에 착수했다. 예를 들어 쌀의 경우 처음에는 도정(정미소에서 쌀겨를 제거하는 과정) 전 카드뮴 농도가 0.4ppm 이하여야 한다고 정했으나, 1970년 7월에 식품위생법을 개정하여 도정 전 쌀은 1ppm, 도정 후는 0.9ppm으로 기준을 변경했다. 사실 처음의 기준으로는 판매 가능한 쌀이 거의 없었기 때문에 어쩔 수 없이 규제를 완화한 셈이었다.

1971년 새로 설립된 일본 환경청은 카드뮴으로 오염된 쌀을 생산하는 농토를 조사하기 시작했다. 1972년 환경청은 총면적 1만 1,700헥타르에 해당하는 117곳을 조사하여 그중 25%가 카드뮴 농도 1ppm이상의 오염된 쌀을 생산한다는 것을 밝혀냈고 곧 생산 금지 명령을 내렸다. 조사한 농토 중 25%에서 생산된 쌀은 완화된 기준조차 충족시키지 못했던 것이다.

이타이이타이 사건은 19세기 말 아시오 광산 사건에 이어 일본이 경험한 또 한 번의 광산폐수로 인한 환경 재난이었다. 일본은 지난 19세기 후반부터 20세기 전반까지 약 100년 동안 전쟁 준비를 위해 수많은 곳에서 납, 아연, 구리를 채광했으나 광산과 제련소에서 나온 폐수와 폐기물은 자연에 그냥 버렸다. 이후 전쟁이 끝나 광산의 채산성이 없어지자 폐광을 그대로 방치했다. 또 전후 전기 · 전자 산업의 발전으로 카드뮴 사용량이 급증하면서 과거에는 광산 주변 시골에만 국한되었던 오염이 도시 지역으로까지 퍼졌다. 특히 카드뮴은 전자부품, 합금, 전기도금, 염색, 요업, 사진, 원자로 등에도 사용되었기 때문에 오염원이 여러 곳에 산재해 있기 마련이다. 쓰레기 소각장에서 플라스틱 제품을 소각할 때도 카드뮴이 배출된다. 이타이이타이 사건으로 시작된 카드뮴 오염의 파장은 전후 급속한 산업화와 함께 일본 전역을 휩쓸었다.

우리나라에서도 폐광으로 인한 환경오염 문제가 자주 거론되고 있다. 특히 2004년에는 경남 고성에서 이타이이타이병과 매우 유사한 증상이 나타나 사회적으로 크게 문제가 되었다. 당시 고성의 한 마을주민들이 요통, 관절통, 골다공증 등의 고통을 호소해 왔으며, 실제로 체내에서 고농도의 카드뮴이 검출되었다. 이 지역 상류에는 1953년부터 운영되다 30여 년 전에 폐광되었던 구리광산이 있었는데, 그곳 갱내 침출수가 하천으로 흘러들어 농업용수로 사용되었다. 주민들에게 나타난 증상은 이 물로 경작한 농작물을 장기간 섭취했기 때문으로 추정되었지만, 정확한 원인 규명은 이루어지지 못했다. 그 외에도 2005년 경북 군위, 울진, 성주 등 광산 지역 인근 주민들에게서 고농도의 카드뮴이 검출되었다는 보고가 있었다.

폐광이 야기하는 환경 문제는 광산 폐기물 적치장과 사용 중단된 갱도에서 유출되는 침출수로 인해 하천과 주변 토양이 오염되는 경우가 대부분이며, 폐석탄광이냐 폐금속광이냐에 따라 특성이 달라진다. 우선 폐석탄광에서 발생하는 침출수는 철, 알루미늄, 망간, 황 등이 다량 함유되어 있으며, 특히 pH 2.5~4.8 정도의 강한 산성을 나타낸다. 폐금속광의 침출수는 비소, 카드뮴, 납, 아연, 구리 등과 같은 유해 중금속이 고농도로 존재한다. 갱내에서 나오는 침출수의 양은 금속광이 석탄광에 비해 적다.

우리나라에는 4,682개소의 광산이 휴·폐광 상태에 있는 것으로 알려져 있다. 그런데 이들 대부분은 광업주가 폐광 전 적절한 환경오염 방지 조치를 하지 않았기 때문에 많은 문제점을 안고 있다. 그렇게 된 까닭은 과거 우리나라에서 폐광 이전에 오염 방지대책 수립에 대한 제도적 장치와 여기에 필요한 기술적 지침이나 복구 수준에 대한 법제화가 이루어지지 못했기 때문이다. 지난 1995년부터 정부에서 훼손된 산림과 유출 갱내수, 방치된 폐석 등을 체계적으로 정비하는 사업을 진행해오고는 있지만, 지금도 많은 곳에서 폐광은 주변 토양과 지하수, 하류 하천의 주요 오염원이 되고 있다.

가네미유 사건

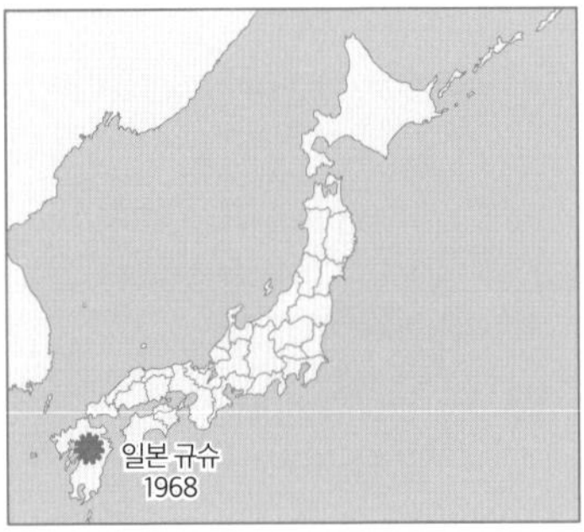

1968년 3월, 일본 규슈에서 서쪽으로 120㎞ 떨어진 후쿠에섬의 다마노우라라는 어촌에 사는 주민들이 몸에 이상한 증상을 느끼기 시작했다. 그들은 입맛을 잃어갔고 온몸이 땀으로 흠뻑 젖기 일쑤였다. 게다가 만성 피로감에 일을 하기 어려울 정도였으며, 몸에는 흉측한 종기가 돋아났고 고약한 냄새가 나는 고름이 줄줄 흘러내렸다. 시력도 나빠졌고 눈에서 점액질이 흘러나와 눈꺼풀이 아예 붙어버리기도 했다. 아이들은 학교에도 갈 수 없었고 가족 모두 일을 할 수 없어 생계가 막연해졌다. 마치 마을에 신의 저주가 내린 것 같았다.

가장 큰 문제는 온몸을 뒤덮은 종기였다. 6월이 지나면서 종기 짜기는 일과 중 가장 중요한 일이 되었고 급기야는 온종일 거기에만 매달려야 했다. 고통은 참을 수 없는 지경이었다. 의사들은 이 이상한 병의 원인을 규명하지도, 치료하지도 못했다. 이 어촌은 오염과는 거리가 먼 곳이었기 때문에 나병이나 매독과 같은 몹쓸 병에 걸린 것으로 의심할 따름이었다. 병의 원인을 둘러싸고 논쟁만 줄기차게 벌였을 뿐 결국에는 아무 답도 얻지 못하자 사람들은 절망감에 사로잡혔다.

그해 10월 10일 저녁, 규슈 북쪽 마을에서 발생한 이상한 병에 관한 뉴스가 다마노우라에 처음 전해졌다. 그 병의 원인은 오염된 식용유라고 했다. 그런데 놀랍게도 그 증상이 이 어촌 마을 주민들과 똑같았다. 병의 원인을 밝혀낸 다타시로 구니타게라는 규슈 전력회사의 한 직원이었다. 그는 자신과 가족들이 원인 모를 병에 걸리자 집요하게 병인을 찾아 나섰다. 그러다 우연히 병원 피부과에서 자신과 똑같은 증상을 가진 환자들을 만났고 서로의 공통점을 알게 되었다. 그들은 모두 튀김 요리를 좋아했고 같은 상표의 식용유를 사용했던 것이다. 그래서 다타시로는 집에서 쓰던 가네미 식용유를 의심하기 시작했다. 이 소문은 널리 퍼져나갔고 아사히 신문 기자인 아베 마사키가 이를 기사화하면서

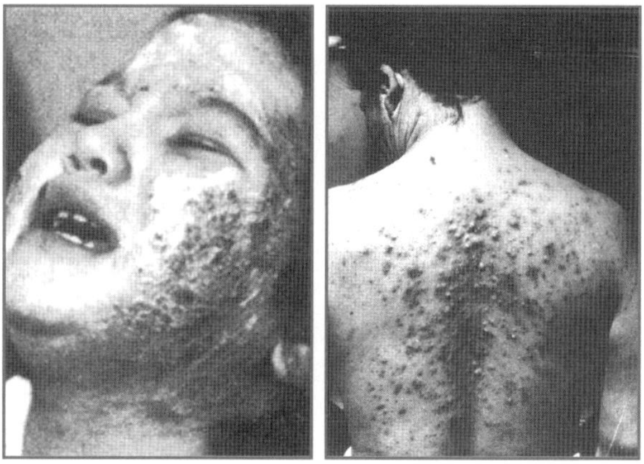
가네미유 사건 피해자에게 발생한 피부 종기

원인이 밝혀지게 되었다. 조사 결과 이 병은 가네미 회사에서 제조·판매한 식용유로 요리한 음식을 먹은 사람에게 발병하며, 가네미 식용유에는 폴리클로리네이티드 바이페닐(PCB: Poly Chlorinated Biphenyl)이라는 유해물질이 함유되어 있다는 것이 확인되었다.

PCB란 화학물질 그룹의 명칭이며, 상품명으로는 아로클로르(Arochlor), 페노클로르(Phenochlor), 클로퍼(Chlopher) 등으로 불린다. 이 물질은 열을 가해도 분해되지 않고 전기 절연성이 뛰어나 전기제품에 많이 사용되었다. 그러나 PCB는 자연계에 방출될 경우 분해되지 않고 그대로 남아 생물 체내에 농축되어 독성을 띠게 된다. PCB가 체내에 유입되면 피부병뿐만 아니라 간 질환, 내분비 계통의 이상, 신경장애 등을 일으키며, 심할 경우 사망에 이르게 된다. PCB는 DDT와 비슷한 분자구조를 가졌기 때문에 독성 현상도 매우 유사하다. 하지만 독성의 강도 면에서는 PCB가 DDT보다도 훨씬 더 위험한 것으로 알려져 있다.

당시 가네미 회사는 식용유 제조 시 가열 매체로 PCB를 사용했는데, 가열 파이프가 부식되어 PCB가 식용유 속으로 흘러들어

가네미유 사건 피해자들과 가족들

간 것이 이 사건의 원인이었다. 튀김 요리를 좋아하는 일본인에게 식용유는 늘 사용하는 식료품이었고 이로 인해 많은 사람이 가네미 식용유의 PCB에 중독되었다. 조사 결과 이 회사는 당시 PCB에 대한 안전관리나 장치설비가 부실했던 것으로 드러났다. 일부 희생자들은 식용유가 파격적으로 싼값에, 그것도 외딴 섬에서 주로 팔렸다는 점을 들어 회사가 이 모든 사실을 사전에 알고 있었을 것이라고 주장하기도 했다.

이 사건으로 인해 1만 4,000여 명이 기억력 감퇴, 탈모, 성욕 감퇴, 피로, 인두염, 두통, 복통, 현기증, 뼈와 근육의 기형, 황달, 무기력증, 발기부전, 그리고 피부·손톱·입·눈 주위의 퇴색 현상 등의 신체적 이상을 호소했고 그중 1,068명은 증세가 심하여 특별치료를 받아야 할 정도였다. 또 PCB를 섭취한 산모의 약 90%는 피부가 검거나 회색빛인 아이를 낳았는데, 이는 수은과 마찬가지로 PCB가 태반을 뚫고 태아에게 농축되어 피부가 검어지고 성장장애를 일으켰기 때문이다. 또 닭 100만여 마리도 가네미유가 함유된 먹이를 먹고 중독되었으며, 그중 약 70만 마리가 폐사했다. 오늘날까지도 PCB 중독을 효과적으로 치료할 수 있는 방법은 개발되지 않았다. 두통이나 복통 같은 주변 증상은 약을 통해 경감할 수 있지만, 정작 체내에 쌓인 PCB를 중화하거나 제거할 방법은 아직 없다. 결국 이 물질은 인체에 그대로 남고 피해는 평생 사라지지 않는 것이다.

가네미유 사건은 식품 오염으로 시작되었지만, 미국의 오대호와 허드슨강 등 세계 곳곳에서 PCB가 유해한 환경오염물질로 부각되면서 PCB의 맹독성을 알리는 좋은 사례가 되었다. 이 사건을 계기로 일본은 1972년 PCB와 같이 자연계에서 분해되지 않고 인체에 유해한 물질을 특정 화학물질로 규정하고 이를 법률로 규제하기 시작했다. 이에 따라 특정 화학물질을 제조 또는 수입할 경우 이 법에 의해 특별 관리가 이루어지게 되었다.

우리나라에서는 그동안 PCB의 우수한 절연성 때문에 변압기 및 전기제품에 많이 사용해왔다. 플라스틱 제조공장의 성형제, 페인트와 합판공장의 곰팡이 제거제, 그리고 농약과 세척제에까지 두루 사용되었지만, 국내에서는 생산하지 않고 전량 수입에 의존해왔다. 그러나 환경오염의 위험성 때문에 1983년 수입금지 조치가 내려진 이후로는 사용하지 않고 있다. 그렇지만 우리나라에서도 그동안 사용한 PCB가 자연계에 남아 문제가 꾸준히 보고되어왔다. 영산강과 섬진강 주변 토양, 남해의 어패류, 경기도 특정 폐기물 처리소의 주변 토양 등에서 PCB가 잇달아 검출되었다. 또한, 청정해역이라고 해야 할 태평양에서 잡히는 고래에서도 10ppm 이상의 PCB가 검출되었다는 보고도 있었다.

2001년 유엔은 PCB와 같은 난분해성 유기오염물질(POPs: Persistent Organic Pollutants)의 국가 간 이동을 규제하기 위하여 '스톡홀름 협약'(Stockholm Convention)을 채택했다. 난분해성 오염물질은 자연계에 배출되면 분해되지 않고 지구를 돌며 인체와 생태계에 피해를 지속적으로 주기 때문에 이를 방지하기 위함이다. 우리나라는 채택 다음해인 2002년 비준했고, 2004년에 국제협약으로 효력이 시작됐다.(330쪽 참고)

밀워키 사건

1993년 4월 3일, 미국 위스콘신 주 밀워키의 한 병원 응급실이 설사 증상을 호소하는 환자들로 가득 찼다. 많은 학생과 시민들이 학교와 직장으로 가지 못하고 병원 응급실로 실려왔다. 수없이 몰려드는 환자들로 밀워키 시 전역에서 설사병 치료약이 부족한 사태에 이르고서야 비로소 이 도시에 수인성 전염병이 집단 발생했다는 사실이 알려졌다. 처음에 이 병을 일으킨 병원체와 원인을 알 수 없었던 시 당국으로서는 그저 모든 음용수를 반드시 끓인 후에 마시라는 등의 권고 조치만을 내릴 수밖에 없었다.

집단 발병 후 2주가 지나고 이 병의 원인은 밀워키 남부 상수도사업소에서 공급하는 수돗물이며, 병원체는 크립토스포리디움(Cryptosporidium)이라는 원생동물임이 밝혀졌다. 원생동물로 오염된 수돗물은 3월 23일부터 배수를 중단한 4월 8일까지 시민들에게 공급되었다. 이 시기에 크립토스포리디움의 급증한 개체수로 인해 수돗물의 탁도가 비정상적으로 높았던 것으로 기록되었다.

당시 수돗물을 마신 시민의 약 52%가 이 병원체에 감염된 것으로 추산되었다. 일부 시민들은 식욕부진과 같은 가벼운 증상에 그쳤지만, 약 40만 3,000여 명은 복통과 설사, 구토와 같은 심각한 증상을 나타냈고 이 중 4,400여 명이 병원에 입원했으며, 109명은 사망했다. 이 엄청난 인명 피해 외에도 의료비 170만 달러와 생산력 저하로 인한 6,460만 달러의 경제적 손실이 발생한 것으로 추산되었다. 이 사건은 20세기 후반, 선진국에서 일어난 최악의 수돗물 사고로 기록되었다.

밀워키시는 미시간호를 상수원으로 하여 수돗물을 공급하는데, 응집·침전·여과·소독으로 이어지는 표준 정수처리를 한다. 그런데 사고 직전 집중호우와 얼었던 눈이 녹아 탁도가 높은 강

밀워키시 하수처리장과
사고가 난 밀워키 남부 정수장

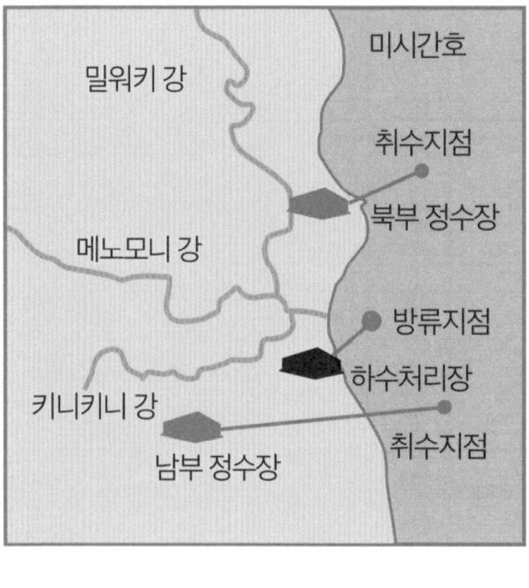

물이 상수원 취수 지점으로 유입되었다. 게다가 강 상류에 위치한 도살장과 하수처리장, 목장 등에서는 높은 농도의 크립토스포리디움이 배출되었으나, 정수처리 과정에서 완전히 제거되지 못했다. 상수원수와 정수 과정에서 이러한 문제가 있었는데도 불구하고 수돗물은 모든 기준을 만족했으며, 특히 병원성 미생물의 지표인 대장균군 검사에서도 무사히 통과했다. 크립토스포리디움으로 인해 비정상적으로 높았던 탁도도 수돗물 정수기준에서는 별다른 문제가 없었다.

사건의 원인이 된 크립토스포리디움은 설사병을 일으키는 원생동물의 일종으로 염소소독에 대한 강한 내성과 환경 저항성을 지니고 있기 때문에 수인성 전염병 집단 발병 요인이 되고 있다. 원생동물은 단세포 동물로 박테리아보다 크지만, 현미경을 통해서만 관찰이 가능하다. 크립토스포리디움은 일반적으로 동물의 장에서 서식하며 공기 중에 떠다니는 먼지 입자의 16분의 1 정도 크기다. 주요 오염원은 사람이나 가축 또는 야생동물의 배설물이

Sentinel

Packer Plus

Boil water, mayor says

Safety of drinking supply probed in wake of mystery epidemic

사건이 난 후 지역신문 1면(시장이 "물을 끓여라"라고 한다)과 밀워키 시청을 향한 시위 계획 포스터

며, 음식이나 먹는 물을 통해 감염되는데, 가장 많이 발생하는 경로는 사람 간 또는 사람과 동물 간의 전염이다. 수돗물을 통한 감염은 드물고 가능성이 낮으나, 일단 감염이 일어나면 그 범위가 넓고 파급 효과가 크기 때문에 세심한 관리가 필요하다.

의학 용어로 크립토스포리디오시스(Cryptosporidiosis)라 불리는 이 병은 건강한 사람의 경우 보통 일주일 정도 앓고 나면 자연 치유되지만, 면역력이 약한 사람은 회복되지 않고 만성 설사로 이어진다. 에이즈(AIDS)를 비롯한 면역체계에 문제가 있는 환자의 경우에는 만성 설사를 겪으면서 급격한 체중 저하를 가져오며, 결국 쇠약해져서 사망에 이르기도 한다. 밀워키 사건의 사망자 중 절반 정도는 면역이 결핍된 에이즈 환자들이었다. 당시 밀워키시 에이즈 환자의 20~30%는 이 병에 의해 사망한 것으로 파악되었다. 이 병은 아직도 자연 치유 외에 특별한 치료법이 개발되지 않았기 때문에 노약자나 에이즈 환자와 같이 면역력이 부족한 사람들에게는 각별한 주의가 요구된다.

크립토스포리디움은 강이나 호수와 같은 지표수에 낮은 농도로 분포한다. 지역에 따라 65~97%의 지표수에 이 원생동물이 존재하고 있으며, 위장병 환자 1~4%의 대변에서도 검출된다는 보고가 있다. 이는 곧 먹는 물을 지표수에서 끌어다 쓸 때 이 병에 잘 감염될 수 있음을 의미한다. 또 원생동물은 단단한 껍질이 만들어지는 포자 형성 기간이 있기 때문에 일반적인 염소소독으로는 완전한 제거가 불가능하다. 이를 처리하기 위해서는 모래여과 공정의 강화나 오존 소독, 고농도 장기 염소소독 등이 효과가 있는 것으로 알려져 있다. 먹는 샘물의 경우에도 이 병에 쉽게 노출될 수 있기 때문에 철저한 관리가 필요하며, 특히 면역력이 약한 사람은 야영 시 강이나 호수의 물은 반드시 끓여서 사용하고 물놀이나 수영은 삼가야 한다.

1984년 미국 텍사스주, 1987년 조지아주, 1996년 일본 사이타마현, 1998년 호주 시드니 등에서도 수돗물의 음용이나 수영장을 통해 크립토스포리디움에 감염된 유사 사건이 발생한 적이 있다. 미국뿐만 아니라 영국, 호주, 일본 등과 같은 선진국에서도 매년 이러한 사고가 속출하고 있으며, 10년 동안 약 50만 명 이상의 감염자가 발생한 것으로 보고되고 있다. 특히 많은 사람이 집단 감염된 사건은 밀워키와 조지아주(1987년 1,700여 명 감염)에서 발생했는데, 두 사건 모두 적절히 처리되고 염소로 소독한 수돗물에서 발생하여 큰 충격을 주었다. 이는 곧 원생동물로 오염된 지표수를 원수로 사용할 때는 염소소독 외에 다른 방법이 필요하다는

사건 후 시민들이 가게에서 먹는 샘물을 사들이고
북부 정수장 물을 받기 위해 줄을 선 광경

것을 의미한다. 전 세계적으로 가장 흔한 설사병의 원인인 지아르디아(Giardia)도 염소소독에 강한 저항력을 나타내는 원생동물이며, 주로 수돗물을 통해 감염된다.

1989년 미국 미주리주에서는 겨울에 수도관이 얼어 파손되는 바람에 하수가 유입되어, 240명이 변형 대장균(O157:H7)에 감염되고 32명이 입원하여 그중 4명이 사망한 사건이 발생했다. 1991년에는 오리건주 포틀랜드에서 59명이 호수에서 수영한 다음 변형 대장균에 감염된 적도 있다. 1998년에는 조지아주 애틀랜타 근교 수영장에서 26명의 어린이에게서 유사 증상이 나타났다. 1990년 미국 시카고의 한 병원에서는 물탱크가 오염되어 21명이 수돗물에 의해 사이클로스포라(Cyclospora)라는 설사병을 일으키는 원생동물에 감염되었으며, 1993년에는 미주리주에서 600여 명이 살모넬라(Salmonella)라는 박테리아에 감염되어 15명이 입원하고 그중 7명이 사망했다. 이는 정수장에서 생산된 물을 배수하기 위해 설치한 물탱크(배수지)에 야생 조류의 배설물이 유입되었기 때문으로 밝혀졌다.

밀워키 사건은 미국 정부가 수돗물 정수 기술과 관리 체계를 개선하는 중요한 계기가 되었다. 1996년에 미국 연방의회는 1974년에 제정된 '먹는 물 관리법'을 개정하여 수돗물 관리 및 감시 체계를 강화했다. 그래서 1998년 12월부터 먹는 물을 대상으로 더욱 철저한 크립토스포리디움 관리를 시작했다. 또 수돗물의 원수로 지표수를 사용할 때는 원생동물에 대한 지속적인 감시가 이루어져야 하고 문제 발생 가능성이 있는 곳에는 새로운 정수처리 방법을 적용할 것을 요구했다. 특히 강이나 호수의 물을 직접 취수하여 정수하는 대신 강변이나 바닥에 우물을 파서 취수하는 강변 여과수나 하상 여과수 사용을 확대하도록 했다. 또 장기 요양 시설이나 의료시설은 수질검사소와 직접 연계하는 감시 체계를 구축하도록 했다. 밀워키에서는 기존의 주 정부와 연방정부 차원의 규정에 따라 정수 처리가 이루어졌는데도 수인성 전염병이 발생했다는 점에서 이 사건은 질병감시체계와 공중보건 당국의 협력이 개선될 필요가 있다는 점을 일깨워주는 전환점이 되었다.

이처럼 미국에서 밀워키 사건을 계기로 법과 제도가 강화되고 정수기술이 고도화됨으로 수돗물 품질이 크게 향상되었다. 하지만 이 사건은 미국인들에게 수돗물에 대한 불신을 증폭시켜 병수(Bottled Water) 사용의 급증을 가져오게 했다. 미국은 우리와는 달리 천연 샘물뿐만 아니라 수돗물을 정수하여 페트병에 담아 판매하는 것도 법으로 허용되고 있다. 밀워키 사건 이전에는 천연 샘물(Spring Water, Mineral Water)에 한정되었던 것이, 사건 이후 불신이 증폭되면서 수돗물을 다시 정수하여 병에 담은 상품(코카콜라사의 DASANI, 펩시콜라사의 AQUAFINA 등)의 판매량이 계속 증가하여 지금은 시장의 반을 점령하게 되었다.

수돗물 공급은 지난 100년간 인류의 건강을 증진하고 수명을 연장하는 데 크게 기여했다. 특히 1908년에 미국에서 처음 시작된 수돗물 염소소독은 수많은 인류를 수인성 전염병으로부터 구했다(29쪽 참고). 그러나 수돗물을 공급받지 못하는 개발도상국에서는 여전히 수인성 전염병이 인간의 건강을 위협하는 가장 무서운 질병 중 하나다. 밀워키 사건은 물 문제가 단순히 개발도상국에만 국한된 것이 아님을 보여주었다. 실제로 미국에서만 연방환경보호청의 수질기준에 적합하지 않은 물을 마시는 인구가 600만 명에 달하고 매년 100만 명이 수인성 전염병으로 고통당하며, 그 중 900여 명이 사망하는 것으로 보고되고 있다.

수돗물에 들어 있는 박테리아와 바이러스를 염소소독으로 완전히 제거하고 수돗물 공급 과정에서 일정량의 잔류 염소가 유지된다면 수돗물의 안전성은 보장받을 수 있다. 그러나 원생동물의 경우 현재 우리가 시행하고 있는 수돗물 처리 및 공급 과정으로는 안전성을 보장할 수 없다. 이것은 보다 철저한 원수 관리와 정수처리 및 공급 과정에 대한 감시가 필요하다. 또 수인성 전염병은 먹는 물뿐만 아니라 수영장이나 목욕탕, 야외 물놀이를 통해서도 자주 감염된다.

수인성 전염병은 많은 경우 인체의 면역력을 통해 스스로 회복되기 때문에 원인 규명도 이루어지지 않고 지나치기 일쑤다. 선진국의 보건 통계에서도 원인이 밝혀지지 않은 설사병의 비율이 30%이상이나 되는 점이 이를 잘 말해준다. 이러한 현상은 우리가 수인성 전염병에 쉽게 노출될 수 있고 자신도 모르는 사이에 감염될 수 있음을 의미한다. 그리고 물이 일상적으로 우리의 생명을 위협하고 있음을 시사한다. 이러한 물의 위협으로부터 우리의 생명을 보호하기 위해서는 상수원과 정수처리, 공급 과정, 그리고 사용에 이르기까지 더욱 철저한 관리와 감시가 이루어져야 하며, 동시에 이를 뒷받침할 수 있는 기술과 제도의 도입이 필요하다.

니가타 사건

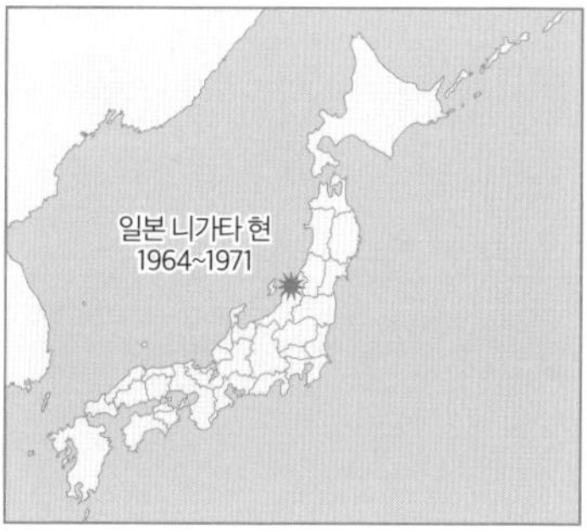

1964년 일본 니가타현의 아가노강 유역에 살고 있는 주민들 사이에서 원인 불명의 이상한 증상이 나타났다. 환자들은 갑자기 팔다리가 저리고 마비되어 제대로 걷지 못했으며, 젓가락질조차 하지 못했다. 또 언어장애와 몸의 경련을 일으키고 심한 경우 사망에 이르기도 했으며, 증상이 없는 산모로부터 말을 할 수도 기어 다닐 수도 없는 기형아가 태어나기도 했다. 환자 대부분은 강가에 살면서 물고기를 자주 먹던 어민들이었고, 검진 과정에서 그 증상이 미나마타병과 매우 유사하다는 사실이 밝혀졌다.

니가타 의과대학은 이 병이 수은 중독에서 비롯되었을 것으로 진단하고 그 가능성을 조사하기 시작했다. 1965년 6월, 구마모토현의 미나마타 병원장으로 일하다 은퇴한 호소카와는 니가타 환자들의 병은 미나마타병이 확실하다고 발표했다. 일본 후생성은 공식적으로 니가타 의과대학에 병의 원인 규명을 의뢰했다.

사건은 미나마타에서와 똑같이 전개됐다. 병의 원인으로 생각되는 쇼와전공의 수은 폐수에 관해 언급한 니가타 의대의 초기 보고서는 통상산업성의 집요한 방해로 결국 발표되지 못했다. 1966년 중반 후생성은 니가타 의대에 연구비 지원을 중단했다. 이후 3년 동안 미나마타에서 그랬던 것처럼 니가타의 환자들도 기업체의 책임 회피, 정부의 비협조, 기업체의 주장을 옹호하는 학자들의 연구 조작 등의 커다란 장벽과 맞서 싸워야 했다.

그러다 마침내 1967년 4월, 후생성 고위층의 강력한 반발에도 불구하고 일부 용기있는 국회의원들의 노력에 힘입어 니가타 의대 연구팀의 최종 보고서가 발표되었다. 하지만 쇼와전공은 후생성이 그 보고서를 공식적인 정부 입장으로 받아들인다고 해도 회사로서는 인정할 수 없다고 버텼다. 니가타 의대의 보고서가 발

수은 중독 희생자들에게 사죄하는 쇼와전공 회장 ▶
니가타에서 수은 중독 임산 부에서 태어난 소녀 ▼

표되고 나서 피해자들의 태도는 급진적으로 돌변했다. 니가타현 민주연합이라는 단체의 강력한 지지를 업고 피해자들은 1967년 6월 회사를 상대로 법적 소송 절차를 밟기 시작했다. 이것은 욧카이치 사건에서 제기된 소송보다 3개월 앞선 것으로, 전후 일본에서 최초로 제기된 오염자에 대한 대규모 시민 소송이었다. 이 소송은 일본의 환경 역사에서 중대한 전환점이 되었다. 그 후 욧카이치 천식 환자들의 소송이 이어졌고 법정 소송은 환경오염 피해 분쟁을 해결하는 주요 수단이 되었다.

1967년 말 니가타와 미나마타의 환자들이 서신 연락을 하기 시작했다. 몇 개월 후 니가타의 환자들은 같은 처지에 놓인 동지들을 만나 힘을 모으기 위해 미나마타를 방문했다. 이들의 역사적인 만남은 서로에게 투쟁 정신을 북돋워 주었다. 1968년 1월, 두 그룹은 무책임한 환경오염 기업에 대항하는 싸움에서 끝까지 버티자고 굳게 결의했다.

8개월 후인 1968년 9월 26일 일본 후생성은 니가타의 이상한 병은 수은 중독에 의한 것이고, 아가노강 상류 65㎞ 지점에 위치한 쇼와전공의 공장 폐수가 원인이라고 공식 발표했다. 니가타 피해자들이 쇼와전공을 상대로 소송을 제기한 지 1년 3개월 만에 정부가 공식적으로 쇼와전공이 병의 원인을 제공했음을 인정한 것이었다. 공교롭게도 쇼와전공은 미나마타의 칫소공장과 동일한 생산설비를 가동하고 있었다. 쇼와전공은 수은이 섞여 있는 폐수를 처리하지 않은 채 강으로 방류했고, 미생물의 메칠수은 전환, 생물농축과 생물증폭 과정을 거치고, 수은 오염 물고기를 계속 먹은 사람들에게서 질병이 나타난 것이다. 수은의 배출, 전환, 이동 등 모든 과정이 미나마타와 동일했다.

정부의 공식적인 인정은 1971년 9월 19일 니가타 재판에서의 판결과 무관하지 않았다. 재판부는 문제의 발생 원인과 회사가 이를 무시한 점, 그리고 회사의 법적 책임에 관하여 원고의 주장에 손을 들어주었다. 게다가 이 판결은 수은 오염 반대 운동이 전국적인 지지를 얻는 데 크게 기여했다. 그러나 니가타 희생자들은 재판부가 자신들의 요구보다 훨씬 적은 보상액을 결정한 데 대해 불만을 품었다. 하지만 그들의 변호사들이 이를 법적으로 해결하는 데 난색을 표하자 그들은 직접 쇼와전공 도쿄 본사로 찾아가 항의하기로 했다. 스즈키 하루오 쇼와전공 회장이 면담을 거절하자 그들은 만나줄 때까지 기다리겠다고 선언하고 회사 사무실에서 연좌시위에 돌입했다. 그날 밤늦게 스즈키 회장은 마음을 돌려 피해자들을 만나 그들 앞에 무릎을 꿇었다.

니가타의 투쟁 결과는 1년 반 뒤 미나마타 판결의 요긴한 참고자료가 되었다. 니가타 사건은 일본 정부가 미나마타 사건의 원인이 공장 폐수에 함유된 수은이라고 인정하는 결정적 계기가 되었다. 미나마타 주민들 사이에서 이상한 질병이 보고된 지 15년 동안 원인을 인정하지 않고 있다가 유사 사례를 보고서야 무릎을 꿇은 것이다. 미나마타에서는 바닷물고기가, 니가타에서는 민물고기가 인체로 수은이 유입되는 경로가 되었다. 당시 아가노 강 중류에는 강물을 상수원으로 사용하는 마을이 있었으나, 이곳에서는 수은 중독 증상이 나타나지 않았고 하류에서 어패류를 많이 먹는 곳에서만 나타났다. 이것은 생물농축 현상이 수은 중독에 직접 영향을 미침을 보여준 사례였다.

니가타 사건은 일본에서 최초로(1967년 6월) 환경소송을 제기하여, 같은 해 9월 욧카이치, 1968년 이타이이타이, 1969년 미나마타로 이어지는 환경 재난 법정투쟁의 서막을 열었다. 수많은 인명을 희생시켜 4대 환경 재난으로 알려지게 된 이 사건들은 1971년 일본 환경청 설립에 결정적 역할을 했다. 그동안 밝혀진 니가타 사건의 피해자는 총 2,665명이었으며, 한평생 불치병으로 살아가다 지금은 대부분 사망했다.

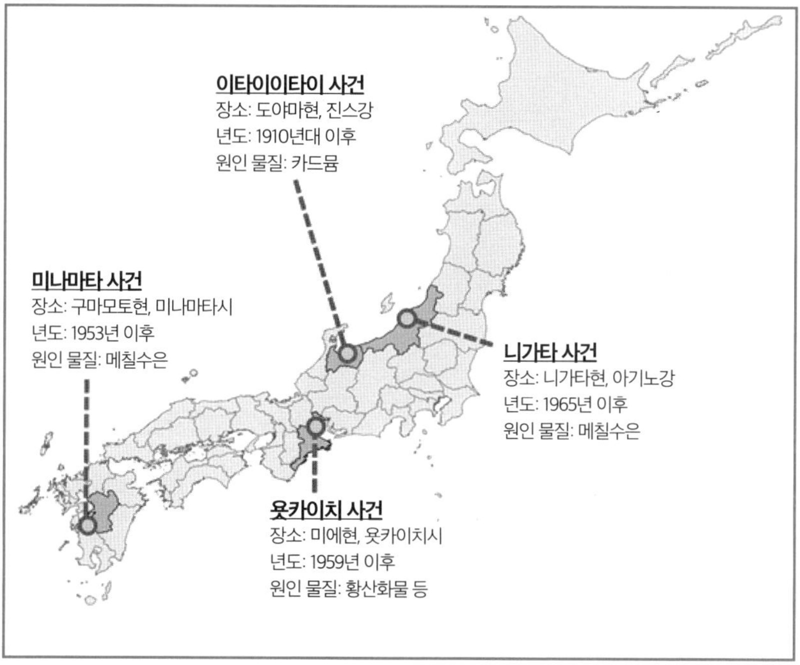

일본의 4대 환경 재난

미시간 피비비 사건

미국 미시간주 세인트루이스에 있는 미시간 화학회사는 1971년부터 피비비(PBB: PolyBrominated Biphenyls)이라는 물질을 제조하여, '소방대장(Firemaster)'이라는 상품명으로 미국 전역에 독점 판매해왔다. PBB는 열에 잘 견디는 화학물질로서 전화기, 전기타자기, 계산기, 텔레비전, 자동차 등에 사용되며, 플라스틱에 첨가하여 화재 방지제로도 쓰이는 물질이다. 이 제품이 개발되기 전에는 미국에서 연간 1만 2,000여 명이 화재로 사망했고 30여만 명이 중화상을 입었다. 이처럼 해마다 화재로 많은 희생자가 난 까닭은 가전제품이 인화력이 높고 연소 시 유독가스를 내뿜기 때문이었다. 가전제품에 방화제를 첨가함으로써 화재로 인한 희생을 줄일 수 있다고 판단한 연방정부는 PBB 사용을 법적으로 의무화했다. 실제 PBB 사용 이후 미국에서 화재 피해는 크게 줄어들었다. 하지만 유용한 화학물질인 PBB

는 몇몇 사람의 실수로 엄청난 환경 재난을 야기했다.

당시 미시간 화학회사(Michigan chemical co.)는 PBB 외에도 몇 가지 다른 화학물질을 제조·판매했고 대부분의 상품명에는 마지막에 '대장(Master)'이라는 말을 붙였다. 그중에서도 젖소의 우유 생산을 촉진하는 사료 첨가제를 제조하여 '영양대장(Nutrimaster)'이라는 상품명으로 판매해왔는데, 1973년 어느 여름날 유사한 상품명 때문에 담당자가 실수하여 사료 첨가제 포대에 PBB가 대신 들어가 미시간 중부 지역 목장으로 배달되었다. PBB가 가축 사료 첨가제로 뒤바뀐 채 시중에 판매되었던 것이다. PBB는 동물이나 사람의 체내에 들어갈 경우 암을 유발하고 신경계에 이상을 일으키는 등 치명적인 유독물질이다. 이러한 PBB로 사육한 젖소가 생산한 우유와 낙농제품을 사람들이 먹게 되었고, 목장에서 여러 가지 피해 증상이 나타났으나, 1975년 말까지 아무도 그 원인을 알지 못했다.

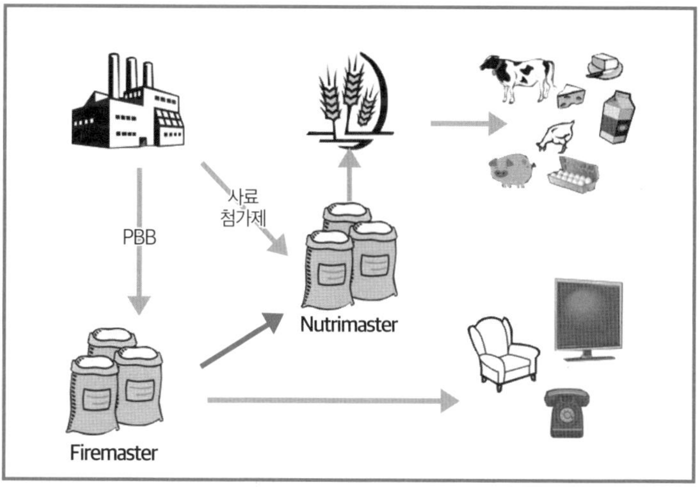

사건 개요: 사료 첨가제(Nutrimaster) 포대에 PBB가 들어갔다.

결국, 이 사건은 프레드릭 할버트(Fredric Halbert)라는 한 목장주의 노력으로 원인이 밝혀지게 되었다. 할버트는 1973년 자신의 목장에서 20일 동안 우유 생산량이 40%, 사료 소비량이 50% 감소한 것을 이상하게 여겨 의심이 가는 사료 첨가제 사용을 중단했다. 첨가제 사용 중단 후 사료 소비량은 정상으로 돌아왔지만, 우유 생산량은 여전히 이전의 40% 수준이었다. 젖소의 체중은 계속해서 감소했고 탈모와 생식불능, 이상한 피부 질환 등이 나타났다. 6개월이 지나자 젖소 400마리 중 24마리가 죽었는데, 할버트는 죽은 젖소들을 부검하여 원인 규명을 시도했다. 부검 결과 그는 젖소의 신장과 간에 질환이 생긴 것을 발견했으며, 질환의 원인이 사료 첨가제에 있을 것이라는 의심을 품었다. 결국, 그동안 사용했던 첨가제를 분석해본 그는 가축에게 치명적인 영향을 준 것이

사건 당시 피해 가축을 사살하고 처분하는 장면

PBB라는 사실을 밝혀냈다.

PBB를 사료 첨가제로 사용한 곳은 미시간주의 목장 87군데나 되었고 이때 죽은 젖소 대부분은 사료 생산 공장에 판매되었다. 여기서 생산된 사료는 양돈·양계 농가에서 사용했는데, 사료에 잔류해 있던 PBB는 제2의 연쇄 피해를 유발했다. 결국 3만 마리의 젖소와 150만 마리의 닭, 6,000마리의 돼지, 1만 3,000마리의 양이 죽거나 폐기되었다. 이 시기에 생산된 많은 양의 달걀, 치즈, 버터, 우유 등도 내다 버려야만 했다. 게다가 이것을 먹은 사람들은 신경마비 증상을 나타냈다.

이 사건이 있고 나서 1974년 11월 4일, 미국 식품의약청(FDA: Food and Drug Administration)은 오염 허용치를 규정했는데, 그 허용 한계치는 우유와 육류가 0.3ppm, 달걀과 사료는 0.05ppm이었다. 그러나 1974년 10월 7일, 미시간주 농무부의 발표에 따르면 이 사건으로 인한 우유의 PBB 농도는 595ppm, 달걀은 59.7ppm, 사료는 최고 1만 3,500ppm이었으며, 닭의 체내 PBB 농도는 4,600ppm, 송아지 체내 PBB 농도는 2,700ppm이었다.

더욱 심각한 문제는 죽은 가축과 축산물을 폐기하는 과정에서

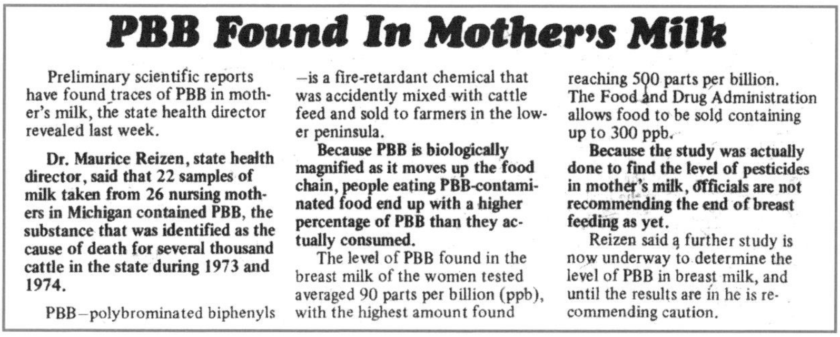

PBB Found In Mother's Milk

Preliminary scientific reports have found traces of PBB in mother's milk, the state health director revealed last week.

Dr. Maurice Reizen, state health director, said that 22 samples of milk taken from 26 nursing mothers in Michigan contained PBB, the substance that was identified as the cause of death for several thousand cattle in the state during 1973 and 1974.

PBB—polybrominated biphenyls—is a fire-retardant chemical that was accidently mixed with cattle feed and sold to farmers in the lower peninsula.

Because PBB is biologically magnified as it moves up the food chain, people eating PBB-contaminated food end up with a higher percentage of PBB than they actually consumed.

The level of PBB found in the breast milk of the women tested averaged 90 parts per billion (ppb), with the highest amount found reaching 500 parts per billion. The Food and Drug Administration allows food to be sold containing up to 300 ppb.

Because the study was actually done to find the level of pesticides in mother's milk, officials are not recommending the end of breast feeding as yet.

Reizen said a further study is now underway to determine the level of PBB in breast milk, and until the results are in he is recommending caution.

사건 당시 모유에서도 PBB가 검출되었다는 신문 기사

발생했다. 당시만 해도 환경오염에 관한 지식이 부족한 데다 사고 처리 대책이 체계적으로 이루어지지 못하던 시절이었다. PBB라는 물질이 쉽게 분해되지 않는다는 사실을 몰랐던 탓에 사람들은 죽은 가축과 축산물을 아무데나 매립했고 이것은 부근의 토양과 지하수, 하천을 오염시켰다. 후에 오염된 토양과 지하수, 하천을 정화하기 위한 노력이 이루어졌지만, PBB는 오랫동안 계속 검출되었다. 이 사고로 인한 직접적인 손실은 7,500만에서 1억 달러 정도로 추정되었으나, 죽은 가축의 폐기 비용이나 환경오염으로 발생한 비용 등을 고려하면 이보다 훨씬 많은 경제적 피해를 본 셈이었다. 미시간주 농무부에서는 화학회사를 상대로 2억 7,000만 달러의 소송을 제기했고 결국 2,000만 달러에 합의를 보았다. 그 밖에 농가에서도 개별적으로 소송을 제기하고 나섰으나, 목장주와 그 가족이 받은 신체적 정신적 피해는 결코 돈으로 환산할 수 없는 것이었다.

유독성 물질이 가축 사료에 들어간 사건은 1999년 1월 벨기에에서도 일어났다. 이곳에서는 가축 사료 원료에 PCB와 퓨란(Furan)

미시간 피비비 사건을 기록하여 출간한 책들

이라는 독성 물질이 포함된 변압기에 들어있는 물질과 뒤섞이는 사고가 발생했다. 벨기에 축산업자 1,700여 명이 독성 물질이 든 사료를 구입하여 닭·돼지·소에게 먹였다. 처음에는 가축들에게서 별 반응이 없었으나, 3월이 되자 닭고기와 달걀에서 고농도의 PCB와 퓨란이 검출되기 시작하여 사건의 진상이 밝혀졌다. 벨기에 당국은 5월 말까지 모든 가금류와 마요네즈, 케이크, 비스킷 등 달걀이 들어간 모든 제품을 폐기 처분했다. 의심이 가는 가축도 모두 도살했고 세계 각국에서 벨기에산 육류 제품의 수입을 전면 금지하는 조치가 내려졌다.

1969년 미국 뉴멕시코주 알라모골드에서는 농약으로 오염된 사료로 사육된 돼지고기를 먹은 사람들의 눈이 멀게 된 사건이 있었다. 알라모골드의 한 농가가 인근 마을 텍사코의 곡물 창고에서 얻은 곡물 찌꺼기로 돼지를 사육했는데, 어느 날인가부터 돼지 14마리가 눈이 멀기 시작하더니 결국에는 12마리가 죽었다. 영문을 모른 채 사육을 계속하던 농가에서는 다 키운 돼지를 잡아먹기도 했다. 몇 개월 뒤 그 집 가족들에게 이상한 증상이 나타나기 시작했다. 8살 난 딸이 학교 철봉에서 떨어지면서 등을 다쳐 꼼짝 못 하게 되었는데, 부근 병원에서는 그 원인을 밝힐 수 없었다. 그 아이가 병원에 입원해 있는 동안 다른 두 자녀도 비슷한 증세를 보여 인근 대도시의 병원으로 옮겨졌다. 조사 결과 돼지의 눈이 멀게 된 것과 이 아이들의 증세가 관련이 있다는 결론에 도달했다. 곧이어 돼지에게 먹인 곡물 찌꺼기에서 수은이 검출되었는데, 이는 곡물 저장 창고에서 메틸수은이 함유된 종자 소독제인 '파노젠'이라는 농약을 뿌린 탓임이 밝혀졌다. 그 후 아이들은 영영 눈이 멀고 말았다.

파노젠은 곡물에 곰팡이가 피지 않도록 소독하는 농약으로 농가에서 많이 사용된다. 여기에 함유된 수은은 중독 시에 신체적 이상을 유발할 뿐만 아니라 신경계를 손상시켜 정신과 행동에도 이상을 야기하는 유해 중금속이다. 더욱 놀라운 일은 이 사건이 매스컴을 통해 보도된 후 이와 유사한 사건이 그동안 미국 여러 곳에서 일어났었지만, 원인 규명이 이루어지지 못한 채 묻혀져 왔다는 사실이 밝혀진 것이다. 피해 사례가 미국 각지에서 잇따라 보고되자 농무성은 수은계 농약의 시판을 중지시켰다. 그러나 제조업체는 농무성을 상대로 제소했고 수은계 농약이 식량 증산에 크게 기여한다는 점과 이러한 사건들이 수은계 농약의 사용에서 비롯되었다는 직접적인 증거가 없다는 제조업체의 주장이 받아들여져 결국 수은계 농약 시판이 다시 허용되었다.

1971년에 이라크에서는 수은화합물로 소독한 종자용 밀로 빵을 만들어 먹은 수천 명이 수은에 중독되어 500여 명이 사망한 적도 있다. 우리나라의 경우 세계 여러 나라와 자유무역협정(FTA)체결로 대부분의 기초 농산물과 과일, 그리고 축산물의 수입이 개방되었다. 장거리 운송 과정에서 보통 수개월이 소요되는 수입 농산물에는 부패와 해충피해를 방지하기 위해 국산 농산물에 비해 많은 양의 살충제와 살균제가 뿌려진다. 물론 수입 절차에 있어 적절한 규제가 이루어지겠지만, 허점은 항상 생기기 마련이다. 1989년 미국산 자몽에서의 유독성 농약 다미노자이드의 검출 시비는 수입 농산물의 위해성을 잘 말해준다. 미국 내에서 안전성을 검증받은 과일이 우리나라에 수입되었을 때 유독성 농약 검출 시비가 일어난 것은 바로 수입 과정에서의 뿌려진 살충제와 살균제 때문이다.

국내에 수입되는 중국산 농수산물의 안전성이 크게 문제되고 있다. 이것은 중국인들의 비양심적인 점도 원인이 되지만, 많은 경우 이들이 아직 유독성 물질의 위험성에 대해 모르기 때문이다. 우리는 이러한 문제를 일시적 분노로 그칠 것이 아니라 이를 국제 문제화해야 한다. 국제사회의 지탄을 통해 중국이 유독성 물질의 위험성을 인식하도록 하고 이것이 자국민과 국익에 심각한 피해가 된다는 것을 깨닫게 해주어야 한다. 이것이 이웃나라를 돕는 길이다.

미시간 PBB 사건은 미국에서 유독성 화학물질의 생산·이동·처분과정에 대한 더욱 철저한 관리를 제도화하는 데 크게 기여했다. 미국은 1976년 유해물질 관리를 위한 특별법(RCRA: Resource Conservation and Recovery Act)을 제정하여, 생산자가 유해물질의 이동과 사용, 처분에 이르는 전 과정을 확인하여 보고하고 재난시 책임지도록 하는 '목록기재제도(Manifest System)'를 도입했다. 다시 말하면 유독성 화학물질은 생산자가 '요람에서 무덤까지(제조에서 처분까지)' 책임질 것을 의무화한 것인데, 이러한 제도는 오늘날 우리나라를 비롯하여 전 세계 대부분 선진국에서 채택하고 있다.

체코 블루베이비 사건

1953년부터 1960년에 걸쳐 동유럽 체코에서 수백 명의 어린이가 푸른색으로 변해간다는 보고가 이어졌다. 특히 갓 태어난 신생아의 경우 산모가 건강한데도 푸른색을 띠는 사례가 많아 이 병을 푸른 아기라는 뜻의 '블루베이비(Blue Baby) 병'이라 부르게 되었다. 이 병에 걸린 아기는 호흡이 곤란해지면서 엉덩이를 시작으로 피부 전체가 파랗게 변하고 심할 경우 사망에 이르게 된다.

몇 년 동안 계속해서 푸른 아기가 태어나자 원인 조사가 시작되었고, 그 결과 발생 지역 주민들이 마시는 식수에 다량의 질산(NO_3)이 함유되어 있다는 사실이 밝혀졌다. 식수에 함유된 질산은 체내 혈액에서 헤모글로빈과 결합하여 산소 운반을 방해했고 이 때문에 산소가 신체 각 부분으로 제대로 전달되지 못했다. 그리하여 임산부의 혈액을 통해 산소를 공급받는 태아는 산소 부족으로 몸이 푸른색으로 변하게 된 것이다.

당시 체코에서는 신생아 5,800명 중 115명이 블루베이비 병에 걸렸고 이 중 8%가 사망, 52%가 중병, 나머지 40%가 가벼운 증상을 보인 것으로 조사되었다. 뿐만 아니라 이미 발병한 신생아에게 70~250ppm에 달하는 다량의 질산이 함유된 식수로 분유를 타서 먹임으로써 증상은 더욱 악화되었다.

몸이 푸른색을 띠는 증상은 체내 헤모글로빈이 충분한 어른에게는 발생 빈도가 낮지만, 신체 활동에 비해 산소를 운반하는 헤모글로빈양이 부족한 유아나 어린이에게는 체내에 유입되는 질산의 양이 적더라도 쉽게 나타난다. 특히 산모의 혈액을 통해 산소를 공급받아야 하는 태아의 경우 매우 적은 질산에도 영향을 크게 받는다. 질산은 혈액 속에서 아질산(NO_2)으로 환원되면서 헤모글로빈을 산화시켜 메트헤모글로빈(Methemoglobin)을 만드는데, 메트헤모글로빈은 산소결합력이 낮아 정상적으로 산소를 운반하지 못한다. 유아나 어린이의 경우 위액의 산도가 낮아 질산을 아질산으로 환원시키는 미생물이 쉽게 자라 메트헤모글로빈으로의 전환이 용이하며, 전환된 메트헤모글로빈을 헤모글로빈으로 복원시키는 효소가 결핍되어 있기 때문에 성인에 비해 피해가 크다. 뿐만 아니라 유아나 어린이는 체중에 비해 음용수의 섭취량이 어른보다 많아서 낮은 농도의 질산에도 영향이 나타날 수밖에 없다.

건강한 사람의 경우에도 먹는 물과 음식에 들어 있는 미량의 질산 때문에 메트헤모글로빈이 생성되며, 보통 전체 헤모글로빈 농도의 2% 정도를 차지한다. 그러나 질산의 농도가 높아 메트헤모글로빈이 10% 이상이 되면 성인에게도 이러한 증상이 나타날 수 있다. 20~50% 정도가 되면 무기력, 두통, 의식불명 등의 증상이 나타나며, 정확한 치사 농도는 알려져 있지 않으나 50% 이상이 되면 생명이 위험한 것으로 보고되고 있다. 특히 유아나 어린이에게 블루베이비 증상이 나타나면 성장 발육이 저해되고 빈혈이 심해져 사망에 이를 수도 있다.

블루베이비병은 1945년 유아에게 발병하는 것으로 의학계에 처음 보고된 이후 미국 미네소타주에서 139명을 대상으로 역학조사를 실시한 바 있는데, 먹는 물에 포함된 질산성 질소가 89ppm 이상일 경우 사망률이 10% 증가하는 것으로 나타났다. 이스라엘에서는 음용수에 함유된 질산성 질소가 50~90ppm인 지역과 5ppm인 지역에 거주하는 사람들을 대상으로 블루베이비 증상 발병률을 비교했는데, 두 지역에서 큰 차이가 나타나지는 않았다. 이는 이스라엘의 경우 과일주스를 많이 마시고 유아에게 조제분유보다 액체 상태로 공급되는 우유를 주로 먹이기 때문인 것으로 밝혀졌다.

블루베이비병의 발생 위험을 알리는 홍보 활동

이 외에도 블루베이비병의 발생 사례는 미국, 독일 등 세계 곳곳에서 보고되고 있으며, 주목할 점은 이 병이 도시보다는 지하수를 식수로 사용하는 농촌에서 자주 발생한다는 사실이다. 특히 질소비료 사용이 보편화된 이후 하천, 호수, 지하수 등에서 질산의 농도는 매우 높게 나타나고 있다. 일부 연구에서는 체내에 높은 농도의 질산이 들어오면 위에서 발암물질인 나이트로아민(Nitroamine)이 생성되어 위암 발생률이 증가한다는 결과도 제시하고 있다.

우리나라에서는 블루베이비병을 청색증이라고도 부르는데, 1993년 1월 서울 교외 지역에서 생후 10일이 지난 유아가 이 증상을 보인 것으로 언론에 보도된 적이 있다. 조사 결과 200ppm이 넘는 높은 농도의 질산성 질소로 오염된 지하수에 분유를 타서 먹인 것이 원인으로 밝혀졌다. 당시 그곳에는 수돗물이 보급되었지만, 사람들이 이를 불신하여 약수나 지하수를 마셨고, 끓여서 먹으면 괜찮다는 잘못된 인식이 퍼져 있었다.

대부분의 먹는 물 오염물질은 휘발성이거나 병원균이기 때문에 끓이기만 해도 제거할 수 있지만 질산은 그렇지가 않다. 질산은 분뇨, 퇴비, 화학비료, 낙엽 등에 많이 들어 있다. 그러므로 이러한 것들로 오염된 물을 식수로 사용할 경우 블루베이비 증상이 나타날 수 있다. 식수 적합성 조사가 이루어지지 않은 곳에서 약수를 길어다 마시거나 야영 시 아무 데서나 취수해 마시는 것은 비록 끓여 먹더라도 매우 위험하다. 특히 임산부와 유아에게는 치명적일 수 있다.

먹는 물에 의한 환경 재난은 여러 가지 형태로 나타나고 있다.

이 책에서도 미생물 전염병(런던 콜레라, 시카고 장티푸스, 밀워키 사건), 중금속 오염(힝클리 크롬 사건), 유독성 화학물질 오염(워번 지하수) 등 몇 가지 사례를 소개하고 있다. 이 사례들처럼 외부 요인에 의한 오염도 있지만, 비소나 우라늄같이 지질 자체에 함유된 유해물질이나 수돗물을 생산하는 과정에서 형성되는 소독 부산물로 인한 피해 사례도 자주 발생한다.

비소는 화산 지질에 많이 나타나며, 타이완, 아르헨티나, 칠레, 멕시코, 방글라데시, 인도 등의 지하수에서 높은 농도를 보인다. 이러한 지역에 사는 주민들이 높은 농도의 비소가 함유된 물을 오랜 기간 마시고 피부가 검게 변하거나 심한 피부 종양을 보이며 특히 손과 발에 민감한 반응을 보인다. 이러한 지역에서는 폐암, 신장암, 방광암, 결장암의 발생 빈도가 음용수의 비소 농도와 비례한다는 보고도 있다. 또 라듐, 우라늄, 라돈과 같은 방사능 물질이 상수원수에 존재할 경우 정도에 따라 백혈병이나 기타 암 발생률이 높아지는 사례도 있다. 우리나라도 지난 1998년 대전의 지하수에서 우라늄이 처음 검출된 이후 전국적인 조사를 계속해

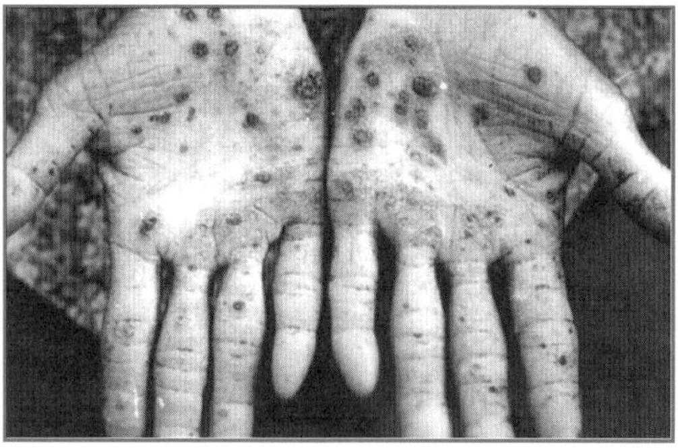

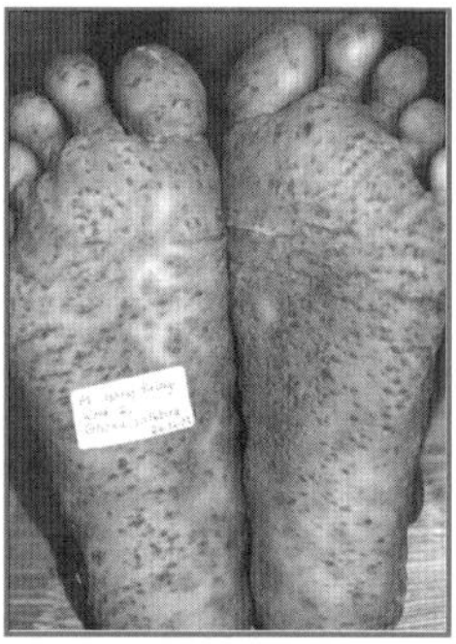

비소가 함유된 물을 먹은 사람들에게 나타나는 검은 손발 증후군

오고 있다. 지난 1999년부터 2016년까지 조사한 결과 전국 351곳에서 우라늄과 라듐의 기준치를 초과한 것으로 나타났다.

인체에 피해를 유발하는 대표적인 소독 부산물은 트리할로메탄(THM: Trihalomethane)이다. 이 물질은 수돗물을 염소소독할 때 수중에 존재하는 난분해성 유기물과 결합하여 생성되며, 이 물질에 만성적으로 노출되면 간, 신장, 결장 등에 암을 일으키는 것으로 알려져 있다. 실제로 염소소독한 수돗물을 공급받는 지역이 그렇지 않은 지역에 비해 결장암, 직장암, 방광암 등과 같은 암 발생률이 더 높게 나타난다는 보고가 있다. 한 연구에서는 30년 동안 염소로 소독한 물을 공급받은 곳의 사람이 그렇지 않은 지역의 사람보다 방광암을 가질 위험이 1.6에서 1.8배 정도 높았고 1년에 5,000건의 방광암과 8,000건의 직장암이 염소로 소독한 물을 공급한 국가에서 나타났다고 밝혔다. 트리할로메탄은 일반적으로 상수원 수질이 좋지 않을 때 많이 발생하는 것이지만, 일부에서는 상수원과 관계없이 염소소독을 전면 중단해야 한다는 주장도 제기되고 있다.

블루베이비 사건은 먹는 물로 인해 발생한 또 하나의 환경 재난을 보여주고 있다. 지난 수천 년 동안 먹는 물로 인해 인류가 겪은 가장 큰 재앙은 병균으로 인한 전염병 때문이었다. 그러나 20세기 후반에 와서 중금속이나 합성 유기물과 같은 유해물질이 새롭게 먹는 물을 위협하고 있다. 최근에는 먹는 물에서 미세플라스틱과 환경호르몬이 검출되는가 하면 심장병과 불임, 심지어 치매까지 그 원인이 먹는 물에 있다는 사실이 의학적으로 규명되고 있다.

힝클리 크롬 사건

1999년 미국에서 환경 소송 사건을 실화로 다룬 『에린 브로코비치(Erin Brockovich)』라는 한 편의 영화가 개봉되어 전국이 떠들썩했다. 이 영화는 미국 캘리포니아주에서 지하수 오염으로 인해 발생한 '힝클리 크롬 사건'을 소재로 1993년부터 1996년까지 진행된 사건의 진실 규명과 법정 투쟁 과정을 극화한 것이었다. 이 영화는 환경에 관심이 많은 미국인을 자극하여 흥행에도 성공했으며, 작품의 우수성도 인정받아 2001년 아카데미상 후보에 올라가기도 했다. 우울하고 참혹한 환경 사건과는 거리가 먼, 미국에서 가장 멋지게 웃는 배우로 알려진 줄리아 로버츠(Julia Roberts)가 주연하여 흥미를 더해주었으며, 그녀는 이 영화로 2001년 아카데미상 여우주연상을 받았다.

힝클리 크롬 사건의 시작은 수십 년 전으로 거슬러 올라간다. 1952년 미국 샌프란시스코에 본사를 두고 서부 지역을 대상으로 전기와 가스를 공급하는 PG&E(Pacific Gas and Electric Company)라는 회사는 힝클리(Hinkley)라는 곳에 가스가압 기지를 세웠다. 힝클리는 캘리포니아주 로스앤젤레스와 네바다주 라스베이거스 중간의 모하비(Mojave) 사막에 위치한 작은 마을로, 이곳에 세워진 가압기지는 캘리포니아 남부 지역에서 생산된 천연가스에 압력을 가하여 캘리포니아주 중북부 지역으로 보내기 위한 것이었다. 가스를 가압하는 과정에서 발생하는 열을 식히기 위해 PG&E는 냉각탑을 설치했고, 냉각 시스템의 부식을 방지하기 위해 냉각수에 6가크롬(Hexavalent Chromium)이라는 중금속을 넣었다. 그리고 가압기지에서 나오는 냉각수와 각종 폐수는 인근 연못에 내다버렸다.

세월이 지나면서 힝클리 주민들은 간, 심장, 뇌, 신장, 호흡기, 생식기 등에 암을 비롯한 여러 가지 질병에 시달리게 되었다. 이 마을의 목장과 축사에서 기르는 가축들도 이상한 질병으로 죽어갔으며, 폐수가 버려진 연못에는 개구리를 비롯한 모든 동물이

힝클리 크롬 사건을 다룬 『에린 브로코비치』 영화 포스터 와 주인공 줄리아 로버츠(영화 장면)

죽은 채 발견되곤 했다. 그러나 이 작은 시골 마을에서 벌어지는 이상한 일에 아무도 관심을 갖지 않았고 주민들도 기이한 현상으로만 여긴 채 수십 년을 살았다. 그러다 이 사건의 진실은 '매슬리 앤비티토'라는 변호사 사무실에서 일하던 에린 브로코비치라는 호기심 많은 한 여직원의 노력으로 세상에 공개됐다.

이 사건은 사실 유해 중금속이 지하수를 오염시키고 주민들이 각종 질병에 시달리는, 흔히 볼 수 있는 환경 재난의 한 유형에 불과하다. 그러나 이 사건은 독특한 경력과 성격을 가진 에린 브로코비치라는 한 여성의 집념으로 진실이 밝혀졌고 대기업이 오래전부터 사실을 알면서도 위선과 거짓으로 은폐하려고 했기 때문에 미국인들의 커다란 관심을 불러일으켰다. 여기에 사건이 영화로 만들어지면서 더 큰 파장을 불러왔다. 영화가 개봉되자마자 미국 전역에서 6가크롬을 조사하는 사태가 벌어졌다. 시골과 중소도시, 대도시 가릴 것 없이 지하수, 하천, 호수 등 유해 중금속이 나올 만한 곳이면 모두 조사하고 분석 결과가 언론에 공개 됐다.

힝클리 크롬 사건을 주도적으로 이끈 에린 브로코비치는 선천성 독서 장애증 때문에 지독하게 공부를 못했다. 그녀는 변변한 학력도 없고 아무런 자격증이나 재주도 없던 여성이었다. 여기에 그녀는 두 번씩이나 이혼을 당하고 세 아이를 양육해야 하는, 무일푼에 직업도 없는 참담한 현실에 처해 있었다. 직장을 구하려 직업소개소에도 가보고 백방으로 뛰어다녀 보았지만, 모두 허사였다. 결국 그녀는 1991년 네바다주 레노에서 교통사고를 당하면서 알게 된 에드워드 매슬리(Edward Masley)라는 변호사를 무작정 찾아가 일자리를 구걸했다. 마음씨 좋은 매슬리 변호사는 그녀의

딱한 사정을 듣고 어쩔 수 없이 서류 정리와 잡무를 담당하는 일자리를 주었다. 이렇게 인연이 맺어진 두 사람은 후에 미국 전역을 떠들썩하게 한 일약 스타가 되었으며, 수백만 달러의 사건 수임료를 받게 되는 행운을 잡았다.

사건의 정황은 이러하다. 에린은 어느 날 변호사 사무실에서 파일을 정리하던 중 이해 못 할 한 서류를 보게 되었다. 그녀는 부동산 관련 문서로 분류된 파일에서 의문의 의료 진단서가 첨부된 것을 매우 수상하게 여겼다. 에린은 호기심을 참지 못하고 힝클리로 직접 가서 전모를 살펴보았고 이것이 단순한 부동산 거래가 아님을 알게 되었다. 마을 사람들은 대부분 비슷한 병으로 고통받거나 죽어가고 있었는데, 이상하게도 PE&G라는 기업이 주민들의 병원비를 모두 부담하고 있었다. 변호사 사무실에서 본 진단서는 바로 이런 이유에서 첨부되었던 것이었다. 게다가 주민들이 각종 질병에 시달리는데, 회사는 시가보다 더 높은 가격에 땅과 집을 사들이고 있었다. 흠이 있는 부동산이라면 싼 가격에 매

에드 메슬리 변호사와 에린 브로코비치 ▶
힝클리의 천연가스 가압 기지 ▼

입할 수 있을 것인데 더 높은 가격에 매입한다는 사실은 납득하기 어려웠다. 에린은 곧장 매슬리 변호사에게 이 사실을 알리고 본격적으로 조사를 시작했다.

조사를 진행하면서 에린은 주민들에게 나타난 각종 질병이 가스 가압기지에서 버려진 폐수가 힝클리의 토양과 지하수를 오염시켰기 때문이라는 사실을 알게 되었다. 그리고 폐수 속에는 6가크롬이라는 맹독성 중금속이 녹아 있으며, 주민들은 오염된 지하수를 식수로 사용하여 질병을 얻게 된 것이라 확신했다. 주민들이 이 물로 샤워하고 에어컨 냉각수로 사용하면서 유해 중금속이 든 수증기를 마시며 살았을 것은 당연했다. 더구나 아이들은 무더운 사막에서 스프링클러로 물을 뿌려대고 수영장에서 하루를 보내기 일쑤였다. 주민들은 유독성 중금속을 마시고 호흡하며, 피부를 통해 체내에 빨아들였다.

에린은 6가크롬이 인체에 주는 피해와 독성을 조사한 결과 그것이 힝클리 주민들이 겪는 질병과 일치함을 알아냈다. 에린은 PG&E를 상대로 소송을 제기하기 위해 매슬리 변호사와 주민들을 설득하기 시작했다. 하지만 모든 질병이 그저 자신들의 탓이려니 여겨왔던 마을 주민들은 선뜻 에린의 의견에 동조하지 않았다. 매슬리 역시 부동산 거래만으로 자신의 역할을 끝내고 싶어했다. 주변에서는 모두 이길 수 없는 싸움이라고 만류했지만, 그녀는 결국 미국 역사상 최고의 배상금이 걸린 환경 소송을 시작하게 되었다.

소송이 진행되면서 놀라운 사실들이 속속 드러났다. PG&E는 이미 1965년에 자신들이 사용하는 부식 방지제가 힝클리의 토양과 지하수를 오염시킨다는 것을 알고 있었다. 그러나 회사는 이를 무시하고 엄청난 양의 부식 방지제를 인근 연못에 무단으로 방류했던 것이다. 부식 방지제에 포함된 6가크롬의 독성은 이미 1920년경부터 알려져 있었는데도 이 사실은 무시되었고, 그동안 약 3억 7,000만 갤런(14억 60만l)에 달하는 폐수가 이곳에 버려졌다. PG&E는 1987년에 힝클리 지역의 지하수를 자체 조사하여 환경기준치보다 10배나 높게 오염되어 있다는 사실도 알고 있었다.

가압기지의 폐수가 힝클리의 지하수를 크롬이라는 중금속으로 오염시켰다는 사실이 알려지자, 회사 측은 크롬이 존재 형태에 따라 독성을 가질 수 있다는 사실을 숨기고 그것이 마치 몸에 유익한 것처럼 거짓 정보를 주민들에게 흘리기 시작했다. 게다가 PG&E는 주민들의 항의에 대해 지하수 수질은 매우 좋으며, 음용수로도 아무 문제가 없다고 발뺌했다.

크롬이라는 중금속은 매우 독특한 물질로, 존재 형태에 따라 독성이 크게 달라진다. 가령 3가크롬의 경우 인체에 무해할 뿐만 아니라 오히려 필수 영양성분이다. 그것은 당과 지방의 대사에 관여하며, 인슐린 기능에도 반드시 필요하다. 크롬이 부족하면 당뇨병과 유사한 증상이 나타나고 동맥경화증이나 높은 혈중 콜레스테롤과 농도와도 관계가 있다. 그러나 6가크롬은 인체에 독성을 나타낸다. 그것은 폐암, 기관지암, 신장장애를 일으키고 피부 접촉시 피부염과 궤양을 유발할 수 있다. 특히 호흡기관을 통해 흡입했을 때 피해가 크다. 6가크롬은 안료, 색소, 살균제, 부식 방지제 등으로 사용되며, 도금, 가죽, 염색, 합금, 시멘트 공장이 주요 발생원이다. 인체 피해는 주로 도금 공장에서 일하는 근로

자들이 증기 상태로 크롬을 마셔 폐암이나 피부질환을 일으키는 경우가 많다.

PG&E는 크롬이 갖는 이 독특한 성질을 교묘히 이용하여 주민들을 속여 왔던 것이다. 4년에 걸친 법정 싸움이 진행되면서 진실은 하나씩 드러나게 됐다. 에린은 대학과 상수도 사업소를 다니며 과학적 증거를 찾아냈다. 또 과거 가압기지에서 일했던 사람들과 주민들을 차례로 만나면서 그곳에 숨겨진 비밀을 캐냈다. 처음에는 무관심했던 주민들도 사건이 진행되면서 보다 적극적으로 참여하게 됐다. 1993년 소송이 시작될 때 77명이었던 원고는 634명으로 늘어났다. 결국 재판부는 PG&E로 하여금 힝클리 주민들에게 3억 3,300만 달러라는 거액을 배상하고 오염 지역을 정화해야 하며, 문제가 된 6가크롬을 더 이상 사용하지 말 것을 판결했다. 2000년 기준으로 자본금 352억 9,000만 달러, 연간 매출액 262억 3,000만 달러나 되는 대기업이 보잘것 없던 한 여성의 집념에 무릎을 꿇었던 것이다.

PG&E는 이 사건으로 기업의 이미지 악화는 물론 배상으로 인한 자산 손실 등 엄청난 손해를 입었다. 사건 후 거대기업 PG&E는 2002년 부도 사태를 맞았다. 구조적으로 전기나 가스 공급과 같은 생활시설(Utility) 산업은 결코 망하지 않는다는 것이 통설임에도 환경윤리를 저버린 PG&E만큼은 예외였다. PG&E의 부도는 반석 위에 선 거대기업도 환경을 저버리면 무너질 수 있다는 것을 보여준 좋은 사례가 되었다.

제4부

병든 자연과 검은 바다

베트남 고엽제 사건

1960년대와 1970년대에 걸친 베트남전은 분단된 국가를 통일하는 계기가 되었지만, 한편으로는 수많은 인명 희생과 물질적 피해를 안겨준 전쟁이었다. 그중에서도 고엽제로 인한 환경 피해는 종전 반세기가 지난 지금까지도 보고되고 있다. 베트남전 당시 참전국 미국의 큰 골칫거리는 밀림에 숨어 있던 적군의 반격이었다. 또 대형 무기를 바탕으로 하는 미국식 전쟁 방법에는 밀림이 큰 장애물이었다. 제2차 세계대전 당시 남태평양 전투에서 밀림 속 전쟁을 치른 경험이 있었던 미국은 1962년 베트남전 개입 직후 밀림 제거를 위해 제초제를 사용하기 시작했다.

미국은 1944년과 1945년에 이미 뉴기니아 전투에서 밀림 제거용 화학물질을 개발해 사용한 것으로 기록되어 있다. 베트남전 초기에 미국은 에이전트 그린(Agent Green), 핑크(Pink), 퍼플(purple) 등으로 불리는 제초제를 소규모로 사용했다. 그러나 1964년 통킹만 사건을 계기로 미국은 베트남전에 본격적으로 개입하게 되었고 1965년부터 에이전트 오렌지(Agent Orange)라 불리는 효능이 뛰어난 제초제를 개발해 대량 살포했다.

에이전트 오렌지는 이 물질을 담았던 통이 오렌지색이어서 붙여진 이름이다. 2,4,5-T와 2,4-D라는 두 종류의 화학물질을 50:50의 비율로 혼합해서 만든 제초제는 베트남의 밀림을 제거하는 데 매우 뛰어난 효과를 보였다. 밀림에 살포하면 나뭇잎이 말라죽었기 때문에 베트남전에 참전한 우리나라 군인들은 이 물질을 고엽제라 불렀다.

미 공군은 산하에 랜치핸드(Ranch Hand)라는 작전 부대를 두어 베트남 전역에 비행기로 고엽제를 살포하는 임무를 전담시켰다. 밀림 속에 숨어 있는 베트콩(게릴라 군)의 출현으로 전방과 후방의 구분이 없었던 베트남전에서는 국토 전역의 밀림지대가 고엽제 살포 대상이었으며, 적군의 식량 조달원인 농경지에도 집중적으로 살포되었다. 에이전트 오렌지는 베트남인의 주식인 콩, 땅콩, 감자, 망고 등을 제거하는 데 매우 효과적이었다. 하지만 에이전

미 공군 랜치핸드 부대의 고엽제 살포 장면과 살포 후 밀림의 변화

트 오렌지가 벼를 고사시키는 데는 별 효과가 없자 미국은 에이전트 블루(Agent Blue)라고 불리는 맹독성 비소를 함유한 제초제를 개발해 벼가 자라는 논에도 살포했다.

미국이 베트남전에서 10년에 걸쳐 7,200만 리터의 고엽제를 살포한 것으로 기록되어 있다. 살포량의 90%는 밀림 제거를 위해 살포되었으며, 8%는 적군의 농경지에 살포해 식량을 고사시켰고, 나머지 2%는 아군의 진지 주위에 살포해 적군의 침입을 경계하는 데 사용되었다. 미군은 이 고엽제 살포로 밀림전을 수행하는 데 매우 큰 성과를 거두었으나, 그로 인해 닥쳐올 엄청난 환경 재난은 전혀 예상하지 못했다. 고엽제 성분의 반을 차지하는 2,4,5-T는 제조 과정에서 다이옥신(Dioxin)이라는 맹독성 화학물질이 불순물로 만들어진다. 이 다이옥신으로 인해 전쟁 후 베트남인과 참전

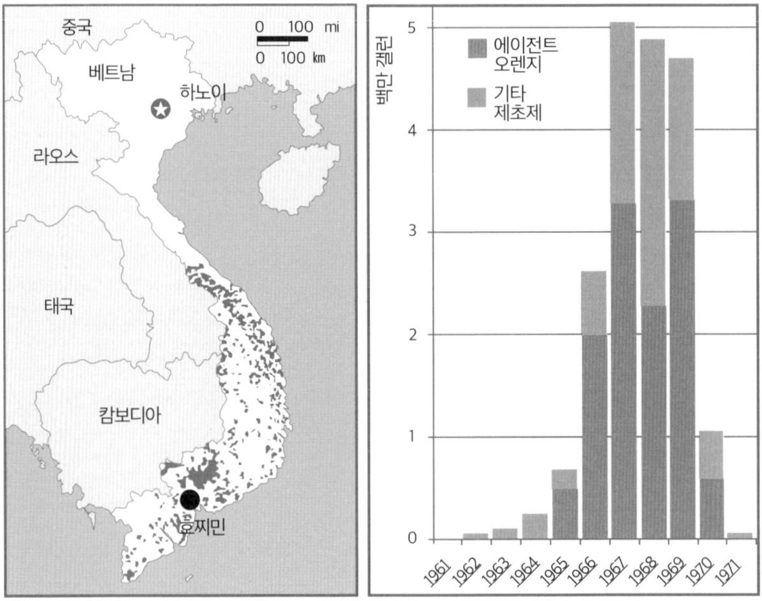

고엽제 주요 살포 지역과 연도별 살포량

군인들은 심각한 피해를 겪었다. 살포 당시에는 다이옥신의 유해성이 과학적으로 규명되지 못했고 2,4,5-T 제조 과정에서 만들어지는 불순물의 함유 비율도 알려지지 않았던 탓에 이 유해 불순물을 제초제로부터 제거하려는 노력은 전혀 없었다.

다이옥신의 유해성이 알려지지 않은 상태에서 고엽제를 살포하는 것이 과연 안전한가 하는 의문은 1966년 미국 국립과학아카데미(National Academy of Sciences)에서 처음 제기되었다. 과학아카데미는 베트남전에서 제초제를 계속 대량으로 살포한다면 인간과 자연 생태계에 엄청난 피해를 유발할 것이라고 경고했다. 또 1967년에는 미국 국방성에 고엽제 살포로 장차 베트남에서 나타날 영향에 대한 조사를 제의했다. 같은 해 미국 과학자 5,000여 명은 대통령 과학자문위원회에 고엽제 사용 금지 청원서를 제출했다. 이들은 전쟁에서 화학물질 사용이 가져오는 위험성과 제초제로 적군의 식량을 고사시키는 비인도적 처사를 강력히 비난했다.

경고가 계속되자 미국 정부는 밀림 제거를 위한 고엽제 살포가 화학무기 사용으로 오인되어 국제사회의 지탄을 받을까 두려웠다. 이러한 오해를 벗기 위해 미군 당국은 군사 용어 느낌이 나는 에이전트 오렌지 대신에 제초제 오렌지(Herbicide Orange)라는 용어를 사용하기도 했다. 한편 미국 국방성은 미드웨스트연구소와 연구 계약을 맺고 고엽제 사용의 문제점을 조사했다. 그러나 이 연구소는 베트남 현지에 가보지도 않고 그때까지 발표된 제초제 관련 논문 1,500여 편을 검토하고 140여 명의 전문가를 면담한 후 3개월 만에 결과를 발표했다. 미드웨스트연구소가 내린 결론은 고엽제 사용에 따른 장기적 피해는 없다는 것이었다. 또 벼를 고

사시키기 위해 사용한 에이전트 블루에 함유된 비소가 어떤 결과를 유발하는지는 기존 연구 결과가 없다고 밝혔다. 훗날 이 연구소는 고엽제로 인한 장기적 피해에 관한 조사조차 시도하지도 않은 데 대해 비난을 면치 못했다.

1968년 당시 주베트남 미국 대사 엘스워스 번커는 미국 농업연구소의 프레드 트철리 박사를 베트남 현지에 초청해 고엽제 사용에 따른 피해를 조사하도록 의뢰했다. 트철리 박사는 고엽제 사용이 심각한 생태계 피해를 유발하고 있으며, 이로 인해 특히 물고기와 새의 주요 서식처인 해안 지역의 밀림이 크게 파괴되었다고 보고했다. 1969년에는 몬태나 대학의 파이퍼(E.W. Pfeiffer) 교수와 워싱턴 대학의 오리언스(G. H. Orians) 교수가 베트남 현지에 가서 고엽제 사용에 따른 생태계 피해를 조사했다. 이들 두 교수 역시 앞서 트철리 박사의 조사 결과를 재확인했고 고엽제 사용을 중단해야 한다고 경고했다.

같은 해 미국에서 고엽제 사용에 관한 결정적인 연구 결과가 나왔다. 2,4,5-T가 기형을 유발할 수 있다는 동물실험 결과가 발표되었던 것이다. 이 실험 결과를 근거로 미국 농무성(1970년 미국 환경보호청 설립 이전에는 농무성이 살충제·제초제 등에 의한 환경 피해를 관장했다)은 미국의 주택 부근 농장에서의 2,4,5-T 사용을 금지시켰다. 또 1969년 10월에는 닉슨 대통령 과학자문위원회가 베트남에서 고엽제는 사람이 없는 곳에만 살포되어야 한다고 경고했다. 이에 미국 국무성은 지금까지 고엽제는 사람이 살고 있는 곳에 살포된 적이 없기 때문에 그런 경고는 아무 의미가 없다며 일축했으나, 5개월 뒤인 1970년 3월 베트남에서 고엽제 사용을 25% 감축하겠다는 의사를 표명했고, 한 달 뒤에는 베트남에서 고엽제 사용을 전면 금지하겠다고 발표했다. 그리고 1972년 4월에 미 공군은 남아 있던 137만 갤런(510.6만 l)의 고엽제를 폐기 처분했다. 다이옥신이 포함된 제초제를 처분할 마땅한 장소가 없었던 미 공군은 선박에 소각로를 설치하여 공해상으로 나가 고온에서 소각하는 방법을 택했다. 다이옥신은 2,000°C 이상의 고온에서 태울 경우 무해한 물질로 분해된다. 이런 방법은 같은 해 채택된 런던협약(London Convention)이 발효되기 전이었기 때문에 가능했다. 런던협약은 쓰레기 해양 투기와 해상 소각을 금지하기 위해 국제해사기구(IMO)의 주도로 만들어진 것으로 1975년 발효되었으며 미국도 여기에 비준했다.

남겨진 고엽제를 공해상에서
처분한 선박과 소각 장면

실제 베트남에서 다이옥신이 함유된 고엽제를 살포한 기간은 5년에 지나지 않는다. 그러나 이 다이옥신으로 인해 전쟁 후 베트남에서는 태아 사산율이 급증하고 기형아 발생률이 전쟁 전에 비해 10배나 높게 나타났다. 또 전쟁에 참여했던 미군과 우리나라 군인들의 피해는 지금도 계속되고 있다. 참전 군인들은 일반인보다 암 발병률이 높고 자식 중에 기형아가 출생하였으며, 정신질환을 앓는 경우도 많은 것으로 보고되고 있다.

베트남전에 참전한 우리나라 군인 중 고엽제 피해 증상을 호소한 사람은 12만 6,479명이었으며, 그중 8만 6,674명이 후유증 환자 또는 유사 후유증 환자로 지정되어 정부로부터 연금과 수당을 받고 있다. 미국에서는 24만여 명이, 호주는 1,200여 명이 베트남전 고엽제 피해자로 등록되어 정부로부터 보상금을 받고 있다. 이들 대부분은 신체적 피해와 함께 정신질환도 보이고 있으며, 다른 공해병과 마찬가지로 치유는 불가능하다.

베트남 전쟁은 약 2,000천만 개의 폭탄 구덩이를 국토에 흔적으로 남겼다. 베트남은 고엽제 살포와 폭탄 구덩이로 농토의 40%가 황무지로 변했고 밀림의 절반을 잃었다. 이것은 전쟁으로 인

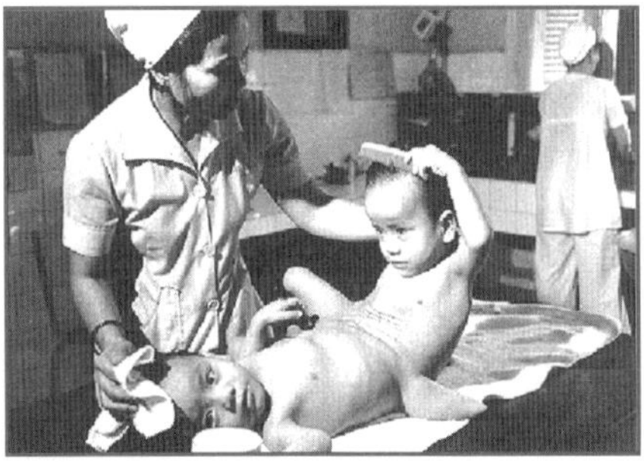

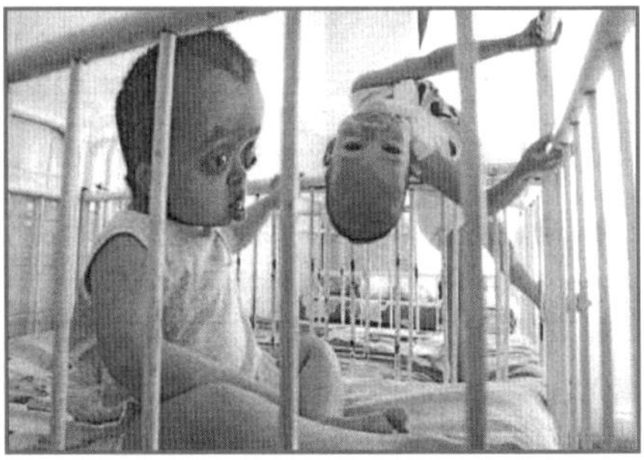

전후 베트남에서 태어난 고엽제 피해 어린이

한 참혹한 환경 피해를 우리에게 잘 보여준다. 국제자연보전연맹(IUCN)은 전후 베트남의 자연환경을 그대로 두면 회복 불가능의 불모지가 될 것이라고 경고하면서, 이를 막기 위해서는 베트남 전역에 5억 그루의 나무를 심어야 할 것으로 추산했다. 고엽제 피해는 자연에 살포되는 화학물질은 어떠한 유해물질을 포함하는지 사전에 철저히 조사해야 한다는 교훈을 일깨워주었다.

1999년 11월에 와서 우리나라 비무장지대에도 1968~1969년 2년 동안 다량의 고엽제가 살포된 것이 확인되었다. 당시 비무장지대를 통한 북한 무장공비의 침투가 잇따르자 주한 미군은 우리 정부의 양해와 지원 하에 고엽제 2만 1,000갤런(7만 9,500*l*)을 살포했다. 살포 지역은 철책선 양쪽 100m 이내와 주요 도로 30m 이내, 그리고 지휘소와 같은 전술적 중요 지역으로, 총면적 2,221만 평에 달했다. 2년 동안 이 살포에 동원된 한국군은 7만여 명으로 추정되는데, 단순히 제초제 정도인 줄만 알았던 군인들은 보호 장비도 없이 고엽제에 그대로 노출된 것으로 알려졌다. 지난 2011년에는 과거 비무장지대에 고엽제를 살포하고 미군기지에 고엽제를 매립했던 주한 미군이 나타나 당시 상황을 증언하기도 했다.

2011년 경기도 파주시 임진강변에서 과거 고엽제 살포를 증언하는 주한 미군들

러브 커낼 사건

미국과 캐나다 국경에 위치한 나이아가라 폭포는 세계에서 가장 큰 폭포로서 그 장엄함이 널리 알려져 있다. 북미 대륙의 오대호 중에서 이리호와 온타리오호를 연결하는 이 폭포는 85m에 달하는 두 호수의 고도 차이로 낙차가 매우 크다. 만약 이 폭포가 없다면 미국 중부 내륙에서 대서양 연안까지 선박을 자유롭게 운항할 수 있다.

1892년에 윌리엄 러브(William T. Love)라는 야심 많은 사업가가 이점에 착안해 이곳에 약 10km의 운하를 건설하여 선박을 운항하고 수력발전소를 세우는 계획을 추진했다. 당시 직류전기는 장거리 송전에 많은 전력을 낭비했기 때문에 이곳에 발전소를 세워 값싸고 풍부한 전력을 제공하면 많은 공장을 유치할 수 있음은 물론 인구 20만에서 100만 규모의 대도시가 건설될 것이라고 예상했던 것이다. 전력은 당시 문명에서 최고의 가치를 지니고 있었던 것으로, 토머스 에디슨은 이미 1882년 미국 위스콘신 주 애플턴에서 수력발전 실용화에 성공했다. 그래서 러브의 운하 건설 계획은 주 정부의 승인과 적극적인 지원을 받게 되었다.

그러나 운하가 1.6㎞ 정도 만들어질 무렵, 당시 미국에 경제 불황이 닥쳐 지불 은행이 파산하고 이 회사는 재정적 어려움에 봉착했다. 게다가 1894년 니콜라 테슬라(Nikola Tesla)가 장거리 송전에도 전력 손실이 적은 교류전기를 발명함으로써 러브의 사업 계획은 의미가 없어져 버렸다. 결국 러브는 길이 1.6㎞, 너비 14m, 깊이 3~12m의 러브 커낼(Love Canal)이라 불리는 불명예스러운 거대한 웅덩이만 남기고 1910년 사업을 중단하게 되었다.

그 후 수십 년간 러브 커낼은 흉물로 방치되어 있었고 이 지역 어린아이들은 운하 곳곳에 만들어진 작은 웅덩이에서 수영을 즐기기도 했다. 1940년대에 와서 후커케미컬(Hooker Chemical)이라는 화학공장은 운하 바닥이 진흙으로 이루어진 것을 알게 되었고 자신들의 산업폐기물을 버리기에 매우 적절하다고 판단하여 이를 인수했다. 1942년 후커케미컬은 뉴욕주 정부에 이곳을 산업폐기물 매립지로 사용하게 해줄 것을 신청해 승인을 받았다. 당시 후

러브 커낼에 매립된 유해물질 드럼통과
매립 후 지어진 학교와 주택

커케미컬은 인근 지역에서 살충제와 제초제, 유기용매제 등을 생산하고 있었다.

후커케미컬은 운하 바닥에 콘크리트로 불투수층을 설치하고 산업폐기물을 55갤런(208l) 철제 드럼통에 넣어 매립하기 시작했는데, 1942년부터 1950년 사이에 무려 2만 2,000여 톤에 달하는 248종의 유독성 화학물질을 이곳에 버렸다. 여기에는 린덴(lindane)이나 DDT 같은 살충제를 비롯해 각종 유기용매제, PCB, 다이옥신, 중금속 등이 포함되어 있었다. 게다가 나이아가라시에서 배출한 쓰레기와 미 육군이 제2차 세계대전 당시 핵무기 개발을 추진했던 맨해튼 프로젝트에서 발생한 유해 폐기물도 여기에 매립했다.

그 후 1953년 후커케미컬은 이곳을 점토와 콘크리트로 덮은 다음 주변 땅과 함께 1달러에 판매하는 형식으로 나이아가라시 교육위원회에 기증했다. 교육위원회는 1955년 이곳에 초등학교를 건설했고, 부근 일대에는 수백 가구의 주택도 지어졌다. 하지만 세월이 지나면서 땅속 쓰레기 더미에 빗물이 스며들었고 철제 드럼통은 녹슬기 시작했다.

1970년대 초 매립지 위에 지어진 초등학교 운동장에서 이상한

러브 커낼 지역 토양오염을 조사하고 있다.

화학물질이 나오곤 했다. 학생들은 여기에 돌을 던지면 연기를 내면서 부식하는 것을 매우 신기하게 여겨 재미있는 놀이로 즐겼다. 당시에는 환경 지식이 부족하여 학교 당국과 시민들이 이러한 사실을 알면서도 무관심했다. 또 부근에 지어진 주택의 지하실에서도 가끔 이상한 물질이 흘러나오고 하수관거가 검은 액체에 부식하는 일도 있었으나, 별다른 관심을 기울이지 않았다.

이 지역 주민들은 피부병과 두통에 자주 시달렸고 다른 지역에 비해 유산율이 높았다. 그런데 1976년 큰 홍수가 있은 후 이 지역의 가로수와 정원의 꽃이 시들시들 말라 죽기 시작했다. 수영을 즐기던 연못에서는 유독성 화학물질이 다량 검출되었고 토양에서도 유독물질을 함유한 수분이 표면으로 스며나왔다. 또 많은 주민이 신체의 통증을 호소했다. 1977년 이 지역을 조사한 시 당국은 지하수가 유독성 화학물질로 심하게 오염된 것을 확인했다. 그런데도 학교와 시 당국은 별다른 조치를 취하지 않았다.

한편 마이클 브라운(Michael Brown)이라는 한 신문기자는 1976년부터 러브 커낼 지역에서 일어나는 일련의 사건을 심상치 않게 여기고 예상되는 문제점을 조사해 보도하기 시작했다. 브라운 기자는 1978년 「나이아가라 가제트(Niagara Gazette)」라는 지방 신문을 통해 러브 커낼에 묻혀 있는 유독성 화학물질이 주민들의 건강에 심각한 피해를 야기하고 있다고 보도했다. 이 기사를 읽은 로이스 깁스(Lois Gibbs)라는 한 학부모는 자신의 아들이 현재 앓고 있는 만성 천식과 신장 질환, 그리고 간질병이 학교 아래 묻혀 있는 유독성 화학물질 때문이라 생각하고 학교 당국에 전학을 요구했으나 거부당했다. 그녀의 아들은 이 학교에 입학한 후로 백혈구 세포가 계속 감소했으며, 뇌졸중을 일으키기도 했다. 깁스는 학교 폐쇄를 청원하기로 결심하고 이를 위해 학생들의 집을 일일이 방문해 아이들의 건강 상태를 조사했는데, 놀랍게도 대부분의 아이들이 각종 질병에 시달리고 있었다. 그녀는 주민 대책위원회를 만들었고 "우리 아이들이 질병에 시달리고 미래가 불확실한 환경에서 성장하기를 원하지 않는다"는 내용의 탄원서를 카터 대통령에게 보냈다. 일부 성난 주민들은 환경보호청 공무원들을 6시간 동안 인질로 잡아 자신들의 처지를 알리고 요구사항을 주장하기도 했다. 주민들은 각종 언론매체에 이 사건을 알렸으며, 정치 집회에 찾아가 항의하기도 했다.

사건의 파장이 커지자 뉴욕주 보건 당국은 이 지역에 대한 역학조사를 실시했다. 조사 결과 이 지역 주민들의 유산율은 타 지역에 비해 4배나 높았고 1973년에서 1978년 사이에 출생한 16명의 어린이 중 9명이 정신박약이나 심장·신장 질환 등으로 고통받는 심한 선천성 기형아라는 사실이 밝혀졌다.

문제의 심각성을 파악한 연방환경보호청은 1978년 8월 급기야 미국 역사상 처음으로 이 지역을 환경 재난 지역으로 선포하

사건을 언론에 폭로하는 로이스 깁스

고 이곳에 거주하던 238가구에게 즉시 떠날 것을 명령했다. 문제의 초등학교는 폐쇄되었으며, 주민들의 손해배상 소송이 봇물을 이루었다. 이때 주민들이 청구한 배상액은 수십억 달러에 달했으나 정작 책임져야 할 당사자가 없었다.

환경보호청은 오염된 토양의 범위와 유해 정도에 관한 조사를 계속해 1980년 5월에는 주변 800세대를 재난 지역에 추가했다. 16만 m²에 상당하는 이 재난 지역에서는 주택과 학교가 철거되었고 유해물질의 증발이나 침출을 방지하고 강우를 차단하기 위해 플라스틱으로 커버를 씌운 위에 0.5m가량의 흙을 쌓고 잔디를 심었다. 그리고 사람과 동물의 접근을 방지하기 위한 2.5m 높이의 울타리도 쳤다.

이 사건을 계기로 미국 연방정부는 1980년 12월 슈퍼펀드(Superfund)법을 제정해 향후 5년 동안 러브 커낼과 같은 오염 지역에서 발생하는 문제를 신속히 처리하기 위한 160억 달러 상당의 연방기금을 조성하고 오염 지역의 조사와 처리 및 보상을 시작했다. 이 법이 제정되기 전 미국의 환경법 체계 하에서는 유해 지역

러브 커낼 지역 어린이 시위 장면.
(게시판에 사건 개요를 요리법 식으로 설명한 것이 이채롭다.)
1. 82가지 화학물질을 혼합한다.
2. 운하에 25년간 둔다.
결과: 질병과 죽음

이 발생할 경우 가해자와 피해자가 소송을 통해 배상액을 결정했는데, 최종 판결까지는 1년 이상의 시간이 필요했다. 슈퍼펀드법의 기본 내용은 환경보호청이 먼저 정부 재원으로 유해 지역에 대해 신속히 배상 처리하고 사후 가해자를 찾아 배상에 든 비용의 최대 3배까지 요구할 수 있도록 한 것이다. '슈퍼펀드(특별기금)'라는 명칭은 일반적인 손해배상법 절차를 초월한다는 의미에서 유래되었으며, 정식 명칭은 '종합 환경 대응, 보상 및 책임법(CERCLA: Comprehensive Environmental Response, Compensation, and Liability Act)'이다. 이 법률의 시효인 1985년 9월 30일까지 환경보호청은 2만 766개의 오염 지역을 찾아냈고 507개의 매우 위험한 지역에서는 유해물질 제거 작업을 실시했다. 5년간 한시적으로 적용될 예정이었던 이 법은 1986년 10월 레이건 정부에 의해 수정 슈퍼펀드법(Superfund Amendments and Reauthorization Act)이라는 명칭으로 개정되어 연장되었고 85억 달러의 기금이 추가되었다. 1990년까지 환경보호청은 2만 6,000개의 오염 지역을 찾아냈으며, 그중 1,224개는 오염이 심각한 지역으로 분류했다.

미국 역사상 최초로 러브 커낼을 환경 재난 지역으로 선포한 지미 카터 대통령과 로이스 깁스

미국 연방정부는 이 지역을 정화하기 위해 1억 달러 이상을 소모했으나, 오랜 기간 이곳은 아무도 들어가지 못하는 유령 도시로 남게 되었다. 오염 정도가 심하지 않았던 일부 지역은 그동안 계속된 정화 노력의 결과로 폐쇄 후 10년이 지나서야 다시 사람이 거주할 수 있게 되었다. 1992년 9월 이곳에는 새로운 주택단지가 재개발되어 31가구가 처음으로 입주하기 시작했다.

러브 커낼 사건은 당시 미국 전역을 들끓게 했던 역사상 최악의 환경 재난 중 하나였다. 특히 환경에 관한 무관심과 무지가 훗날 엄청난 재난으로 이어진다는 사실을 잘 보여준 사례다. 이곳에 오랫동안 살았던 한 여성이 "우리가 사는 곳이 산업폐기물 매립지였다는 사실을 알았지만, 그것이 우리 가정을 이렇게 만들 줄은 몰랐다"라고 말한 사실은 당시 사람들이 얼마나 환경에 무지했던가를 잘 보여준다.

피해보상의 책임은 결국 후커케미컬과 나이아가라시 교육청으로 돌아갔다. 미래 세대의 교육을 위해 기증한 땅이 미래 세대를 병들고 죽게 한 것은 바로 무지했기 때문이다. 아직도 많은 사람이 무엇이든 땅에 묻어버리면 사라지는 것으로 생각하고 있다. 그러나 그것은 엄청난 살생력을 가진 부메랑이 되어 우리에게 돌아온다는 사실을 명심해야 한다.

타임스비치 사건

미국 중부 미주리주의 타임스비치라는 작은 시골 마을에서 비포장도로의 먼지를 줄이려고 1971년부터 몇 년 동안 도로에 기름을 뿌렸다. 그런데 그 후 이 마을에는 이상한 일들이 벌어지기 시작했다. 하늘을 날던 새가 땅에 떨어지고 고양이와 개가 죽어갔다. 주민들도 별다른 이유 없이 몸에 통증을 느끼고 폐암에 걸리는가 하면 임산부들은 유산을 했다. 그리고 간, 신장, 후두 등에 질환을 앓거나 암이 생기는 주민들이 많아졌다.

먼지를 줄이기 위해 기름을 살포하는 일은 도로뿐만 아니라 말을 사육하고 조련하는 목장에서도 이루어졌다. 1971년 5월에는 타임스비치 인근 마을인 모스코바밀에 있는 세넌도어 목장의 말 조련장에서 기름을 뿌린 후 말 62마리가 죽었다. 그리고 이 목장 주인의 어린 두 딸이 이유 없이 심한 통증을 호소했다. 인근 제퍼

슨시에 있는 팀버라인 목장에서도 기름을 살포한 후 비슷한 피해가 나타났다. 원인을 알아내기 위해 그 지역 의사들에게 조사를 의뢰했고 연방 보건성 산하의 질병관리본부(CDC)에도 이 사태를 알렸다.

질병관리본부는 1971년 8월 목장을 방문해 원인을 조사했다. 그러나 1년 뒤 나온 첫 보고서에는 '원인 불명'이라는 구절뿐이었다. 그 후 2년 뒤인 1974년 8월에서야 질병관리본부는 그동안 미주리주의 여러 목장에서 일어난 괴질 현상의 원인 물질이 다이옥신이라고 밝혔다. 비포장도로와 목장에 뿌렸던 기름에 다량의 다이옥신이 포함되어 있었고 이것이 사람과 동물에 질병을 일으켰다는 것이다. 다이옥신은 다이벤조파이다이옥신(Dibenzo-p-Dioxins)계 화학물질의 총칭으로서 그중 특히 2,3,7,8,-TCDD(2,3,7,8-Tetrachlorodibenzo-p-dioxin)는 맹독성이며, 생물 체내에 농축되어 극미량으로도 인체에 암을 비롯한 각종 질병을 일으킨다. 이 물질은 제초제(2,4,5-T) 제조 과정에서 부산물로 생성되기도 하며, 쓰레기 소각 과정에서 만들어지기도 한다. 다이옥신은 베트남 고엽제 사건과 이탈리아 세베소 사건의 원인 물질이었으며, 산업국가에서 발생하는 환경 재난에서 자주 문제가 되어왔다. 타임스비치 주민들은 그동안 이 맹독성의 물질이 자신들이 살아가는 마을의 도로에 뿌려졌다는 사실에 경악을 금치 못했다.

곧이어 도로와 목장에 기름을 살포했던 업체가 러셀 블리스(Russel M. Bliss)라는 사람이 운영하는 폐윤활유 수거 및 재생 회사라는 사실이 밝혀졌다. 러셀 블리스는 미주리주 베노라에 위치한 네파코(Nepacco)라는 제약회사에서 발생하는 산업폐기물 처분을 의뢰받고 1971년부터 고농도의 다이옥신이 함유된 물질을 연간 1만 8,500갤런(7만 30l)씩 회수해 폐유와 혼합한 후 미주리 주 곳곳에 살포해왔다.

네파코 제약회사는 1970년부터 1972년까지 헥사클로로펀(Hexachlorophene)이라는 물질을 제조했다. 네파코는 이 물질을 제조하는 과정에서 발생하는 산업폐기물을 처음에는 루이지애나주에 있는 유해물질 소각장으로 운송해 처리하다가 경비가 많이 든다는 이유로 인근 세인트루이스에 위치한 한 석유화학회사에 처리를 의뢰했다. 그런데 이 회사는 다시 폐유 수거업을 하는 러셀 블리스에게 처분을 맡겼다. 러셀 블리스는 폐유 수거업 외에도 말을 사육하는 일을 하고 있었는데, 자신의 사육장에서 나는 먼지를 줄이기 위해 폐유를 살포했다. 이 방법은 매우 효과적이어서 한 번 살포하면 몇 개월씩 효과가 지속되곤 했다. 그 효과가 알려지자 곳곳에서 의뢰가 들어왔고 결국 인근 지역 도로와 말 조련장에도 폐유를 살포하기에 이르렀다.

토양을 검사하는 연방환경보호청 조사원들 ▶
사건을 일으킨 러셀 블리스 ▼

다이옥신이 함유된 폐유를 살포한 지역에 대한 오염 정도와 그 피해 조사가 시작된 초기에는 문제의 심각성이 그다지 부각되지 않았다. 당시는 다이옥신의 화학적 성질과 맹독성이 과학적으로 규명되지 않았던 때였고 미국 내에는 이를 규제할 법적 장치도 없었기 때문이다. 전문가들도 처음에는 다이옥신이 몇 년 내에 토양에서 분해되어 사라질 것으로 생각했다. 그러나 몇 년간 계속해서 오염된 지역을 조사해본 결과 다이옥신은 분해되지 않고 자연계에 오랫동안 잔류하는 것으로 나타났다. 또 이 물질은 2,000℃ 이상 고온에서 태우는 것 외에는 무해한 물질로 분해할 방법이 없어 오염된 지역을 빠른 시일 내에 원상회복할 방법은 사실상 없다는 것을 알게 되었다.

상황이 여기에 이르자 문제는 타임스비치와 목장에 뿌려진 폐윤활유에 그칠 것이 아니었다. 미국 연방환경보호청은 그동안 네파코 제약회사에서 나온 모든 산업폐기물이 어디로 갔는지 추적해야 했다. 1980년 환경보호청은 네파코가 10년 전(러셀 블리스에게

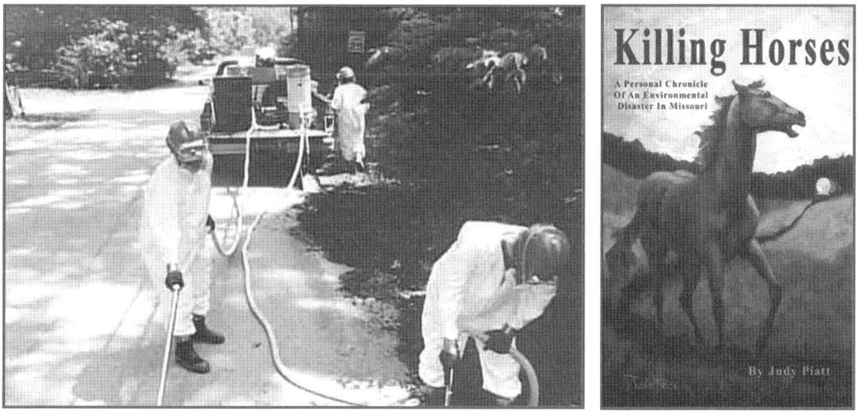

타임스비치 도로를 청소하는 장면과 사건을 기록한 책

의뢰하기 전)에 산업폐기물을 대량으로 매립한 곳을 찾아내어 본격적인 피해 조사와 함께 사후대책을 논의했다. 결국 1983년에 다이옥신으로 오염된 미주리주의 모든 지역을 연방정부가 매입하고 2만 2,000여 명의 주민을 강제 이주시켰다. 타임스비치를 비롯해 네파코 산업폐기물이 버려진 모든 곳은 더 이상 사람이 살 수 없는 죽음의 땅이 되어버렸다.

이 사건은 산업폐기물의 불법 투기와 인간의 무지가 함께하여 발생한 어처구니없는 환경 재난이었다. 당시에는 산업폐기물 처리 기술이 발달하지 않았고 관리 제도도 미흡해 불법 투기가 곳곳에서 행해졌다. 산업체는 적당한 방법으로 자신들의 폐기물을 넘겨주기만 하면 된다는 생각에 처리 업자가 어디에 어떻게 처분하든 관여하지 않았다. 뿐만 아니라 폐기물을 안전하게 처리하는 데는 많은 비용이 들었기 때문에 이를 저렴한 값에 불법으로 투기하는 것은 마피아와 같은 범죄 조직의 사업 대상이기도 했으며, 부패 정치의 요인이 되기도 했다.

실제로 미국 앨라배마주에서는 유해물질 불법 매립지를 조사하던 환경보호청 공무원이 마피아로부터 총격을 받는 사건이 발생하기도 했다. 1983년 3월 27일, 3명의 애틀랜타 환경보호청 직원이 숲 속에 버려진 산업폐기물을 수색하다 유독성 화학물질이 든 철제 드럼통이 쌓여 있는 거대한 더미를 발견했다. 철제 드럼통은 녹슬어 유독성 물질이 스며 나오고 있었다. 그런데 갑자기 주위에서 총성이 울리기 시작했다. 유해물질 드럼통을 방패로 삼아 이들은 몸을 숨기고 그곳에서 도망쳐 나왔다. 이와 유사한 사건은 같은 해 필라델피아에서도 발생했다. 유해물질 불법 매립지를 조사하던 사람들이 총상을 입거나 심하게 구타당하고 주인 없는 투견의 공격을 받는 것은 흔한 일이었다. 시애틀에서는 유해물질 더미를 숨기기 위해 폭탄이 투하되기도 했으며, 시카고에서는 환경보호청에 불법 투기 지역 정보를 제공한 사람에게 살해협박이 가해졌다. 로스앤젤레스시는 불법 투기를 근절하기 위해 1984년 유해 쓰레기 말소작전(Toxic Waste Strike Force)에 나서 그 지역 12개 대기업 고위직을 모두 감옥으로 보냈다. 그리고 로스앤젤레스 법원은 유해 쓰레기 불법 투기는 지역 주민에 대한 최악의 범죄라는 메시지를 미국 전역에 보냈다. 어떤 기업체들은 자신들이 운영하는 공장 중 하나를 폐기물 투기장으로 사용하기도 했다. 미국 아칸소주 잭슨빌에 있는 베르택(Vertac)이라는 화학공장은 고농도의 다이옥신이 함유된 유해성 폐기물 수만 드럼통을 그대로 둔 채 공장을 폐쇄해버렸다. 녹슨 드럼통에서 유독성 물질이 스며 나와 토양과 지하수를 오염시켰고 하수구를 통해 하천으로 흘러들었다. 또 그곳에는 다이옥신이 농축된 슬러지가 6m 높이로 쌓여 있었다. 이것은 0.9m 깊이로 20개의 풋볼 경기장을 덮을 수 있는 양이었다. 이후 이곳 주민들에게서는 암 발생률과 기형아 출산율, 유아 사망률이 높게 나타났으며, 직접적인 피해가 입증된 주민 65명은 이 회사로부터 이주 비용을 받고 이곳을 떠났다.

산업폐기물의 불법 투기는 미국뿐만 아니라 대부분 산업국가에서 일어나고 있는 문제다. 미국 환경보호청은 지난 1980년대 초 미국 내에서 산업 쓰레기의 90% 이상이 불법으로 투기 되었으며, 그러한 투기 지역이 수만 개에 달한다고 보고했다. 산업 쓰레기는 배출 회사로부터 범죄조직으로 넘겨져 불법 투기되고 결국 그 피해는 주민에게 돌아온다. 그러면 다시 주민이 낸 세금으로 엄청난 비용을 들여 불법 투기 지역 정화사업을 시행하게 되는데, 이러한 악순환이 오늘날에도 많은 지역에서 반복되고 있다.

지난 1999년 타임스비치 지역에는 초목이 무성한 419에이크(1.7㎢)에 달하는 US Route 66 State Park이라는 주립 공원이 개장됐다. 타임스비치가 시카고와 로스앤젤레스를 연결하는 고속도로(US Route 66)에 인접해 있었기 때문에 부쳐진 이름이다. 타임즈비치라는 작은 시골 마을이 어처구니없는 환경 무지로 사라지고 오랜 기간 토양 정화 과정을 거친 후 고속도로변 공원이 된 것이다. 미국 연방환경보호청은 2012년 6월 이곳을 다시 찾아가서 토양을 채취하고 분석하여, 같은 해 11월 "이 공원의 토양은 이곳에서 일하는 근로자와 방문자의 건강에 별다른 위험성이 없다"라고 보고했다. 유해물질로 오염되었던 곳은 복원 후에도 인체 접촉이 있을 경우에는 다시 조사하여 건강 위험성을 확인해야 함을 시사하는 것이다.

환경 무지로 사라진 타임스비치에 세워진 주립 공원

달링강 녹조 사건

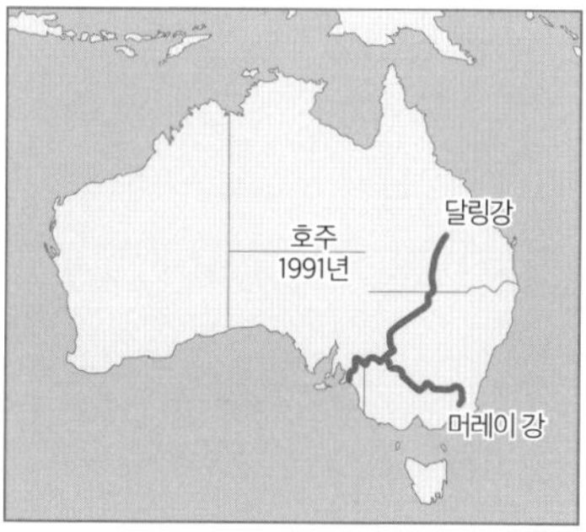

호주 남동부 지역에 위치한 달링(Darling) 강 유역은 지형이 평평한 초원으로 이루어져 축산업이 발달했다. 지난 1991년 12월 이곳 달링강 유역의 목장에서 방목하던 소와 양 1,600여 마리가 떼죽음을 당하는 사건이 발생했다. 사망 원인을 조사한 결과 가축들이 먹은 강물에 문제가 있었다. 당시 달링강은 1년 이상 지속된 가뭄으로 수량이 부족하고 수질은 심한 부영양 상태를 보이고 있었다. 여기에 높은 수온과 강렬한 태양빛이 더해져 급격한 조류(식물성 플랑크톤)의 성장을 가져왔다.

일반적으로 수온이 낮은 저온수기에는 규조류나 녹조류가, 수온이 높은 고온수기에는 남조류(Blue Green Algae, Cyanobacteria)가 물속에서 자란다. 특히 영양물질이 풍부하고 강한 일사량에 수온이 급증하면 남조류가 폭발적으로 증가한다. 이 남조류는 사람을 포함한 많은 동물에게 맹독성인 물질을 생산한다. 달링강의 가축은 남조류 독성 물질이 녹아있는 물을 먹고 죽은 것이다.

녹조 현상의 근본 원인인 부영양화는 사람의 비만에 비유될 수 있다. 적당한 영양분은 인체에 반드시 필요하지만 너무 많으면 비만이 되어 건강을 해친다. 이처럼 물속에도 영양분이 적절히 있으면 수중 동식물이 조화와 균형을 이루며 살아갈 수 있지만, 영양분이 너무 많으면 식물성 플랑크톤이 과잉 번식하여 유기물이 증가하고 물이 혼탁해진다. 유기물은 산소 고갈을 유도해서 물고기를 비롯한 많은 수중 동물을 죽게할 뿐만 아니라 암모니아와 같은 독성 물질을 발생시켜 악취가 나고 물맛까지 나빠지게 해 식수원으로 사용하기 어렵게 한다. 또 조류가 만들어내는 난분해성 유기물은 정수 과정에서 암을 유발하고 신경계에 이상

목축하는 달링강과 선박이 다니는 머레이강 전경

을 일으키는 소독 부산물을 만들어낼 수 있다. 특히 남조류는 독성 물질을 분비하기 때문에 담수에 사는 식물성 플랑크톤 중에서 가장 위험하다. 남조류는 녹조류와 색깔이 비슷하지만, 대부분 수면 위에 떠올라 물때를 형성하거나 초록색 가루를 뿌려놓은 것처럼 보이기 때문에 구별이 가능하다. 수면 위로 떠오른 남조류는 바람이 불면 물가에 모이는데, 이렇게 남조류가 밀집된 곳의 물을 마시면 중독 사고가 발생할 수 있다.

남조류의 독소는 간에 치명적인 해를 주는 간 독성 물질과 신경을 마비시키는 신경 독성 물질, 그리고 배탈이나 알레르기성 피부염을 일으키는 당지질(Glycolipid)이 있다. 1㎎만으로 실험용 쥐 50마리를 죽일 수 있을 만큼 독성이 강한 마이크로시스틴(Microcystin)이라 불리는 간 독성 물질은 미량으로도 사람에게 치명적일 수 있다. 아나톡신(Anatoxin)이라 불리는 신경 독성 물질은 짧은 시간에 신경을 마비시켜 치사에 이르게 할 수 있다. 호숫가에서 물을 마시던 소가 갑자기 쓰러져 경련을 일으키거나 몇 분 만에 죽는 급성 중독은 신경 독성 물질 때문이다. 치사 효과가 몇 시간 후에 나타나는 간 독성과는 달리 신경 독성의 효과는 즉시 나타나며, 치사에 이르지 않을 경우 시간이 지나면 큰 후유증 없이 회복된다.

남조류 독성 물질로 인한 피해 사례는 자주 보고되어왔다. 가장 많은 사례는 방목하는 가축이나 야생동물의 죽음이다. 호주나 미국 등의 넓은 목장에서 소들이 자유로이 풀을 뜯다가 호수나 저수지를 찾아가 물을 마시고 죽는 경우가 대부분이다. 이 독성 물질은 어류의 간에도 피해를 주기 때문에 장기간 남조류를 섭취한 연어의 간은 점점 작아지고 오그라들어 결국은 죽게 된다는 연구 결과도 있다. 그러나 잉어와 붕어는 남조류를 먹고도 잘 사는 어류로, 남조류 독소에 내성을 가진 것으로 알려져 있다.

남조류 독성 물질은 수돗물 정수장에서 걸러지기 때문에 사람이 치사에 이르는 사고는 드문 편이다. 그러나 야외에서 남조류가 대량 발생한 물을 그대로 사용하거나 정수장에 문제가 발생했을 경우 큰 사고로 이어질 수 있다. 1976년 미국 펜실베이니아주 세위클리에서는 남조류로 오염된 저수지의 물을 정수하여 생산한 수돗물을 마신 주민 8,000여 명 중 62%가 설사와 위장염 증세를 보인 적이 있다. 1979년 호주 퀸스랜드주 팜아일랜드에서는 남조류가 번성한 저수지 상수원의 수돗물을 먹고 주민 150여 명이 위, 간, 신장 등에 이상 증세를 보인 사례도 있다. 또한, 1988년 브라질에서도 남조류가 번성한 저수지 물을 사용한 주민 2,000여 명이 심한 복통을 일으켜 42일 동안 88명이 사망한 사건이 발생했는데, 사망자 대부분은 어린아이들이었다. 이곳에서는 끓인 물을 식수로 사용했기 때문에 박테리아나 바이러스의 원인은 아니었다. 이 사건은 남조류 독성 물질이 고온에서도 분해되지 않는다는 사실을 잘 보여주고 있다.

남조류로 인해 가장 피해가 컸던 사건은 1996년 브라질의 카루아루 지방에서 일어났는데, 남조류 독성 물질을 함유한 저수지 물을 신장투석에 사용하다 131명이 시각장애, 메스꺼움, 구역질 등의 중독 증세를 보였고 그중 55명이 목숨을 잃었다. 이 사건은 물 공급업자가 남조류가 발생한 수원지에서 취수한 물을 완벽하게 처리하지 않은 채 물탱크로 운반해 간단히 염소소독만 한 다음 신장투석 전문 병원에 공급하였고, 이 물을 치료에 사용한 환자 체내에 직접 독소가 투입되어 일어났다. 당시 투석에 사용된 물과 인체 조직에서는 간 독성 물질인 마이크로시스틴이 검출되었다.

그 외에도 남조류 독성에 의한 피해 사례는 자주 보고되고 있다. 특히 개발도상국에서 남조류가 서식하는 강이나 호수의 물을 제대로 정수하지 않고 음용수로 사용해 많은 피해가 발생하고 있다. 저농도의 간 독성 물질(마이크로시스틴)을 장기간 섭취하면 간암으로 이어진다. 중국의 한 지방에서는 간암 발생률이 다른 지방보다 매우 높아 그 원인을 조사해본 결과 식수로 사용하는 호숫물에 서식하는 남조류 때문인 것으로 판명되었다.

강이나 호수에서 녹조 현상을 일으키는 데 핵심적인 역할을 하는 것은 식물의 비료 성분 인이다. 물속 인의 증가는 20세기 후반에 들어와 화학비료 사용이 급증하면서 가속화됐다. 단위 면적당 식량 생산량을 높이기 위해서는 인이나 질소와 같은 비료 공급이 필요한데, 과거에는 사람이나 가축에서 나오는 인분이나 축분으로 퇴비를 만들어 토양에 살포했다. 화학비료가 발명되고 산업화가 진행되면서 인광석을 채굴하여 퇴비보다 효율 좋은 인을 토양에 살포하여 식량 생산성을 높일 수 있었다. 하지만 인분과 축분은 토양으로 재순환되지 못하고 강과 호수로 가게 되었다. 그뿐만 아니라 토양에 뿌려진 화학비료도 강우 시 빗물에 씻겨 강과 호수로 들어가게 된다.

인 비료는 영국의 농부 존 로스(John B. Lawes)의해 발명됐다. 그는 여덟 살에 아버지를 잃고 유산으로 남겨진 농장을 돌보게 되었다. 어린 나이에 홀로 농사를 지으며 거름(Manure) 살포에 따른 농작물 생산량 변화에 관한 관찰을 하게 되었다. 그러다가 그는 1842년 황산으로 인을 처리하여 비료를 만드는 획기적인 방법을 개발했다. 이를 특허로 등록했고 인류 역사상 최초로 화학비료 산업을 시작했다. 그는 이 선구자적 업적으로 1854년 영국의 왕립 학술원 회원(Fellow of the Royal Society)이 되었고, 1867년에는 왕립훈장(Royal Medal)까지 받았다. 영국의 농부 존 로스의 인 비료 발명은 인류의 식량 증산을 가져온 문명의 위대한 업적으로 남아있다.

강이나 호수에 인을 증가시키는 또 다른 요인은 합성세제다. 합성세제는 제1차 세계대전 당시 비누의 원료인 동·식물성 유지가 포탄제조에 사용되면서 이를 대체하기 위해 개발되기 시작한 것인데, 합성 방법과 세척 효과가 향상되어 제2차 세계대전 후에는 일반 가정에서도 사용하게 되었다. 그러나 합성세제는 수중 생물에게 유독하며 물에서 쉽게 분해되지 않고 인을 다량 함유하고 있다. 합성세제와 비료에 들어가는 인은 모두 광산에서 채굴한 것이다.

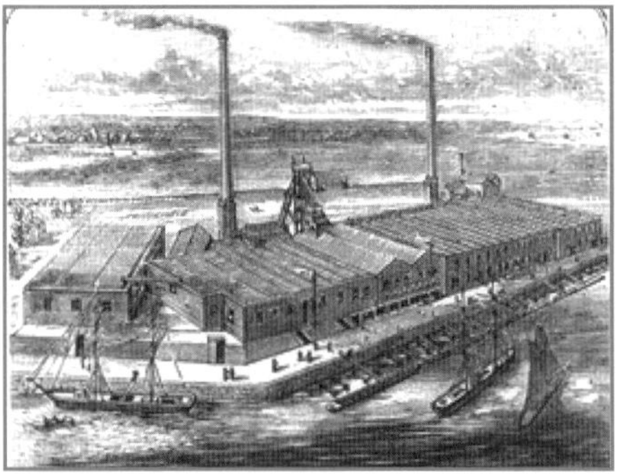

영국의 농부 존 로스 경 (Sir John B. Lawes)과 그의 비료 공장

화학비료와 합성세제 사용이 늘어나면서 선진산업국을 중심으로 강과 호수에 심각한 부영양화가 나타나게 되었고 이를 극복하기 위한 여러 가지 노력이 이루어졌다. 그 대표적인 사례 중 하나가 스위스의 레만호다. 레만호는 생활하수와 합성세제로 심한 부영양화를 겪다가 국제적인 협력을 통해 다시 살아났다.

제2차 세계대전이 끝난 1950년대 초, 레만호 유역에 자리한 스위스와 프랑스에서는 전후 복구가 활발히 이루어져, 파괴된 도시가 재건되었고 농업과 공업이 활성화되기 시작했다. 그러나 이 활기찬 재건 활동 와중에 스위스에서 가장 큰 레만호의 맑은 물은 점점 썩어 들어가, 1950년대 말에 이르자 악취는 말할 것도 없고 생물이 더 이상 살 수 없는 죽음의 호수로 변했다.

1962년 스위스와 프랑스는 레만호의 오염을 방지하기 위한 양국 간 협정 체결로 유역 오염원을 조사하고, 주요 오염원부터 우선적으로 하수처리장을 설치하기 시작했다. 그 후 20년 동안 레만호 유역에 약 120개의 하수처리장을 건설하였고 오염 하천을 호수 아래로 보내는 유역 변경을 실시해 수질을 크게 개선시켰

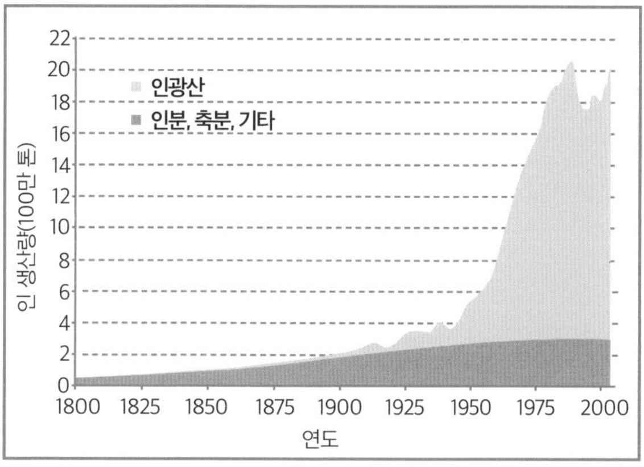

녹조현상의 원인물질 인의 공급원 변화

다. 이러한 노력으로 레만호는 1970년대 말부터 다시 맑고 아름다운 호수로 되살아났다.

레만호의 경우처럼 선진국에서는 부영양화 방지대책으로 한때 녹조 현상이 줄어드는 듯했다. 하지만 최근 기후변화가 현실로 다가옴에 따라 세계 곳곳에서 녹조 현상이 다시 극성을 부리기 시작했다. 가뭄과 폭염으로 일사량이 증가하고 수온이 상승하여 남조류 대량 번식에 좋은 조건이 만들어지기 때문이다. 미국, 영국, 일본 등 하수처리율이 비교적 높은 국가에서도 녹조 현상이 최근 더욱 빈번해지기 시작했다. 특히 중국과 같이 하수처리율이 낮은 개발도상국가는 그 정도가 매우 심각하다.

녹조 현상을 방지하기 위해서는 영양물질을 줄이는 것이 최선책이다. 하지만 가뭄과 폭염이 계속될 경우 유입되는 영양물질을 줄여도 증발과 농축으로 강과 호수에 남조류가 증식하기 좋은 조건이 만들어질 수 있다. 그래서 녹조 현상은 예방과 발생 후 처리라는 두 가지 대책을 함께 취하고 있다. 발생 후 처리 대책으로 과거부터 가장 널리 사용되어온 방법이 수면의 조류를 수거하여 비료로 사용하는 것이다. 남조류는 수면으로 상승하여 덩어리를 형성하기 때문에 배를 이용하여 수거하기가 비교적 용이하다. 배에서 녹조를 빨아들인 후 여과 · 건조하여 비료를 만든다. 녹조 비료는 토양에 뿌려지면 천천히 분해되면서 영양물질을 공급하기 때문에 화학비료 보다 좋은 점이 있다.

근래에는 녹조생물에 관한 보다 획기적인 연구가 선진국에서 이루어지고 있다. 바이오에너지와 바이오플라스틱을 녹조생물로부터 생산하는 것이다. 녹조생물은 지금까지 사용해온 바이오에너지 작물 중 단위 면적당 생산량이 가장 높은 팜유나 코코넛 보다 20~30배나 높은 생산량을 보이고 있기 때문에 많은 바이오에너지 전문가들의 관심 대상이다. 뿐만 아니라 다른 바이오에너지 작물과 달리 수질이 나쁠 경우에도 생산이 용이하다는 장점이 있다. 그래서 미국은 지난 2007년부터 녹조생물을 이용한 바이오에너지 생산 연구에 대대적인 지원을 하고 있다.

녹조생물로부터 바이오플라스틱을 생산하는 연구도 활발하다. 미국이나 일본 등에서는 현재 바이오플라스틱 생활용품을 생산하고 있다. 일반 플라스틱에 비해 사용 후 분해가 용이해 매우 친환경적이고 석유 사용을 줄일 수 있는 등 장점이 많다. 그 외에도 녹조생물로부터 화장품 재료를 비롯한 다양한 신소재 개발도 이루어지고 있다.

우리나라는 1980년대 후반부터 전국 곳곳에 수세식 화장실이 보급되고 하수처리장을 건설하면서 토양에 살포되었던 분뇨가 처리 과정을 거쳐 강으로 가게 되었다. 일반적인 하수처리의 경우 유기물은 대부분 제거되지만, 영양물질은 상당량 그대로 남기 때문에 강과 호수의 부영양화로 이어진다. 또 식생활 변화로 축산업이 급증하고 농작물 생산량 증대를 위해 비료 사용량이 늘어나면서 더 많은 영양물질이 강과 호수로 가게 되었다. 특히 우리나라는 경사지 농업과 집중 강우로 인해 OECD 국가 중 단위면적당 비료 살포량이 가장 높다. 이 보고서에 따르면 제곱킬로미터 당 질소비료는 22.4톤, 인산비료는 9.3톤을 사용하며, 이것은 OECD 국가 평균치에 비해 각각 10.2배, 10.3배나 많은 양이다.

이렇게 부영양화가 가속화되면서 가뭄과 폭염에는 어김없이 녹조 현상이 발생하게 됐다. 특히 우기를 제외하면 강물의 상당 부분이 하수처리장 배출수가 차지하는 대도시 하류에서는 심각한 부영양 상태를 보였다. 4대강 사업 이후 과거 녹조 발생이 빈번했던 낙동강과 영산강 하류에서 인 농도가 30~50% 감소하여 녹조가 줄어들 것으로 기대했다. 하지만 여름철 폭염과 가뭄에는 여전히 녹조 현상이 반복되고 있다. 상류 지역에서 배출되는 영양물질을 줄이는 대책과 함께 우리나라도 미국이나 일본과 같이 녹조를 수거하여 비료로 사용하고, 바이오에너지나 바이오플라스틱, 기타 신소재를 생산하는 방안을 강구해야 한다. 아울러 녹조 발생 시에는 안전한 수돗물 생산을 위해 보다 세심한 정수장 관리가 요구된다.

달링강 녹조 사건은 자연의 물이 영양 과잉 상태에서는 가뭄과 폭염으로 인해 죽음의 독으로 변할 수 있다는 사실을 우리에게 보여주고 있다. 녹조 현상은 우리의 강과 호수에도 자주 발생하기 때문에 이와 유사한 사건은 언제라도 일어날 수 있다. 특히 우리나라는 생활과 산업에 필요한 물을 대부분 강과 호수로부터 얻고, 수질이 부영양 상태를 보이며 여름철 가뭄과 폭염이 매년 반복되기 때문에 이에 대한 각별한 대비책이 필요하다.

아스완댐의 비극

이집트의 나일강 하류는 기후가 온난하고 땅이 비옥하며 하구 인접 해역에 어획량이 많아 고대부터 인류가 정착한 세계 4대 문명발상지 중 하나다. 나일강에는 매년 주기적으로 범람하는 홍수로 인해 하류에 비옥한 농토를 얻을 수 있었지만, 이곳에 늘어나는 인구로 더 넓은 농토가 필요하게 되면서 홍수를 막아야 했다. 1898년 영국의 기술 지원으로 이곳에 높이 20m의 소형 댐(Aswan Low Dam)을 건설하기 시작하여 1902년 완공하고 여러 번 증축도 했으나 대홍수를 막기에는 부족했다. 이집트 정부는 더 큰 댐을 만들면 더 넓은 농토를 얻고 막대한 전력도 생산할 수 있다고 생각했다. 이집트는 1954년 세계은행(World Bank)에 그 계획을 제출해 타당성을 인정받았다.

그러나 당시 이집트 대통령이었던 가말 나세르(Gamal Naser)의 정치 노선에 불만이 있었던 미국의 반대로 세계은행이 댐 건설을 위한 차관을 거부함으로써 계획은 실행되지 못했다. 이에 나세르 정부는 수에즈 운하를 국유화하여 이를 댐 건설 자금 확보를 위한 정치적 수단으로 이용하고자 했다. 결국 이것이 불씨가 되어 제2차 중동전쟁이 발발하게 되었고 나세르 정부는 1958년 구소련으로부터 댐 건설에 필요한 자금과 기술 지원을 약속 받았다.

1960년에 시작된 댐 공사는 1964년 1단계가 완료되어 많은 물을 저수하기 시작했다. 1968년부터는 댐에서 전력을 생산했고 농지에 물을 공급하고 사막을 개간하기 시작했다. 1971년 마침내 마지막 공사가 끝나 아스완댐의 준공식이 거행되었다. 댐 건설로 생겨난 나세르 호수는 당시 세계에서 가장 크고 넓은 인공호수였다. 높이 111m의 댐과 길이 480㎞의 호수를 만들어낸 이 사업은 이집트의 모든 경제력이 투입된 국력의 상징이었다.

그러나 막상 댐이 완공되고 저수가 시작되었을 때 예상치 못한 문제가 발생했다. 댐에 저장된 물은 지하로 스며들거나 증발

1964년 5월 14일 당시 구소련 공산당 서기장 니키타 흐루쇼프(Nikita Khrushchev)가 이집트 대통령 나세르와 함께 아스완댐 1단계 공사 리본을 자르는 장면

했고 호수에는 해충이 들끓었다. 저수량의 50% 이상이 소실되었으며, 해충의 증가로 인근 지역에서는 말라리아를 비롯한 각종 전염병 발병률이 높아졌다. 또 하류 지역에서는 우기에 상류에서 내려오던 토사의 퇴적량이 줄어들어 토양이 척박해졌고, 바닷물이 밀려와 염분이 높아져 농업 생산량이 떨어졌다. 바다에서는 나일강에서 내려오는 영양물질이 줄어들어 식물성 플랑크톤 생산량이 감소했고 이로 인해 어획량도 급감했다. 호수에서 다량의 물이 증발함으로써 물의 염도가 높아져 이 물을 관개수로 이용하는 토양은 척박해져 갔다. 나세르 호수에 저장된 물의 무게 때문에 인근 지역에서 지진이 발생할 수 있다는 주장도 제기되었는데, 실제로 1981년 5.3리히터 강도의 지진이 발생했다.

아스완댐에서 나타난 환경 문제는 이후 전 세계 댐 건설에 중요한 영향을 미쳤다. 선진국을 중심으로 댐 건설 반대 운동이 일

나일강에 건설된 두 개의 아스완댐

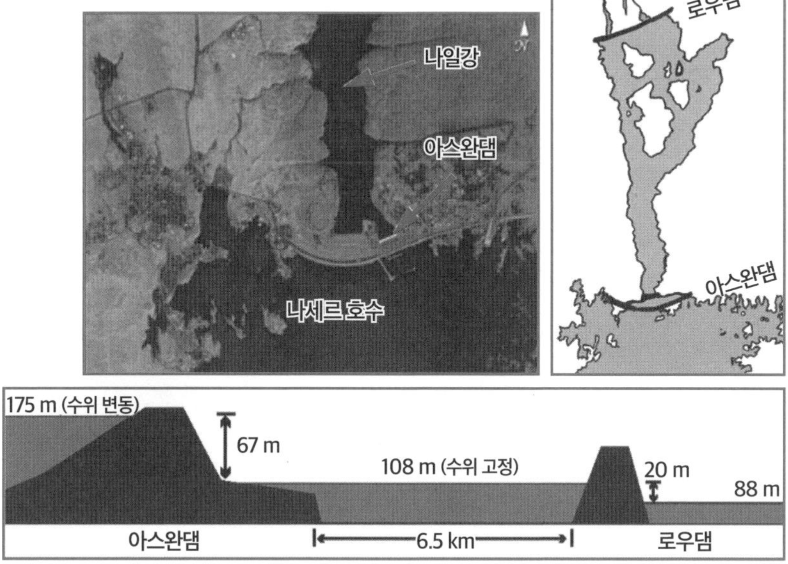

어나고 수력발전이 더 이상 환경친화적 에너지로 인정받지 못하게 되는 데 일조했다. 다른 한편으로 아스완댐에서 나타난 부작용은 환경친화적 댐을 건설하는 촉진제 역할을 했으며, 댐 건설 부지를 선정할 때 예상되는 환경 문제를 사전에 더욱 철저히 검토하는 계기가 되었다.

댐 건설로 인한 또 다른 문제는 하류 지역 주민들을 계속 위협하는 붕괴 위험과 수몰지역 주민들의 이주다. 전 세계적으로 댐 붕괴로 죽은 사람은 1만 3,000명이 넘으며, 300만 명 이상이 댐 건설로 이주해야 했다. 지난 20세기에는 전 세계적으로 200여 차례나 대형 댐 붕괴 사고가 있었다. 특히 지난 1963년 2,600여 명이 사망한 이탈리아 베이온트댐 붕괴사고, 1979년 2,000여 명이 사망한 인도 마추댐 붕괴 사고, 1989년 2,200여 명이 사망한 미국의 사우스포크댐 사고 등은 20세기 최악의 재난으로 꼽힐 정도다. 우리나라에서도 1961년 7월 11일 전북 남원의 효기댐 붕괴로 129명의 사망자와 60여 명의 부상자를 낸 적이 있다.

1980년대 이후 선진국을 중심으로 대규모 댐 건설은 크게 감소했고 댐 건설 기술이 향상되면서 환경 문제와 붕괴 위험도 상당히 줄었다. 개발도상국에서는 대규모 댐 건설이 여전히 증가 추세에 있다. 댐 건설 적지가 많이 남아 있고 수자원 확보, 전력 생산, 홍수 방지 등과 같은 댐의 혜택을 국가가 매우 필요로 하기 때문이다. 한번 건설해두면 수십 년 동안 값싸고 안정적인 전력과 수자원을 공급받을 수 있기 때문에 댐 건설은 개발도상국에서 여전히 환영받는 국가 발전 전략인 것이다. 뿐만 아니라 최근 지구 온난화로 화력발전이 줄어들고 기상이변에 따른 홍수 방지의 중요성이 커지면서 댐 건설은 선진국에서도 다시 새롭게 주목받는 대안이 되고 있다. 실제로 1993년 미국 클린턴 행정부는 지구온난화 방지를 위한 전략의 하나로 수력발전을 제안하기도 했다.

대규모 댐 건설을 적극적으로 추진하는 대표적인 국가로는 중국을 들 수 있다. 중국은 현재 전 세계 4만여 개의 대규모 댐 중 거의 절반에 가까운 1만 9,000여 개를 갖고 있지만, 계속해서 댐 건설을 추진하고 있다. 그중에서 양쯔강에 건설한 세계 최대 규모의 싼샤댐은 국제적으로 크게 논란이 되고 있다. 이 댐으로 충칭에는 세계에서 가장 인구가 많은 내륙항이 만들어졌고 30개의 석탄 화력발전소에 맞먹는 전력을 생산할 수 있게 되었다. 발전설비용량은 22,500MW로 전 세계 모든 발전소 중에서 최대 생산력을 가졌다. 이 댐으로 인해 약 150만의 인구가 640여 ㎞에 달하는 수몰 지역으로부터 이주했고 대규모 동물 서식지 파괴, 토사 퇴적 등 여러 가지 환경 문제가 제기되었다. 이러한 문제 때문에 국제적으로 싼샤댐 건설에 대한 격렬한 반대가 잇따랐지만, 지난 2010년 완공되었다. 중국 정부는 이 싼샤댐으로부터 얻을 수 있는 전

세계 최대 규모의 중국 싼사 댐(길이 2.3Km, 높이 185m)

력과 홍수 방지와 같은 혜택이 다른 어떤 문제를 보상하고도 남을 것으로 판단하고 있다.

브라질 역시 댐 건설을 계속 추진하는 대표적인 나라다. 세계 최대 규모의 아마존강 유역 64%를 차지하는 브라질은 2018년 현재 이곳에 건설된 댐에서 국가 전력 소비량의 80%를 생산하고 있다. 늘어나는 전력 수요에 대비하여 아마존강에는 앞으로 20년 동안 277개의 새로운 댐이 건설될 계획이며, 이 중 151개 댐은 2메가와트(mw) 이상의 전력을 생산할 예정이다.

댐 건설은 기술이 낙후되고 재난과 환경에 비교적 소홀한 개발도상국에서 더욱 적극적으로 추진하고 있기 때문에 문제의 심각성은 여전히 남아 있다. 또 최근 정도를 더해가는 지진이나 태풍으로 인해 기존에 안전하게 건설된 댐이라도 항상 붕괴 위험이 도사리게 되었다. 이러한 위험을 줄이기 위해서는 댐뿐만 아니라 모든 대규모 개발 사업에 대해 예상되는 환경 문제와 재난 가능성을 사전에 철저히 검토하고 예방하는 제도가 필요하다.

개발 사업이 환경과 인간 생활에 미치는 영향을 사전에 평가하고 이를 최소화하는 환경영향평가 제도가 이미 오래전부터 시행되었으나, 조사와 평가를 소홀히 하고 과학적인 기법이 제대로 활용되지 못해 많은 문제가 발생하고 있다. 이 제도는 미국이 1970년 국가환경정책법(NEPA)을 제정하면서 세계 최초로 실시했다. 우리나라 1977년 환경보전법을 제정할 때 이 제도를 도입해 1980년대부터 시행해왔다. 여러 번의 제도 개선을 거쳐 1990년 환경정책기본법에 포함되면서 제도가 강화되었고, 1994년에는 환경영향평가법이라는 별도의 법이 제정되어 오늘에 이르고 있다.

과테말라 적조 사건

1987년 7~8월에 과테말라 캄페리코(Champerico)에서 바다에서 잡은 조개로 수프를 만들어 먹은 주민 187명이 식중독(마비성 패류중독: Paralytic Shellfish Poisoning)에 걸려 26명이 사망한 사건이 발생했다. 6세 이하의 어린이는 50%라는 높은 치사율을 보였고, 18세 이상 성인은 치사율이 7%였다. 이들의 사망 원인은 해산물 섭취로 흔히 발생하는 수인성 전염병이 아니라 조개에 들어 있는, 끓여도 분해되지 않는 독성 물질 때문으로 밝혀졌다. 그리고 이 독성 물질은 육지에서 흘러든 폐수에 들어 있던 것이 아니라 바다에 서식하는 식물성 플랑크톤(조류)이 만들어낸 것이었다. 사건 당시 바다는 조류가 일시에 폭발적으로 증식해 검붉은 빛을 띠는 적조 현상을 나타내고 있었다.

적조는 바닷물에 질소나 인과 같은 영양 물질이 풍부하고 일사량이 많을 때 나타나는 현상으로, 특히 물 흐름이 정체되어 혼합이 잘 이루어지지 않고 따뜻한 항만에서 자주 발생한다. 바다에 서식하는 조류는 약 4,000종이며, 이 중 2% 정도는 독성 물질을 분비하는 것으로 추정하고 있다. 적조가 발생할 때 독성조류를 섭취한 조개나 물고기를 사람이 먹을 경우 사망에 이를 수도 있다. 또 바닷물과 신체 접촉으로도 피부 반점, 피로감, 메스꺼움 등의 증상이 나타날 수 있다.

1987년 캐나다 프린스에드워드섬에서 홍합을 먹은 주민 157명이 복통을 일으켜 4명이 사망하는 등 유사 사례는 세계 곳곳에서 찾아볼 수 있다. 미국에서도 1995년 노스캐롤라이나주와 1996년 메릴랜드주에서 적조가 발생해 수백만 마리의 물고기가 떼죽음을 당하기도 했다. 이때 발생한 적조생물인 피에스테리아(pfiesteria)는 청산가리보다 천 배나 강한 독성 물질을 분비한 것으로 알려져 있다.

적조생물이 만들어내는 독성 물질은 두 종류로 신경마비를 일으키는 것과 소화장애를 일으키는 것이 있다. 신경마비 독성

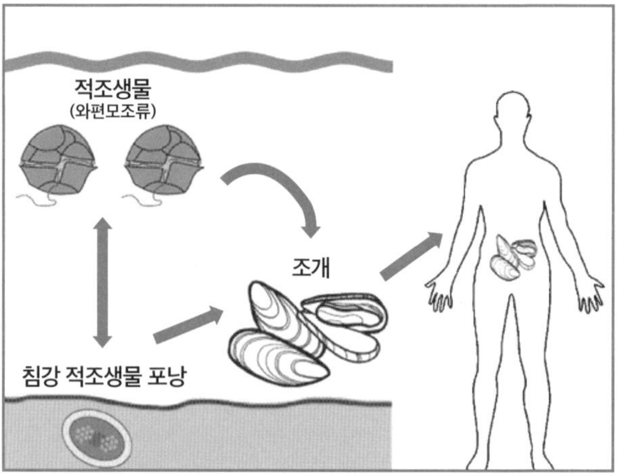

적조생물의 유독성 물질 이동 경로

은 근육마비, 두통, 현기증, 호흡곤란, 질식을 유발하고 심하면 사망에 이른다. 소화장애 독성은 복통과 설사를 야기한다. 어떤 적조생물은 눈, 코, 목, 폐 등을 자극해 천식이나 폐기종과 같은 증상을 일으키는 독성 물질을 분비하기도 한다. 이런 물질은 대부분 어패류의 장에 남아 있던 적조생물을 통해 섭취되고 한번 체내로 들어온 독성 물질은 쉽게 빠져나가지 않는 특징이 있다.

급증한 적조생물이 사멸하면 바닷물의 용존산소가 급격히 감소하고 황화수소, 암모니아, 메탄가스도 함께 발생하기 때문에 적조해역에 서식하는 대부분의 생물종은 떼죽음을 당한다. 특히 산소호흡을 하는 어패류가 밀식하는 양식장에는 치명적이다. 적조 발생 시 고래, 물개, 돌고래, 바다소 등의 포유류와 물새와 같은 조류는 독성 물질로 인해 죽음에 이르지만, 아가미로 호흡하는 어패류는 독성 물질보다 적조생물의 아가미 부착으로 산소 전달이 되지 않아 질식해 죽는 경우가 대부분이다.

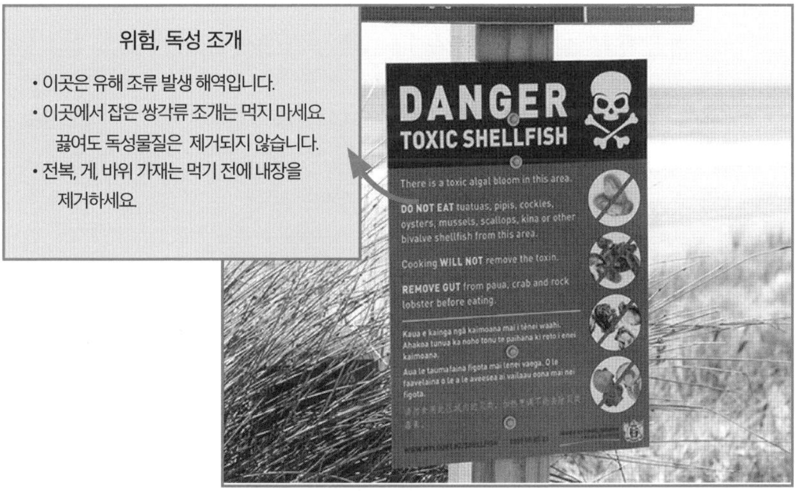

유해성 적조 발생 바닷가에 걸린 조개류 섭취 금지 경고문

적조를 일으키는 조류는 여러 가지가 있으나, 우리나라 해역에서는 연두벌레류, 규조류, 편모조류가 주요 적조 생물이다. 이들은 크기가 보통 직경 20~40㎛인 단세포 생물로 대부분은 붉은빛이지만, 때로는 황색, 갈색, 녹색 등을 띠기도 하고 밤에 빛을 발하는 야광종도 있다.

우리 역사에는 이미 신라 시대부터 적조에 관한 기록이 나온다. 역사 속에 가끔 등장하는 적조는 발생 후 사흘 정도, 길어도 10여 일 지속하다 그치는 것이 고작이었다. 적조로 인한 피해는 없었지만, 당시 선조들은 이를 바다가 분노하는 불길한 징후로 여겼다. 근래에 와서 적조가 처음 기록·보고된 곳은 1961년 경남 진동항이었다. 그 후 1970년대 중반까지 진동항이나 마산항과 같은 일부 폐쇄성 남해연안에서 여름철에 소규모로 적조가 발생해 1주일 정도 지속하다 그치곤 했다. 이때 번식하던 적조 생물은 독성이 없는 규조류였기 때문에 피해 규모도 비교적 작았다.

그러나 1981년 7월, 부산, 진해, 충무 일대에서 발생한 적조에서는 맹독성의 편모조류가 나타나기 시작했고 피해도 수십억 원이 넘었다. 그 후 지금까지 매년 남해안 곳곳에서 적조가 발생하고 있는데, 발생 시기도 여름 한 철에 그치지 않고 4월부터 10월까지로 확대되었다. 1995년 제주도에서 발생한 적조는 울진 앞바다까지 확산하였고 이로 인한 피해액은 500억 원을 넘었다. 그리고 이제 적조는 우리 양식업을 초토화하는 한반도 최악의 바다 재난이 되고 있다.

우리나라 연안에서 적조발생 원인물질의 유입 경로는 매우 다양하다. 육지에서 배출되는 생활하수와 축산폐수가 연안해수 영양물질의 가장 큰 부분을 차지한다. 지금은 하폐수의 대부분이 처리 과정을 거치지만 유기물만 대부분 제거되고 영양물질은 상당량 그대로 남아있는 상태로 배출된다. 또 연안에 빽빽이 들어선 양식장에서 발생하는 배설물과 여기에 뿌려지는 사료도 적조 발생의 중요한 원인이 된다. 뿐만 아니라 농지에 살포되는 비료도 빗물에 씻겨 바다로 흘러가 적조 발생에 일조한다.

적조가 일단 발생한 후에는 화학약품을 살포해 적조생물을 죽이는 방법, 적조생물을 직접 해수면에서 여과해 제거하는 방법, 그리고 점토나 고분자 응집제를 이용해 적조생물을 흡착 · 응집해 침강시키는 방법 등이 있다. 하지만 이러한 방법들은 넓은 바다에서 이루어지기 때문에 경제성이 없고 효과도 낮다. 그래서 대부분의 국가들은 적조가 발생한 후에는 자연 스스로 회복될 때까지 그대로 둔다. 우리나라는 양식 어패류를 보호하기 위해 발생 해역에 황토를 뿌리는 방법이 널리 사용되고 있다. 그러나 산에서 황토를 채취하는 것이나 뿌려진 황토가 해저에 퇴적되는 것이 오히려 더 큰 환경적 악영향을 야기하기 때문에 일본을 비롯한 일부 국가에서 이를 금지하고 있다.

적조로 떼죽음한 양식장 물고기와 황토 살포 광경

적조 피해를 줄이기 위해서는 무엇보다 적극적인 예방 대책이 마련되어야 한다. 해안 지역에서 하수를 비롯한 오염원 관리를 철저히 하고 하수를 폐쇄성 해역 밖으로 배출하는 방법을 강구해야 한다. 또 비료 사용을 규제해 농지에서 빗물과 함께 바다로 흘러드는 영양물질을 줄이고 적조발생 시기만이라도 해안 도시의 하수를 고도처리해 영양물질을 제거하는 방안을 도입할 필요가 있다. 아울러 오염항만을 준설하고 어장 휴식년제를 강화해 바다의 자정 능력을 회복시켜야 하며, 적조에 민감한 남해연안은 더욱 엄격한 환경기준으로 관리해야 한다.

세계 곳곳에서 적조 발생빈도가 지난 1980년대 이후 계속 증가하고 있다. 주요 발생 지역은 아시아(한국, 일본, 중국, 인도, 필리핀, 태국 등), 중남미(과테말라, 베네수엘라, 아르헨티나, 브라질, 페루, 칠레 등), 유럽(이탈리아, 스페인, 프랑스, 영국 등), 그리고 미국, 호주, 뉴질랜드 등이다. 최근에는 비교적 해수 온도가 낮은 캐나다, 스코틀랜드, 덴마크, 노르웨이, 러시아 등에서도 적조 발생이 보고되고 있다.

적조 발생이 이처럼 전 세계적으로 빈번해지는 이유는 바닷물의 영양물질 농도가 계속 증가하고 지구온난화로 인한 수온 상승이 더해지기 때문이다. 적조는 녹조현상과 같은 원인에 의해 발생하지만, 영양물질로 인 보다 질소 성분이 중요한 역할을 한다. 이유는 바닷물에는 인이 질소에 비해 상대적으로 풍부하기 때문이다. 따라서 강한 일사량이 계속되어 적당한 수온이 되면 질소 농도에 따라 적조생물의 성장이 결정된다. 그리고 연안 바닷물의 질소에 큰 부분을 차지하는 것이 유역에 뿌려지는 질소비료다.

질소비료는 1909년 독일 칼슈 공대 교수 프리츠 하버(Fritz Haber)

의 획기적인 발명에 의해 이루어졌다. 질소는 가스 형태로 공기 중에 무한정 존재하지만, 식물이 비료로 이용할 수 없다. 하버 교수가 공기 중 질소를 고온고압 상태에서 수소와 결합시켜 암모니아로 만드는 공정(Haber Process)을 발명한 것이다. 이렇게 만들어진 암모니아를 토양에 뿌려주면 미생물에 의해 질산이 되어 식물이 이용할 수 있다. 이 발명은 인류 역사에 엄청난 변화를 가져왔다. 세계 곳곳에 질소비료 공장이 세워지고 농업생산이 획기적으로 증가했다. 현재 세계 인류가 먹는 식량의 절반이 하버가 발명한 질소비료 공정으로 가능해졌다. 하버는 이 발명으로 1918년 노벨 화학상을 수상했다.

하지만 하버는 제1차 세계대전 시 독일의 화학무기 개발을 주도하여 비극적인 가정사를 맞이하게 되었다. 그는 염소가스를 비롯한 여러 가지 독가스를 만들고 방독면을 개발하여 아군 피해 없이 적군을 살상하게 하는 화학전을 가능하게 했다. 그가 발명한 암모니아 합성 공정도 폭탄 제조에 사용했다. 같은 화학자

독일 칼슈 공대에 남겨진 하버의 암모니아 합성 반응기 ▶
질소비료 생산 공정을 발명한
프리츠 하버와 그의 아내 클라라 임머워 ▼

로 하버의 연구를 잘 알고 있었던 그의 아내 클라라 임머워(Clara Immerwahr)는 비인간적이고 잔인한 화학전 연구를 극구 반대했다. 하버는 아내의 만류에도 아랑곳 하지 않고 인간을 살상할 수 있는 화학무기를 열정적으로 개발했다. 결국 아내 클라라는 남편의 마음을 돌리기 위해 13세의 어린 아들을 남겨둔 채 1915년, 44세의 나이로 권총 자살했다.

하버는 아내의 자살 이후에도 "과학자는 평화 시에 인류에 공헌해야 하지만 전시에는 국가에 충성해야 한다"면서 화학무기 개발을 계속하다 1934년, 67세를 일기로 사망했다. 그에게 남겨진 것은 인류를 위한 위대한 공헌보다 현대 화학전의 아버지(Father of Modern Chemical Warfare)라는 불명예였다. 하버의 위대한 업적과 비극적 가정사는 현대 과학의 양면성을 다시 한 번 돌아보게 한다. 그가 남긴 질소비료 생산 공정 또한 수많은 인류를 기아에서 구제하고 풍요로운 식탁을 제공했지만, 세계 곳곳에서 반복되는 적조와 녹조라는 불편한 부산물을 지구에 남겼다.

아모코카디즈 사건

프랑스 브리타니(Brittany) 해안의 아름다운 모래 해변은 세계적인 관광지로, 여름이면 수많은 유럽인이 이곳에서 휴가를 보낸다. 1978년 3월 16일 밤, 이곳 브리타니 해안 포트살(Portsall) 인접 해역에서 22만 톤급 유조선 아모코카디즈호가 항로를 이탈해 암초에 부딪혔다. 이 배는 미국 석유회사 아모코(Amoco) 소유로 중동에서 160만 배럴의 원유를 싣고 유럽으로 항해하던 중이었다.

좌초된 유조선은 원유를 서서히 바다에 토해내며 가라앉기 시작했다. 기상은 양호했지만, 항로 조종키의 고장과 선장의 실수가 겹쳐 일어난 사고였다. 그래도 사고 발생 즉시 구조 대책이 취해졌더라면 엄청난 피해로 이어지지는 않았을 것이었다. 그러나 침몰하는 유조선을 인양하기 위해 예인선을 빌리는 협상에 많은 시간을 허비하다 결국 구조는 실패로 돌아갔다. 뿐만 아니라 유출된 원유가 퍼져나가는 것을 차단하는 확산 방지 대책도 신속히 취해지지 못했다. 아모코카디즈호는 바다 깊숙이 침몰하고 배에 실린 모든 기름은 유출되었다.

이 사고로 1만 5,000㎢의 바다가 짙은 기름띠로 뒤덮였고 320㎞에 이르는 아름다운 해변이 악취를 내뿜는 기름 덩어리로 변했다. 사고 후 단 몇 일 만에 수백만 마리의 갈매기와 바다오리가 기름으로 온몸이 범벅된 채 죽어갔으며, 조개, 가재, 성게 등 온갖 해안생물들이 떼죽음을 당했다. 또 연안에 서식하던 해조류의 70%가 기름으로 범벅되어 쓰레기로 변했으며, 이곳에서 생산되던 굴은 수확량이 80%나 감소했다.

당시 죽어가는 해안을 구하기 위해 프랑스는 군인과 젊은 자원봉사자들을 동원해 짙게 덮인 원유를 수거했다. 그러나 원상복구에는 오랜 기간이 필요했으며, 엄청난 피해를 감수해야만 했다. 이 사고로 입은 피해액은 연안어업 손실 4,600만 달러, 관광수입 손실 1억 9,200만 달러, 정화사업에 든 비용 1억 4,200만 달러 등 총 3억 9,000만 달러에 달했다. 이 사고는 엄청난 피해를 수반한

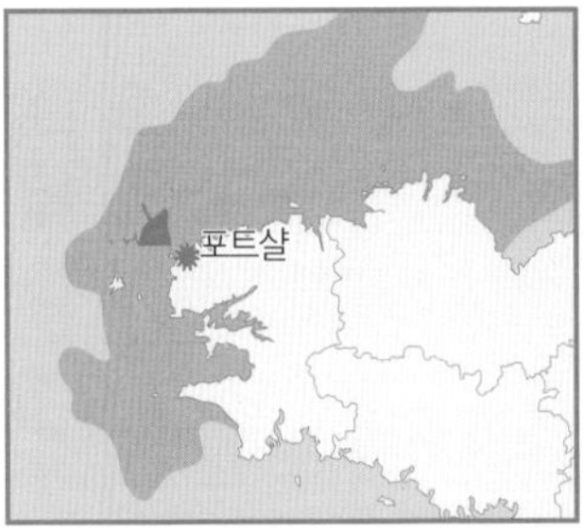

침몰하는 아모코카디즈호와
기름 유출로 오염된 브리타니 해안

20세기 세계 최대 규모의 기름 유출 사고 중 하나로 기록되었다.

유조선 기름 유출은 현대 인류가 직면한 심각한 바다 환경 문제중 하나다. 아모코카디즈호 사건과 비슷한 규모의 대형 사고도 지금까지 여러 번 있었으며, 앞으로도 계속 일어날 것이다. 1989년 3월 24일, 미국 알래스카주 프린스윌리엄 해협에서 발생한 엑슨발데즈호 사건에서도 3만 8,000여 톤의 원유가 유출되어 연안 생태계와 어업에 심각한 피해를 입혔으며, 이때 유출된 기름을 정화하는 데 약 8억 4,300만 달러의 비용이 소요됐다. 또 1993년 1월 5일에는 노르웨이에서 9만 2,000톤의 원유를 실은 유조선 브레이어호가 캐나다를 향하던 중 북해의 스코틀랜드 셰틀랜드 군도 연안에서 강풍을 만나 항로를 잃고 암초와 충돌해 기름 전량이 유출됐다.

기름 유출 사고는 단지 유조선에 의해서만 일어나는 것은 아

사건 후 브리타니 해안의 기름을 제거하는 프랑스 군인들

니다. 1979년 6월 3일, 멕시코만에 위치한 멕시코 국립 석유 공사 페멕스(Pemex) 소유의 유전에서 파이프가 파손되어 44만 톤의 원유가 바다로 유출되는 사고도 있었다. 당시 대륙붕에 위치한 유전에서 바다로 기름이 넘쳐흐르는 것을 중단시키기까지는 무려 9개월이나 걸렸다. 이 사고로 멕시코만의 풍부한 어족자원과 해양 생태계는 막대한 피해를 입었다. 지난 2010년 4월 20일 멕시코만에서 또 다시 대형 기름유출 사고가 발생했다. 시추시설 딥워터 호라이즌호에서 대규모 폭발 사고가 일어났다. 이 사고로 화재가 발생하여 현장 인력 126명 중 11명이 사망하고 18명이 부상했다. 또한 시추 파이프에 구멍이 뚫려 60만 2,000여 톤의 원유가 유출된 것으로 추산하고 있다.

1988년 1월에는 미국 펜실베이니아주 피츠버그 부근에서 기름 탱크가 파손되어 모논가헬라강과 오하이오강으로 기름이 흘러들어 하류 30㎞를 기름띠로 뒤덮었다. 이 사건은 오하이오강에 인접한 4개 주 100만여 명의 주민에게 식수 공급을 중단하는 사태로 이어졌다.

멕시코만의 석유 시추시설
딥워터 호라이즌호의 기름유출사고
화재와 기름 유출 범위

우리나라도 1987년 서해안에서 일어난 범양상선 유조선 사고 등 여러 건의 기름 유출 사고를 경험했다. 당시 유출량은 86톤에 불과했지만, 그로 인해 200억 원 이상의 경제적 손실을 입었다. 1993년 9월에도 여천 가막만에서 유조선이 충돌해 1,000여 톤의 원유가 유출되었으며, 1995년 8월에는 시프린스호가 좌초해 7만 6,000여 톤의 기름을 유출시켜 남해안 일대를 오염시켰다. 2007년 12월에는 태안 앞바다에 정박해 있던 유조선 허베이 스피릿호에 삼성물산의 크레인 선이 충돌하여 1만 2,500여 톤의 원유가 유출되는 사고가 발생하기도 했다.

오늘날 전 세계적으로 매년 1,000여 건의 크고 작은 기름 유출 사고가 발생하고 있으며, 100만 톤 정도의 원유가 유조선 사고나 선박 운송 과정에서 바다로 유출된다. 여기에 강우 시 육상에서 유출되는 것과 기름 저장 탱크나 유전으로부터 유출되는 것 등을 합하면 매년 300만 톤에서 600만 톤 정도의 기름이 유출되는 것으로 추산된다. 바다로 유입된 기름 중 일부는 대기로 증발하거나 수중에서 분해되지만, 많은 양은 바다 밑이나 해안에 침적되어

태안 기름 유출 사건 후 정화 작업

오랜 기간 잔류하게 되고 이때 피해를 입은 생태계는 다시 회복되기까지 수십 년이 걸린다.

현재 지구 전체에서 매년 30억 톤 가량의 석유가 생산되는데, 이것은 지구에서 사용하는 총 에너지의 약 40%를 공급해주고 있다. 하지만 생산된 석유의 일부는 토양과 하천, 바다를 오염시키고 나머지는 연소되면서 대기를 오염시킨다.

석유는 우리의 생활과 산업 활동에 없어서는 안 될 소중한 자원이다. 하지만 석유는 우리가 살아가는 물과 대기, 그리고 토양에 이르기까지 모든 환경 매체의 주요한 오염물질이기도 하다. 그중에서도 특히 유조선에 의한 기름 유출 사고는 가장 심각하고 직접적으로 나타나는 환경 파괴 현상이다. 육지 가까이에서 사고가 일어날 때는 신속한 대처로 기름 유출에 따른 피해를 크게 줄일 수 있지만, 대부분의 경우 유류오염 방제체계가 갖춰져 있지 않은 곳에서 사고가 발생하기 때문에 초대형 환경 재난으로 이어진다.

걸프전 환경 테러

세계 석유의 대부분은 페르시아 만 연안의 쿠웨이트, 사우디아라비아, 이라크, 아랍에미리트, 이란, 오만, 카타르와 같은 국가에서 생산된다. 이 페르시아만에서 1990년 8월 2일 이라크가 무력으로 쿠웨이트를 점령했다. 이후 유엔에서 몇 개월간 협상이 진행되다 1991년 1월 17일 미국을 선두로 유엔군의 반격이 시작되었고 3월 3일에는 마침내 쿠웨이트를 이라크로부터 수복했다. 쿠웨이트 수복 과정에서 이라크와 유엔군 사이에 치열한 전투가 벌어졌고 이 전투로 많은 재산과 인명 피해가 있었을 뿐만 아니라 20세기에 기록될 만한 대규모 환경 재난이 발생했다.

1991년 1월 25일, 이라크는 페르시아만에 위치한 쿠웨이트의 송유 부두를 폭격해 100만 톤이 넘는 원유를 바다로 유출시켰다. 또 이라크군은 쿠웨이트에서 철수하면서 유정 800여 개를 폭파하고 송유관과 저장탱크 등 관련 시설까지 모조리 파괴했다. 이때 폭파된 유정 600여 개는 화염 속에 버려졌고 매일 불타는 석유가 460만 배럴에 달했다.

이 잔인한 환경 테러는 기름으로 페르시아 만을 오염시키고 세계 석유시장을 뒤흔들어 이를 서방국가에 대한 위협의 수단으로 사용하려는 이라크의 의도적인 행위였다. 당시 유출된 원유는 지금까지 세계 어떤 유조선 사고나 해상 유전 누출보다 많은 양이었다. 파괴된 송유 부두에서 흘러나온 기름은 쿠웨이트와 사우디아라비아로 이어지는 해안선 450여 ㎞를 뒤덮었다.

페르시아만은 폐쇄 해역이라 유출된 원유 대부분이 만내에 머물렀지만 전쟁 중이라 제거할 방법이 없었다. 기름이 바다에 유출될 경우 오일펜스를 설치하고 흡착제나 유화제를 뿌리는 등 사고 발생 초기에 방지 대책을 취하면 피해를 크게 줄일 수 있다. 하

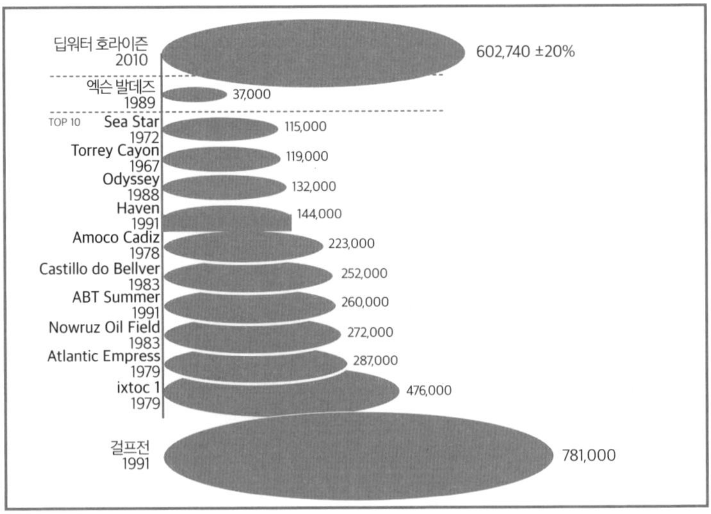

세계 주요 기름 유출 사고(유출량 단위: tonnes)

지만 페르시아만의 기름 유출은 전쟁 중에 일어났기 때문에 아무런 대책을 취하지 못했다. 그래서 페르시아만의 기름 유출은 폐쇄된 해역에 엄청난 양이 유출되었고 어떤 방지 대책도 취해지지 않은 역사상 최악의 바다 환경 재난이었다.

페르시아만 연안은 산호초와 모래 해변이 넓게 펼쳐져 있으며, 특히 모래와 개펄이 혼합된 사브카라는 독특한 해안 습지가 형성되어 있어 매우 다양한 생물이 살고 있었다. 이곳에는 잡초가 무성하게 자라 갖가지 식용 어류와 무척추동물, 그리고 이곳에서만 서식하는 희귀 동식물들이 살고 있었으며, 사브카의 다양한 생물상과 높은 생산성은 페르시아만 해양 생태계에 좋은 먹이 공급처 역할을 해왔다. 그러나 걸프전 이후 산호초와 모래 해변에는 기름 덩이가 곳곳에 산재했고 먹이를 구할 수 없게 된 물새

걸프전 당시 불타는 송유 부두와 유정

들도 떼죽음을 당했다.

페르시아만 연안에 위치한 사우디아라비아, 바레인, 카타르, 아랍에미리트 등은 수자원이 부족해 식수의 90% 이상을 페르시아 만 해수를 담수로 만들어 사용하고 있었다. 그런데 이 사고로 인해 주베일과 다란, 바라드 등에 건설된 해수 담수화 공장은 더 이상 식수를 생산할 수 없어 폐쇄되었고 이곳 주민들은 마실 물조차 구할 수 없게 되었다.

걸프전에서는 페르시아만 기름 유출 외에도 불타는 유정에서 발생한 대기오염으로 새들이 죽고 가로수가 시들어 갔으며 사람들이 질식사할 지경이었다. 당시 전문가들은 불타는 유정에서 배출되는 엄청난 양의 검은 연기가 하늘 높이 올라가 제트기류를 타게 될까 우려했다. 연기가 지상 4만 5,000피트(약 13,700m) 상공

걸프전에서 불타는 유정의 화재를 진압 장면

에 올라가 제트기류에 합류하게 되면 매연과 석유 화학물질은 전 지구로 퍼져나가게 된다. 이 경우 대류권 상층의 오염뿐만 아니라 지구 기후에 심각한 영향을 미칠 수 있다. 그러나 다행히도 이때 배출된 연기는 2만 2,000피트(약 6,700m) 상공까지 도달한 것으로 그쳤다. 조사된 자료에 따르면 이때 배출된 매연이 히말라야 산에 내린 눈에서 검출되기도 했지만, 대부분은 페르시아만 주변 국가에 영향을 준 것으로 밝혀졌다.화염에 휩싸인 600여 개 유정의 불길을 잡는 일은 쿠웨이트 수복 후의 최대 난제였다. 세계 각국에서 파견된 특수 소방대원들이 총력을 다했지만, 유정의 불길을 잡는 데는 2년이나 걸렸다. 이때 발생한 연기로 쿠웨이트와 사우디아라비아 주민들은 호흡기 질환에 시달려야 했고 인근 중동 국가에는 산성비가 내리기도 했다.

파괴된 유전에서 나온 많은 양의 기름은 땅 위로 범람해 토양을 오염시키고 강과 호수는 물론 지상의 살아 있는 모든 생명체를 뒤덮었다. 기름은 이렇게 육상 생태계에 커다란 변화를 야기하면서 토양 깊숙이 스며들었다. 유출된 기름의 총량은 대략 600~800만 배럴(9억 5,340~12억 7,120만 l) 로 추정된다. 기름 범람으로 인한 토양오염 피해는 당시 발생한 대기오염이나 해양오염에 비해 직접적인 피해는 적었지만, 가장 오랫동안 지속되었다.

지금까지 지구에서 발생한 대부분의 환경 재난은 인간의 부주의와 환경에 대한 무지 때문에 발생한 사건들이었다. 그러나 걸프전의 유전 폭파는 고의로 재난을 유발해 전쟁의 수단으로 사용하려 한 환경 테러 사건이었다. 당시 어느 외국 신문이 걸프전에 대해 '지구를 인질로 잡고 벌이는 전쟁'으로 비유했을 만큼 이 전쟁은 참혹한 환경 재앙을 초래했다.

인류 역사를 보면 전쟁은 잔인한 환경 재난을 항상 동반했다. 수천 년 전부터 전쟁은 항상 적의 땅을 초토화시키는 식으로 진행되었다. 점령군은 적국의 가옥과 논밭을 불태웠고 가축과 곡식을 약탈했으며, 우물에는 독을 뿌렸다. 환경 재난으로 이어지는 살생, 약탈, 방화 등은 지금까지도 모든 전쟁에서 볼 수 있는 일들이다. 근래에 와서 전쟁은 도로, 철도, 발전소, 병원 등 생존에 필요한 모든 것을 더욱 철저히 파괴하고 있다. 걸프전은 일반적인 전쟁에서 볼 수 있는 이런 파괴 행위 외에 이 지역에 집중되어 있는 수많은 유전과 송유시설을 파괴함으로써 지금까지의 그 어느 전쟁보다도 더 참혹한 환경 재난을 초래했다. 그리고 그 피해는 매우 광범위하고 오랜 기간 회복 불가능 상태로 남게 되었다.

오늘날의 산업사회에서 일어나는 전쟁은 원자력발전소나 유독성 화학물질 제조공장 등과 같은 위험시설을 파괴할 수 있기 때문에 엄청난 피해를 유발할 수 있다. 이 경우 핵무기나 생화학 무기와 같은 대량 살상용 무기가 사용되지 않더라도 상상을 초월하는 비극을 초래하게 된다. 물론, 전쟁을 사전에 막는 것이 최선이지만, 만일에 일어날지 모르는 전쟁으로 인한 환경 재난을 최소화하기 위해서는 이를 고려한 도시계획이나 산업시설 배치, 비상체계 등과 같은 대비책이 마련되어야 한다. 또 전쟁 시 대형 환경 재난으로 이어질 수 있는 시설을 파괴하는 행위를 금지하는 제2의 제네바협정을 맺는 것이 지구와 인류의 지속가능한 미래로 가는 길이기도 하다.

제5부

방사능과 독극물 누출

체르노빌 사건

1986년 4월 28일 아침, 스웨덴의 한 원자력발전소에서 여느 때와 다름없이 근무자가 원자로의 계기판을 점검하고 있었다. 그런데 이날따라 매우 이상한 점이 발견되었다. 원자로에는 아무 이상이 없는데도 발전소 곳곳에서 높은 방사능 수치가 관측되었던 것이다. 그리고 그 근무자는 자신의 신발에도 원인 모를 방사능 물질이 묻어 있는 것을 알게 되었다.

그는 즉시 스웨덴 전역에 있는 원자력발전소와 방사능 관측소에 이상 여부를 문의했는데, 다른 지역에서도 동일한 의문을 제기하고 있음을 알게 되었다. 이때 관측된 물질을 연구자들이 분석해보았더니 원자로에서 핵 분열 시 생성되는 크립톤, 요오드, 세슘 등으로 밝혀졌다. 또 풍향 분석결과 이 물질들은 구소련 지역으로부터 이동해온 것으로 추정되었다. 그날 저녁 모스크바 방송국은 우크라이나 체르노빌에 위치한 원자력발전소에서 사고가 발생했음을 보도했다.

체르노빌 원자력발전소 사고는 서방 세계에 알려지기 바로 3일 전에 터빈 중지 실험을 하던 한 근무자의 실수로 발생했다. 원자력발전소에서는 핵 분열 시 원자로에서 발생하는 열을 이용해 물을 끓이고 여기서 나오는 증기로 터빈을 돌려 전기를 얻는다. 이때 원자로 가열을 방지하기 위해서 감속제를 이용해 핵분열 반응 속도를 조절하고 냉각제로 온도를 조절한다. 하지만 원자로가 과열될 경우 폭발하게 되고 핵물질이 자연계에 누출된다.

1986년 4월 25일, 이 발전소에서는 원자로에서 핵분열이 중단될 경우 관성의 힘으로 얼마나 오랫동안 터빈이 돌아가 발전이

파괴된 체르노빌 원자력발전소의 내부와 외부 사진

능한지에 관한 실험이 진행되고 있었다. 그런데 불행히도 4호기 원자로 실험 도중 작업자가 원자로 자동냉각 시스템에 관한 안전 수칙을 지키지 않았다. 결국, 다음날 새벽 1시 23분, 원자로가 과열로 폭발해 8톤가량의 방사능 물질이 대기 중에 방출되었다. 수천 톤의 철과 콘크리트로 만들어진 원자로 차단벽은 단 몇 초 만에 폐허가 되었고 원자로 내부의 핵연료는 수천 도의 높은 온도에서 핵 화산처럼 불타버렸다. 1945년 8월, 일본의 히로시마 원폭 투하 때보다 천 배 이상 많은 방사능 물질이 여기서 방출되었다.

폭발한 원자로에서는 방사능 물질이 10일간이나 계속 유출되었다. 방사능 물질은 암이나 백혈병 같은 질병을 유발하고 임산부는 사산하거나 기형아를 낳을 수 있다. 체르노빌 사고 당시 유출된 방사능 물질은 기류를 타고 사고 지점으로부터 수천 킬로미터 떨어진 곳까지 이동해 폴란드 국경을 지나 핀란드 남부와 노

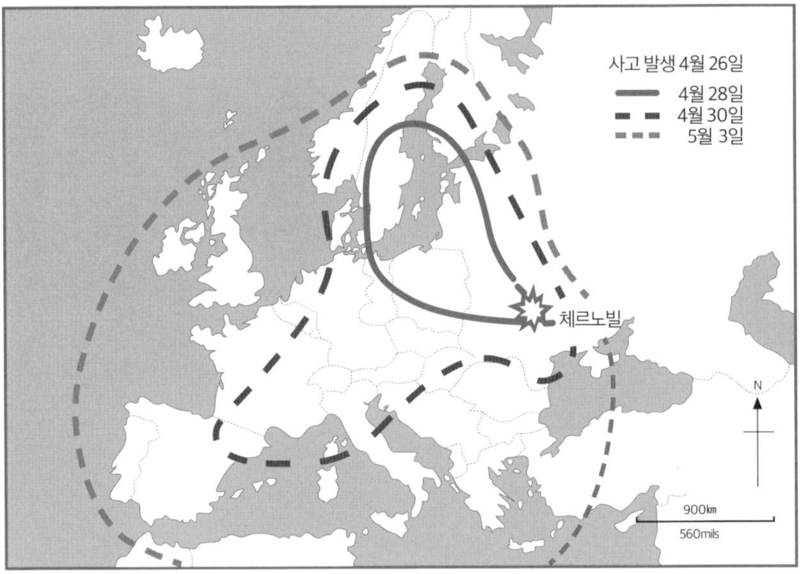

체르노빌 사건 후 방사능 물질이 확산된 범위

르웨이, 스웨덴, 그리고 영국과 스페인을 포함한 전 유럽과 북부 아프리카 일부 지역까지 뒤덮었다. 체르노빌에서 방출된 방사능 물질이 유럽으로 이동한 것은 지구의 자전과 풍향에 의한 것이었다.

이 사고로 발전소 근무자 31명이 현장에서 즉사했고 사고 후 방사능 중독으로 42명이 추가 사망했다. 누출된 방사능 물질로 주변 건물과 자연생태계가 오염되어 발전소로부터 30㎞ 이내의 거주민 13만 5,000여 명이 이주해야 했고, 인근 호수의 물을 상수원으로 사용하던 우크라이나와 러시아 지역의 3,000만 명도 위험에 처하게 됐다.

사고 당시 화재 진압과 방사능 누출을 방지하기 위해 원전 4호기에 5,000여 톤의 납과 백운석이 투하됐고 그 위에 다시 콘크리트 1만여 톤을 덮어 두었다. 사건 후에도 원전 1호기와 3호기는 계속 가동하고 있었는데, 1996년 4월 24일 밤에 3호기에서 또 다시 사고가 발생했다. 원자로의 공기 배출에 사용되는 배기 필터를 교체하는 과정에서 한 기술자의 실수로 방사능이 유출됐다.

1986년에서 1990년까지 관측된 자료에 따르면 체르노빌 방사

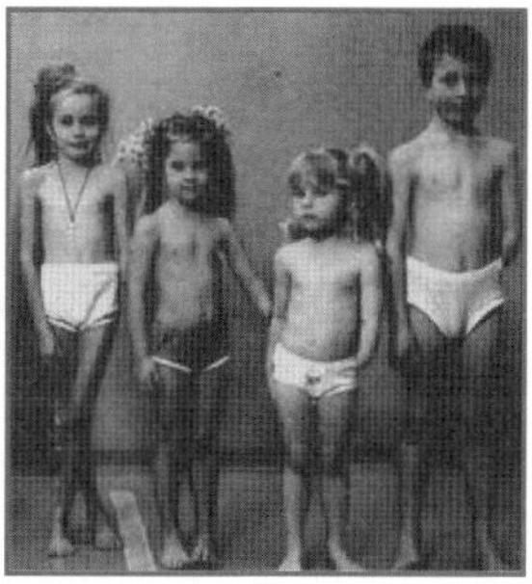

체르노빌 사고 후 태어난
기형 망아지와 어린이들

능 영향 지역에서 갑상선 질환, 암, 백혈병 등의 발생률이 50% 이상 증가했으며, 유산이나 사산, 기형아 발생률도 크게 증가했다. 체르노빌 사고로 입은 재산상의 피해는 150억 달러로 추산되는데, 그중 90%가 구소련 지역에서, 나머지 10%는 인근 국가에서 발생했다. 구소련 지역의 경우 우크라이나를 비롯해 사고 지점과 인접한 러시아와 벨라루스가 가장 많은 피해를 입었다. 이들 3개국에서만 900여만 명이 직간접으로 피해를 봤으며, 이 중 최소한 80만 명은 피폭 우려자로 분류되었다. 1995년 유엔보고서에 따르면 이곳에서 머리가 둘 달린 망아지와 팔다리가 없는 기형아가 태어나는 등 여러 형태의 피해 사례가 계속 나타났다.

유럽 국가 중 피해가 크게 나타난 곳은 독일 남부, 그리스, 스칸디나비아 반도 국가 및 영국이었다. 누출된 방사능 물질은 기류를 타고 계속 이동해 인근 국가의 채소, 과일, 낙농제품 등을 오염시켰고 결국 모두 폐기 처분해야 했다. 당시 구소련의 우방이던 폴란드, 루마니아, 동독 등 동유럽 국가들은 농산물 생산금지 조치를 내렸고 국민들 사이에서는 반소 감정이 생겨났다. 또 원자력발전소가 없었던 덴마크와 노르웨이 같은 국가에서는 반핵 운동을 촉발시키는 요인이 되었다. 그리고 독일은 당시 바커스도르프 원자력발전소 건설 계획을 추진하고 있었으나, 이 사건으로 강한 반대여론이 형성되기 시작했다.

사고 원전 4호기를 덮어두었던 콘크리트 석관(Sarcophagus)은 수명이 20~30년 정도에 불과하여 새로운 방지벽의 필요성이 2000년대부터 제기됐다. 특히 2010년, 사고 원전으로부터 방사능 물질이 누출되어 부근 토양을 오염시키는 현장을 확인한 우크라이나 정부는 2012년 유럽부흥개발은행(EBRD)으로부터 차관(15억 유로)을 지원받아 새로운 안전 격납고(NSC: New Safe Confinement)를 설계하기 시작했다. 외부에서 두 개의 철제 격납고를 조립하여 사고 원전 옆에서 밀어 덮는 방식으로 2016년 설치를 완료했다. 총 21억 유로를 투자하여 사고 원전은 지금 거대한 격납고로 외부와 완전히 차단됐다.(아래 그림 참고)

오늘날 우리가 사용하는 에너지의 대부분은 화석연료와 원자력발전에서 얻어진다. 원자력발전은 사고만 없다면 화석연료에 비해 매우 친환경적이지만, 사고 시에는 대형 환경 재난으로 이어진다. 근무자의 안전수칙 불이행이라는 사소한 실수로 일어난 체르노빌 사고는 주변 국가에 엄청난 피해를 줬을 뿐만 아니라 원자력발전의 안전성에 대해 다시 한번 의문을 제기하는 계기가 되었다.

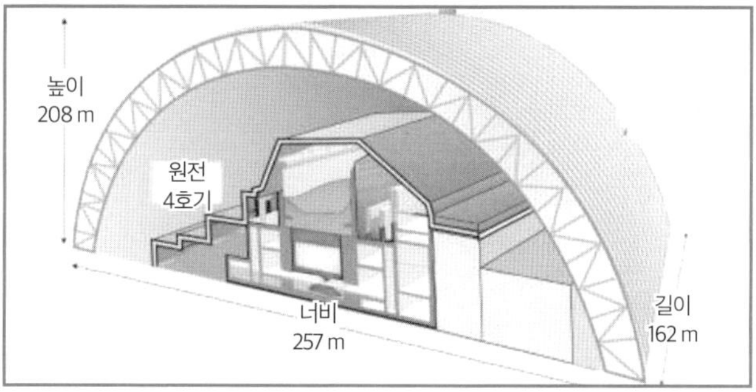

2016년 설치된 사고 원전 새로운 안전 격납고

보팔 사건

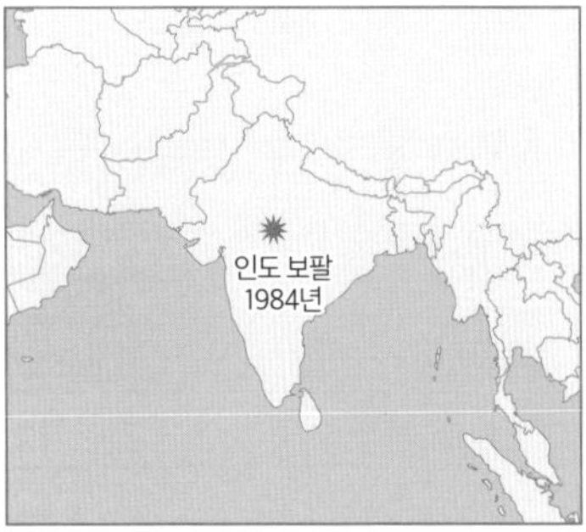

미국의 다국적 기업인 유니언카바이드(Union Carbide)는 인도 보팔에 현지 공장을 설립해 농약을 제조·판매했다. 이 공장에서는 농약 제조의 원료인 메칠이소시안(MIC: Methylisocyanate)이라는 유독가스를 지하탱크에 저장했다. 메칠이소시안은 살충제와 제초제, 의약품 합성의 원료로 사용되고 물과 격렬한 반응을 일으키며, 미량으로도 사람의 폐와 눈에 심각한 장애를 유발하고 중추신경계와 면역체계를 일시에 파괴하는 독극물이다. 그런데 1984년 12월 3일 새벽 12시 30분경에 이 유독가스가 외부로 누출되는 사고가 일어났다.

75만 보팔 시민이 잠들어 있는 사이에 유독가스는 2시간 동안 무려 8만 파운드(36톤 상당)가 누출되어 주변 민가로 퍼져나갔다. 이 가스는 공기보다 비중이 크기 때문에 안개처럼 지면에 깔렸고 부근 65㎢ 내에 있던 모든 생명체는 죽음을 면치 못했다. 2,800여 명의 시민이 사고 당일 사망했고 1만 7,000여 명이 심각한 부상을 입었으며, 그 외 많은 사람이 각종 암이나 질병에 걸리는 등 총 20만 명 이상의 피해자가 생겨났다. 이 사고는 짧은 시간에 너무나 엄청난 희생자를 냈으며, 자연생태계도 크게 훼손시켰다.

그 후로도 사망자와 부상자는 계속 늘어났다. 인도 정부의 비공식집계에 의하면 사망자 1만여 명, 부상자 약 60만 명으로 추산되었으며, 58만 3,000여 명이 피해보상 청구소송을 제기했다. 유니언카바이드는 피해자들에게 4억 7,000만 달러의 보상금을 지급했다. 그러나 생존자 대부분은 실명이나 호흡장애, 중추신경계와 면역체계 이상으로 평생 고통받으며 살아야 했다. 또 메칠이소시안은 인체의 유전자를 변화시키기 때문에 이곳에서는 암환자가 크게 늘고 많은 기형아가 태어났다.

항상 높은 압력과 저온 상태를 유지해야 하는 이 유독가스 저장탱크는 온도가 올라갈 경우 폭발 위험이 있기 때문에 정교한 안전장치가 설치되어야 하고 관리 책임자가 안전수칙을 철저하게 지켜야 한다. 그러나 보팔의 저장탱크에서는 안전장치도 미비

실명한 보팔 시민들과 시신 운반 장면

했고 안전수칙도 지켜지지 않았을 뿐 아니라 조기 경보체계도 제대로 작동하지 않았다. 사건 조사자들은 보팔 사고가 예고된 재난이나 다름없었다고 보고했다.

특히 세계를 더욱 놀라게 한 것은 위험이 상존하는 유독가스 저장탱크를 인구가 밀집한 도시 빈민가 한가운데에 버젓이 세워 놓았다는 점이었다. 더구나 아래 그림에서 보듯이 가까운 거리에 두 개의 대형 병원과 철도역도 있었다. 이 지역 주민들은 그 위험성도 모른 채 무방비 상태로 살아온 셈이었다. 이 어처구니없는 상황이 결국 순식간에 수많은 희생자를 낸 재난을 불러왔다.

보팔 사고는 1980년대에 일어난 환경 재난 중 가장 많은 희생자를 낸 사건이었다. 사고 당시 31명의 사망자를 낸 체르노빌 원전 사건과는 비교할 바가 아니다. 세계 어느 나라에서도 도시 한가운데 원자력발전소를 세우지는 않는다. 심지어 방사능이 아주 낮고 매우 안전한 저준위 핵폐기물 저장고조차 허용하지 않겠다고 모두가 아우성이다. 하지만 유독성 화학물질의 제조와 저장, 이동 과정은 관대하게 허용하고 있으며, 안전 관리는 원자력발전

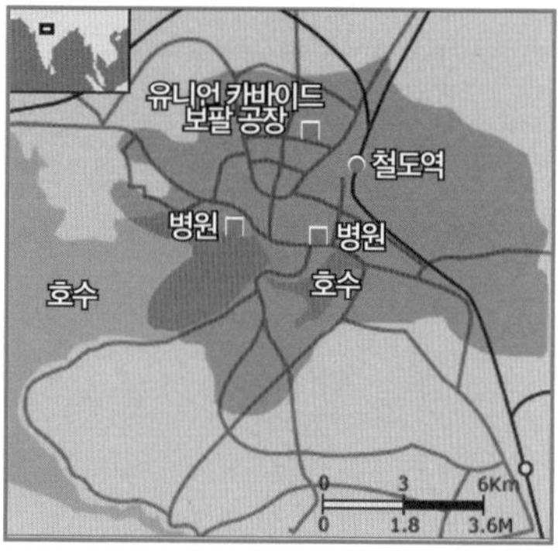

유니언 카바이드 보팔 공장과 사고 당시 가스 확산 구역

소와는 비교조차 할 수 없는 실정이다.

보팔 사건이 일어나자 세계 많은 나라가 자국에서 일어난 유독성 물질 관련 사고와 발생 가능성을 조사하기 시작했다. 한 조사 보고서에 따르면 미국에서 1980년부터 1985년까지 유해물질 관련 사고가 총 6,928건 발생했으며, 138명이 사망, 4,717명이 상해, 그리고 20여만 명이 대피한 것으로 밝혀졌다. 사고의 3분의 2는 제조공장과 저장시설에서, 나머지는 운송 과정에서 발생했으며, 원인은 저장탱크나 밸브 파손과 같은 기계적 결함이나 작업자의 부주의가 대부분이었다. 또 미국 전역에는 1만 2,000여 개의 화학 공장과 약 40만 개의 유해물질 저장탱크가 있으며, 인체에 유해한 화학물질을 사용하는 세탁소, 제지공장, 사진 인화소, 자동차 정비공장 등을 포함하면 유해물질 취급 업체가 수백만 개에 달하는 것으로 나타났다.

특히 보팔 사건을 경험 삼아 인구밀도가 높은 곳에 위치한 공장이나 저장고를 조사해본 결과, 미국 인구의 75%가 살고 있는 25개 대도시에만 관련 시설이 6,300여 개나 있다. 이 중 800여 개는 뉴욕에서 워싱턴 D.C.에 이르는 미국 동부 메갈로폴리스 지역에

보팔 사건 피해자들이 시위하는 장면

위치하고 있었다. 1985년 「뉴욕타임즈」는 미국의 유해물질현황을 보도하면서 다음과 같이 언급하고 있다. "이 나라에서 수많은 인명이 희생되는 대형 화학물질 사고가 발생하지 않은 것은 너무나 큰 행운이었다. 위험을 최소화하려고만 애쓸 것이 아니라 시스템을 몇 년 안에 완전히 바꾸지 않으면 이곳에도 엄청난 재난이 발생할 것이다." 다소 과장된 표현일지는 몰라도 현실을 실감나게 표현한 말임은 틀림없다.

보팔 사건은 미국 환경법에도 변화를 가져왔다. 1986년 미국 의회는 '위기 대처 및 지역 주민 알 권리 법(Emergency Planning and Community Right-to-Know Act)'을 제정했다. 이 법은 러브 커낼 사건을 계기로 1980년 제정되었던 슈퍼펀드법 개정안과 함께 1986년 의회에서 통과되었다. 이러한 법이 제정된 것은 주민의 알 권리가 향후 유독성 화학물질에 의한 재난을 방지하는 가장 강력한 수단이 될 수 있기 때문이었다. 이 법이 제정되기 전에는 유독성 화학물질 생산 공장이나 이를 사용하는 기업체는 그들이 어떤 화학물질을 어디에 얼마나 어떻게 사용하는지 지역 주민에게 공개해야 할 의무가 없었다. 그러나 이 법은 사용하는 화학물질의 종류와 양을 공개하고 일상적 공정과 사고 발생 시 어떻게 환경에 유출될 수 있는지를 주민에게 공개하도록 규정하고 있다.

이 법의 취지는 화학물질을 사용하는 산업체가 주민들에게 관련된 모든 정보를 공개함으로써 스스로 엄격한 안전 수칙을 지키도록 하기 위함이다. 이 법 제정 이후 많은 기업체가 화학물질 관리와 사고 시 대처에 더욱 만전을 기했으며, 주민들도 자신들의 생명과 환경을 위해 적극적으로 기업을 감시하게 되었다. 이 법은 미국에서 매우 긍정적인 효과를 가져왔을 뿐만 아니라 다른 나라에서도 이와 비슷한 법이 제정되는 데 크게 기여했다.

지금까지 많은 개발도상국은 선진국의 다국적 기업이 운영하는 공해산업을 유치해 경제적 이익을 얻으려는 정책을 취해왔다. 그리고 이 정책은 선진국과 개발도상국 서로의 이익에 부합하여 급속도로 확산되었다. 그러나 재해관리 능력이 부족한 개발도상국에서는 보팔 사고와 같은 위험이 항상 도사리고 있다.

오늘날 인류는 약 10만여 종류의 화학물질을 제조해 사용하고 매년 2천여 종의 새로운 화학물질이 개발되는 것으로 알려져 있다. 이러한 화학물질은 공업과 농업, 그리고 가정이나 사무실 등의 일상생활에 이르기까지 사용되지 않는 곳이 없고 하루도 접하지 않는 날이 없을 만큼 일반화되어 있다. 그러나 우리가 사용하는 화학물질의 절반 정도는 사람을 포함한 모든 생물에게 매우 유독한 것이어서 항상 위험이 뒤따른다. 제조와 보관, 운반, 사용, 처분에 이르기까지 유해물질 안전관리는 현대 인류의 생명선이라 해도 지나친 표현이 아니다.

고이아니아 사건

1985년 남미 브라질 고이아니아에 있는 한 개인병원이 새 건물을 지어 이사를 하게 되었다. 이 병원은 암 전문 치료기관으로 도심의 낡은 건물에서 구형 세슘-137 방사선 치료기를 사용해왔는데, 새 건물로 이사하면서 신형 코발트-60 치료기를 구입했다. 그리고 세슘-137 치료기는 마땅히 처분할 곳이 없어 옛 건물에 그대로 두었다. 방사선 치료기의 구입과 처분에 관해서는 정부 당국에 보고해야 하는데, 이 병원은 새로 구입한 것만 보고하고 옛 치료기에 관해서는 언급하지 않았다. 브라질 정부 당국이 과거 사용하던 세슘-137 치료기가 어디에 어떤 상태로 있는지 우편으로 두 번이나 질의서를 보냈지만, 답이 없었다.

부서진 옛 병원에 방사선 치료기가 버려진 지 2년이 지난 어느 날, 일정한 직업도 없이 빈둥거리던 로베르트 알베스(Roberto dos

Santos Alves)와 와그너 페레이라(Wagner Mota Pereira)라는 두 젊은이가 이것을 보게 되었다. 1987년 9월 13일 그들은 주인 없는 건물에 붙어 있는 무거운 방사선 치료기를 떼어 내 25달러를 받고 고물상에 팔았다. 고물상 주인과 직원들은 며칠에 걸쳐 이 치료기를 분해했고 9월 18일경 납 캡슐을 깨고 속에 든 내용물을 꺼냈다. 캡슐 속 물질은 다름 아닌 세슘-137로, 어두운 곳에서 파란빛을 내는 20g 정도의 작은 알갱이로 되어 있었다. 세슘-137은 반감기가 약 30년으로 다른 방사능 물질에 비해 비교적 짧은 대신 강력한 방사선을 방출한다. 이 물질은 핵폐기물에도 들어있으며 여기에 장기간 노출된 사람은 생명을 잃는다.

고물상 주인은 캡슐 속의 작은 알갱이들이 어두운 곳에서 파란빛을 내는 것이 신기하여 주변 사람들에게 나누어 주었다. 이것을 값진 보석으로 여긴 사람들은 반지를 만들려고 손수건에 싸서 바지 주머니에 넣어 다니기도 하고 집안에 두고 구경하기도 했다. 또 이 작은 알갱이를 만진 손이나 피부도 빛을 발했기 때문에 어떤 이는 이것을 피부에 문지르면서 놀았다. 특히 이 알갱이를 많이 선물 받은 고물상 주인의 동생은 부인과 6살짜리 딸에게 주었는데, 그들은 알갱이를 피부에 문지르거나 그것을 만진 손으로 샌드위치를 먹기도 했다. 이 알갱이들은 가루로 부서져 피부에 묻고 입속으로 들어갔다.

캡슐이 열린 지 1주일 정도 지나자 많은 사람이 소화장애, 감기, 탈모 증세를 보이기 시작했고 막연한 불안감에 사로잡히기도 했다. 손과 피부에는 상처가 생겼고 그 물질이 조금이라도 입속에 들어간 사람은 입안과 혀, 식도 등이 심하게 헐었다. 9월 28일,

증세가 심했던 고물상 주인이 맨 처음 지역 보건소를 찾았다. 그는 푸른빛을 내는 알갱이가 의심스럽다며 그것을 가방에 넣은 채 버스를 타고 보건소에 갔다. 보건소에서는 고물상 주인이 가져온 물질과 몸에 나타난 증상을 살펴보고는 심각한 방사능 물질 누출 사고가 난 것을 알아차리고 이 사실을 브라질 원자력에너지위원회에 보고했다.

브라질 당국은 비상대책위원회를 구성하고 국제원자력에너지위원회에 사후 대책과 환자 치료를 위한 도움을 요청했다. 그리고 방사능 물질의 유출 과정, 피해자, 오염 지역 현황을 조사하기 시작했다. 당국은 고이아니아 지역에 사는 주민의 10%에 해당하는 11만 2,000명을 축구경기장에 모아두고 방사능 측정기로 오염 여부를 조사했다. 그 결과 약 250명이 방사능에 오염된 것으로 밝혀졌으며, 정도가 심한 50여 명은 격리시켜 정밀 조사를 실시했다. 그중 20여 명은 병원에 입원했고 8명은 리우데자네이루에 있는 해군병원으로 보내졌다. 그들 중 고물상 주인 동생의 아내와 딸을 포함한 4명은 입원한 지 한 달도 안 되어 모두 사망했다.

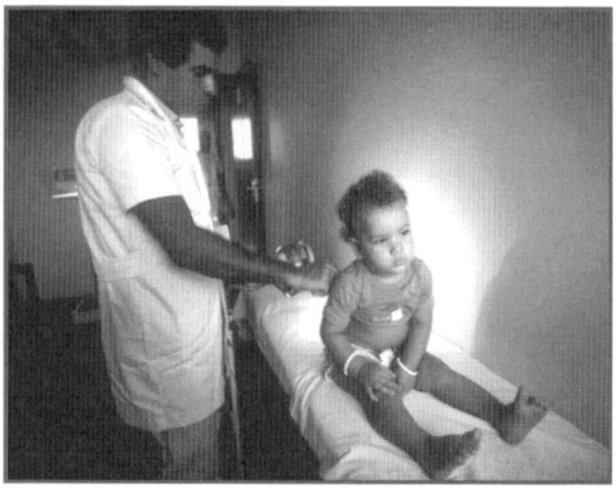

피해 어린이들의 방사능 오염 조사

또 28명은 방사능으로 인한 심각한 피부 손상을 입었고 14명은 골수세포에 이상을 보였다. 한두 해 뒤 3명이 암으로 추가 사망했고 고물상 주인도 1994년에 사망했다.

고이아니아 지역 67㎢를 대상으로 조사한 결과 여덟 곳이 방사능으로 오염되었고 사건 발생 지역으로부터 160㎞ 떨어진 곳까지 방사능 물질이 이동한 것도 확인되었다. 이것은 9월 21일에서 28일 사이에 비가 와서 방사능 물질이 넓게 퍼져나갔기 때문이다. 조사 지역에서 특히 85가구는 심각하게 오염된 상태였으며 이들 중 41가구 200여 명은 긴급 대피시켰다.

오염 지역과 주택에 대한 정화 작업은 1987년 12월 말까지 계속되었다. 방사능 물질로 심하게 오염된 85개 주택은 철거해버렸고 토양도 제거했다. 문제가 된 방사능 폐기물은 모두 수거하여 격리 보관했는데, 부피가 무려 3,500㎥에 달했다. 또 이 사고로 사망한 사람의 시신은 여느 주검처럼 화장이나 매장을 하면 체내의 방사능 물질이 자연계로 유출될 수 있기 때문에, 방사선이 투과하지 못하도록 납으로 만든 관에 넣어져 주거 지역에서 멀리 떨어진 곳에 두었다.

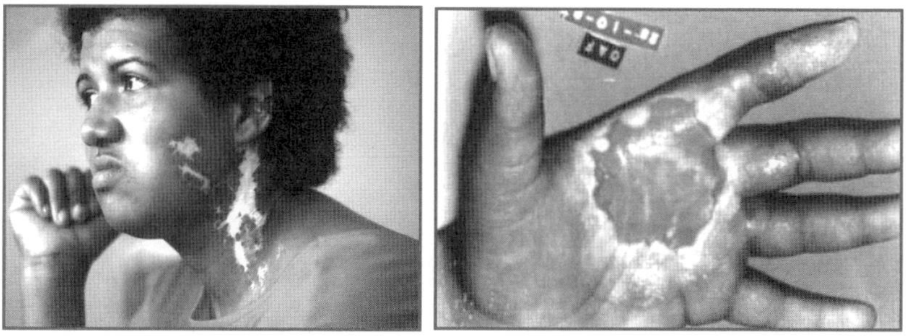

사건 피해자의 얼굴과 손에 난 상처

1988년 3월에는 이 사건으로 인한 피해를 관리하기 위한 의학연구소가 고이아니아에 세워졌다. 방사능에 심하게 노출되었던 피해자 111명에게는 정부가 연금을 지급했다. 이들은 몸에서 방사능 물질이 배출될 수 있었기 때문에 사람과의 접촉은 물론 고이아니아에서 생산되는 주요 상품과도 접촉할 수 없었다. 그래서 피해자들은 공포와 우울증 등 심각한 정신적 고통에 시달려야만 했다. 브라질 정부는 이 사건의 사후 처리에 약 2,000만 달러를 썼다. 하지만 농업, 공업, 관광산업 등에서 입은 피해는 수억 달러에 이를 것으로 추산했다. 사고 후 한두 달 동안 이곳 생산품은 가격이 40%나 폭락했으며 많은 주민이 이곳을 아예 떠났다.

시민들은 정부의 무책임한 방사능 물질 관리에 분노하며 대규모 시위를 벌였다. 시민들은 버려진 방사선 치료기를 가져간 사람이나 고물상에게는 가난한 자가 생계를 위해 어쩔 수 없지 않았겠냐며 동정을 보내면서, 모든 책임은 치료기를 방치한 병원과

피해 주택과 방사능 오염물질 철거 장면

정부에 돌려야 한다고 주장했다. 결국, 사건의 책임은 이 병원을 공동으로 운영했던 3명의 의사와 방사능 물질을 관리해야 할 의무가 있는 브라질 원자력에너지위원회, 보건부, 그리고 노동부에게 돌아갔다.

이 사건은 지금까지 세계에서 일어난 가장 심각한 방사능 물질 사고 중 하나로 기록되었으며, 체르노빌 사건 다음으로 많은 양을 자연계에 누출했다. 이 사건으로 누출된 방사능은 총 1,400 퀴리에 달했다. 이것은 5,000만 퀴리를 배출한 체르노빌 사건에 비할 정도는 아니지만, 스리마일을 비롯한 소규모 원자력발전소 사고 때보다 많은 양이다. 특히 이 사건은 사람들이 직접 방사능 물질을 만지고 입에 넣고 가방에 넣은 채 대중교통을 이용하는 등 다른 사고에 비해 노출이 매우 심해 피해를 증폭시켰다. 또한, 피해자의 몸 자체가 방사선 배출원임에도 불구하고 초기 대응 시 부주의로 관리자가 직접 피해자와 접촉하고 일반 앰뷸런스를 그대로 사용함으로써 2차 오염을 유발했다. 그래서 여러 명의 경찰과 의사, 간호사도 이 사건의 방사능 피해자가 되었다.

고이아니아 사건은 1989년 브라질에서 『세슘 137: 고이아니아의 악몽(Cesium 137: The Nightmare of Goiania)』이라는 제목의 1시간 35분짜리 실화 영화로 제작되었다. 영화 대본은 피해자들과 의료진들의 증언에 기초하여 만들어졌으며 브라질에서 사용하는 포르투갈어 영화지만 영어 자막이 있어서 방사능 물질의 위험성을 알리는 환경 영화로 오랜 기간 전 세계적으로 상영되고 있다. 특히 지난 2012년 브라질 리우에서 개최된 유엔환경정상회의(리우+20)의 부대행사 영화제에서 상영되어 크게 주목받았다.

고이아니아 사건은 전 세계가 방사능 물질의 일상적 사용에 대한 새로운 경각심을 갖는 계기가 되었다. 우리나라를 비롯한 세계 각국에서 방사능 물질은 수많은 병원과 연구소, 대학, 산업체 등에서 널리 사용되고 있으며, 그 숫자는 헤아리기 어려울 정도로 엄청나다. 미국만 해도 방사능 물질을 사용하는 곳이 대략 200만 개에 이르며, 이 중 4분의 1은 사용하지 않고 방치되어 있는 것으로 추정하고 있다. 따라서 이러한 물질에 대한 지식이 없고 체계적 관리가 이루어지지 않는다면 사고는 언제 어디서든 일어날 수 있다.

특히 방사능 물질은 테러에 이용될 가능성이 매우 높다. 분쟁 지역인 구소련 체첸에서 이미 여러 차례 방사능 물질을 이용한 테러가 발생했으며, 1998년 미국 노스캐롤라이나주 그린즈버러의 한 병원에서도 테러 목적의 방사능 물질 도난 사고가 발생해 미국 전역을 떠들썩하게 한 적이 있다. 우리나라에서도 지난 1998년 11월 서울 원자력병원의 의사가 테러를 목적으로 세슘을 훔친 사건이 발생해 충격을 주었다. 2001년 9·11 사건 이후 테러

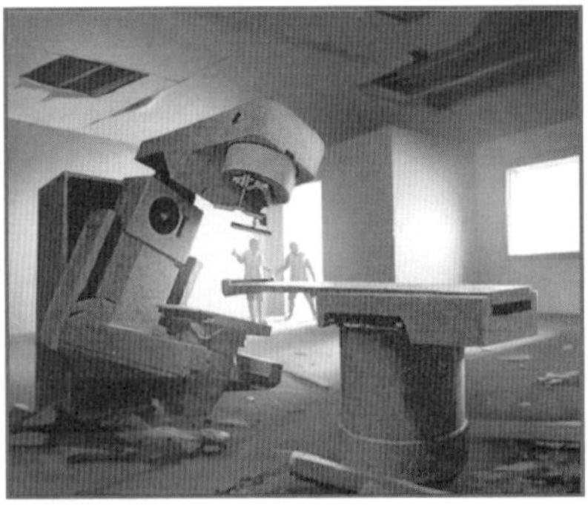

버려진 병원의 방사선 치료기와 세슘 137 방사선 조사기를 분리하는 두 청년(영화 장면)

의 위험이 한층 높아지면서 세계는 방사능 물질을 이용한 소형 폭탄, 일명 더티밤(Dirty Bomb)을 경계하고 있다. 이것은 재래식 폭탄에 코발트 60, 스트론튬 90, 세슘 137, 이리듐 192, 라듐 226, 플루토늄 238 등과 같은 방사능 물질을 결합한 것으로, 쉽게 제조할 수 있고 반경 수 킬로미터까지 방사능으로 오염시킬 수 있다.

방사능 물질은 19세기말 프랑스의 과학자 앙투안 베크렐(Antoine Becquerel), 마리 퀴리(Marie Curie)와 피에르 퀴리(Pierre Curie)에 의해 처음 발견되었다. 베크렐은 1896년 우라늄 화합물에서 방사능을 발견했고 마리 퀴리는 1898년 남편 피에르와 함께 플루토늄을 우라늄 광석에서 분리하여 강렬한 방사선을 내는 라듐을 발견했다. 이 공로로 이들은 1903년 노벨물리학상을 공동 수상했다. 마리 퀴리의 방사능 연구는 계속되었고 1911년에는 다시 노벨화학상을 받았다. 하지만 그녀는 연구 과정에서 고준위 방사능에 노출되어 백혈병으로 사망했으며, 딸 이레네 퀴리(Irne Joliot-Curie)도 결국 백혈병으로 죽는 비극을 맞았다.

방사능 물질은 퀴리 가족에게 노벨상의 영광과 백혈병의 비극을 함께 가져다주었듯이 우리 인류에게도 이 두 가지를 모두 주고 있다. 20세기 후반에 시작된 원자력 발전은 화석연료를 대체하는 새로운 에너지원이 되었으며 치료용으로 사용되어 수많은 생명을 구해내고 있다. 하지만 원전 사고, 핵폐기물, 테러 위험, 그리고 일부 악성 국가의 핵무기 등이 현대 인류의 존망을 위협하고 있다. 현대 문명이 피할 수 없는 양날의 칼이 된 방사능 물질은 우리 모두에게 세심한 관리를 요구하고 있다.

스리마일 사건

미국 동부 펜실베이니아주의 주도인 해리스버그에는 서스쿼해나(Susquehanna)라는 이름의 아름다운 강이 흐르고 있다. 이 강은 미국 수도인 워싱턴 D.C.를 지나 대서양으로 흘러간다. 해리스버그 부근의 이 강에는 스리마일(Three Mile)이라는 섬이 있는데, 이 섬에 1968년부터 원자력발전소를 건설하기 시작하여 1974년 완공했다. 1979년 3월 28일 새벽 4시, 이곳 스리마일섬의 원자력발전소 2호기에서 가동 중인 원자로 내의 냉각장치 파열로 원자로가 융해되어 방사능 물질이 누출되는 사고가 일어났다.

이 사고는 원자로에 공급되던 냉각수 급수계통의 고장에서 비롯되었다. 1차 급수계통에 이상이 생길 경우 보조 급수계통이 작동해 냉각수를 공급하도록 설계되었으나, 보조 밸브가 작동하지 않았던 것이다. 당시 계기판에는 밸브가 작동한다는 신호만 표시되었을 뿐 밸브의 실제 개폐 여부를 알려주는 정보는 표시되지 않았기 때문에, 운전원은 밸브가 정상적으로 작동하는 것으로 판단했다. 하지만 실제로는 물 공급이 차단되어 원자로가 과열되었고 긴급 노심냉각장치가 작동하면서 냉각수가 다량 공급되었다. 동시에 제어판에 설치된 100여 개의 경고등이 거의 한꺼번에 껌벅이기 시작했다. 이에 당황한 운전원이 상황을 오판해 냉각수 공급량을 줄이는 실수를 범하게 되어 냉각장치가 파열됐고 노심의 절반 정도가 융해되는 지경에 이르렀다. 이 원자로는 1978년 12월에 시험 운전을 해 겨우 4개월이 지난 것이었다.

사고가 나자 가장 먼저 임산부와 아이들에게 피난 권고가 내려졌고 주변 23개 학교가 폐쇄되었다. 긴급 대피 명령이 떨어지자 주민들은 공포에 떨었다. 다행히 사고 처리가 순조롭게 진행되어 사망자는 없었으나, 20억 달러에 상당하는 원자로는 단 30초만에 파괴되었다. 이때 누출된 방사능으로 인해 스리마일섬 인근의 유아 사망률은 다른 지역에 비해 2배 이상 높게 나타났으며, 방사능 물질에 민감한 갑상선에 이상을 가지고 태어나는 신생아가 50% 이상 증가했다고 펜실베이니아주 보건부가 발표했다. 사고

스마일리 원자력발전소 전경

시 방출된 요오드-131은 어린이들에게 갑상선암을 유발할 뿐만 아니라 지능 감퇴나 발육 부진 등의 피해를 유발하는 것으로 알려져 있다. 사고 지역에서는 주민 1만 명당 110명에 달하는 암 발생률이 보고되기도 했다. 이 사건은 20세기 미국에서 발생한 가장 심각했던 원자력발전소 사고로 기록되었다.

1942년 12월, 미국은 CP-1(Chicago Pile No. 1)이라는 원자로를 세계 최초로 개발해 플루토늄과 농축 우라늄을 생산하기 시작했다. 미국은 이 원자로에서 생산한 방사능 물질을 이용해 핵무기를 제조했고, 1945년 8월 일본 히로시마와 나가사키에 투하해 제2차 세계대전을 종식시켰다. 그러나 이 원폭 투하로 수많은 인명이 희생되었으며, 이때 시작된 인류의 공포는 지금도 원자력 사용에 지대한 영향을 미치고 있다. 미국은 이 참혹한 살상에 대한 속죄라도 하려는 듯 종전 후 원자력의 평화적 이용을 적극적으로 추진했다. 1953년 12월, 아이젠하워 대통령은 유엔 총회에서 원자력의 평화적 이용을 제의하기도 했다.

The New York Times

LATE CITY EDITION

BRITISH TORY IS SLAIN IN PARLIAMENT YARD, APPARENTLY BY I.R.A.

Bomb in Car Kills a Close Adviser to Mrs. Thatcher — 2 Groups Claiming Responsibility

U.S. AIDES SEE A RISK OF MELTDOWN AT PENNSYLVANIA NUCLEAR PLANT; MORE RADIOACTIVE GAS IS RELEASED

CHILDREN EVACUATED

But Governor Says Later Further Pullouts Are Not Thought Likely

CONGRESS IS BRIEFED

Carter Aide at Scene Says Danger to the Public Is Believed Remote

사건이 게재된 「뉴욕타임즈」지 1면과 사고 당시 발전소 앞에서 취재 장면

세계 최초의 원자력발전소는 1955년 구소련에서 건설되었고 미국, 영국, 프랑스 등이 그 뒤를 이었다. 미국은 1957년 처음으로 펜실베이니아주 서핑포드에 원자력발전소를 건설했다. 첫 원자력발전소 건설 부지를 펜실베이니아주로 택한 것은 1948년 10월에 20여 명이 대기오염으로 사망한 도노라 사건이 발생한 곳이기 때문이기도 했다. 과거 대기오염 사건을 유발했던 석탄을 새롭고 깨끗한 에너지로 대체한다는 의미였다.

미국이 추구한 원자력의 평화적 이용과 새롭고 깨끗한 에너지라는 이미지는 초기에 매우 성공적이어서 1960년대 이후로는 원자력발전을 계속 확대해나갔다. 스리마일섬 발전소는 이러한 과정에서 건설되었다. 그러나 공교롭게도 도노라 사건이 발생했고 미국 최초의 원자력발전소가 들어섰던 펜실베이니아주에서 미국 역사상 최악의 원자력발전소 사고가 발생했던 것이다. 이 사고가 일어나기 전인 1975년 앨라배마주 브라운페리 원자력발전소에서 화재가 발생한 적이 있었으나, 방사능 누출은 일어나지 않았고 인명 피해도 없었다. 그러나 스리마일 사건은 방사능 누

당시 지미 카터 대통령이 현장을 방문하여 상황을 살피고 있다.

출과 함께 인명 피해도 예상되었기 때문에 원자력이 안전하고 깨끗한 새로운 에너지라는 환상에 젖어 있던 미국인들에게 큰 충격을 주었다. 이 사고 후 스리마일섬 발전소는 가동을 중단했음은 물론이고, 미국 내 원자력산업은 일시적으로 침체되었다. 세계 최대 에너지 소비국인 미국은 그 후 원자력산업이 계속 확대되어 2020년 현재 생산 전력 총량 97,150MW를 가진 95기의 원자력발전소가 가동 중이며, 2기가 건설 중이다. 미국의 원전 생산 전력은 전 세계 원자력 에너지 총량(392,779MW)의 약 25%에 달한다.

2020년을 기준으로 세계 31개의 국가에서 원자력발전소를 보유하고 있다. 그리고 총 455개가 가동되고 있으며 54개가 현재 건설 중이다. 프랑스는 전체 전력량의 70.6%, 슬로바키아

<기념 동판과 새겨진 내용>

<스리마일섬 원전사고>

1979년 3월 28일, 이후 수일 동안 기술적 오작동과 사람의 실수로 스리마일섬 원전 2기는 국가 최악의 상업 원전사고 현장이었다. 원자로 노심이 녹아 방사선이 누출되었고 수천 명이 이 지역을 떠났다. 이 사건은 전 세계 원자력 산업의 기반을 변화시켰다.

53.9%, 우크라이나 53.9%, 헝가리 49.2%, 벨기에, 47.6%, 핀란드 34.7%, 스웨덴 34.0%, 한국 26.2%, 스위스 23.9%, 미국 19.7%, 영국 15.6%, 캐나다 14.9%, 독일 10.1%, 일본 7.5%, 중국 4.9%를 원자력으로 공급하고 있다. 지금까지 원자력발전소는 계속 증가해 왔으며 논쟁도 끊이지 않고있다. 논쟁의 초점은 크게 사고위험, 폐기물 처리, 그리고 핵연료를 이용한 핵무기 생산에 관련된 사항이다.

원자력발전소에서 나오는 폐기물은 크게 중저준위와 고준위 핵폐기물로 나뉜다. 중저준위 핵폐기물은 발전소에서 근무하는 사람들이 사용한 장갑, 옷, 신발 등으로 방사능 배출 가능성이 매우 낮은 폐기물이다. 그러나 고준위 핵폐기물은 사용한 연료와 재, 제어봉 등으로 인체에 노출될 경우 매우 위험하다. 일반적으로 고준위 핵폐기물은 반감기의 10배 기간(수천 년)이 지나야 한다. 또한, 고준위 핵폐기물은 재처리할 경우 핵무기를 생산할 수 있기 때문에 특별한 감시가 필요하다. 현재 대부분의 국가가 고준위 핵폐기물을 영구 보관할 장소를 찾지 못하고 일시적으로 보관하고 있다. 뿐만 아니라 비교적 안전한 중저준위 핵폐기물의 매립지를 구하는 것조차 각국 정부에게는 난제가 되고 있다.

고준위 핵폐기물인 폐연료를 이용해 핵무기를 생산하는 문제는 북한 핵개발 과정에서 잘 드러나고 있다. 원자력발전소에서 나오는 폐연료는 재처리해 핵무기를 개발할 수 있기 때문에 국제원자력기구(IAEA: International Atomic Energy Agency)는 각국에 사찰단을 파견하여 발전소의 안전성과 연료 수급 및 폐기물 관리 등을 감시한다. 북한의 경우 국제원자력기구의 감시를 받고 있었으나,

사찰단을 추방하고 지금까지 핵무기 개발을 추진해 왔다.

원자력발전은 기술적 안전성이 확보되고 국제적 감시가 이루어지고 있는데도 일부 국가에서는 핵에 대한 두려움과 반감 때문에 쉽게 받아들이지 못하고 있다. 실제로 독일과 스웨덴에서는 원자력을 반대하는 국민 정서가 너무 강해서 수명이 남아 있던 몇몇 원자력발전소를 폐쇄하기도 했다. 그러나 나머지 대부분의 국가는 원자력발전에 계속 의존하고 있다. 원자력에 관한 흥미로운 현상 중 하나는 이웃해 있는 독일과 프랑스 두 나라에서 나타나고 있는 반핵과 친핵 정서다. 프랑스는 자국의 원자력발전 기술을 세계 최고로 자부하고 있으며, 전력의 70%이상을 원자력에 의존하고 있다. 그러나 이웃 독일은 세계에서 가장 강한 반핵 운동이 일어나는 나라다. 이웃한 두 나라에서 원자력에 대해 이처럼 판이한 정서가 나타나는 이면에는 오랜 기간 쌓여온 민족 감정도 개입되어 있으리라는 것이 일반적인 추측이다. 프랑스의 우수한 기술에 대한 독일의 시기심이 바탕에 깔려 있다는 이야기다. 한편 스웨덴에서 원자력발전소를 줄이는 것은 지리적으로 수력발전 자원이 풍부해 대체가 가능하기 때문이다.

지금 인류는 미래에 사용할 에너지를 선택하는 데 매우 난처한 입장에 놓여 있다. 왜냐하면 원자력도, 화석 연료도, 제3의 대안도 모두 만족스럽지 못하기 때문이다. 화석연료는 지구온난화에 기여하는 이산화탄소와 산성비의 원인 물질인 황산화물이나 질소산화물을 만들어낸다. 친환경 에너지라 불리는 풍력발전이나 태양광에너지도 경제성이나 공간 확보 문제를 감안할 때 크게 환영받을 만한 대안은 못 된다. 예를 들어 원자력이나 화력발전소 하나 정도의 전력을 풍력이나 태양광 패널을 통해 생산하려면 엄청난 규모의 땅이 필요하다. 바람이 많거나 강렬한 태양이 내리쬐는 산 몇 개는 깎아야 비슷한 양의 전력을 얻을 수 있다는 계산이다. 그래서 일부 에너지 전문가들은 풍력발전과 태양광을 멍청한 에너지(Dumb Energy)라고 혹평하기도 한다. 뿐만 아니라 풍력발전은 심한 소음과 조류 보호에 문제가 되고, 태양광은 패널에 유해물질이 들어있기 때문에 15~25년가량 수명이 지나면 폐기할 때 또 다른 환경 문제를 야기한다. 더구나 풍력발전과 태양광은 위험한 수준의 무선주파수(RF: Radio Frequency) 전자파를 방출하여 인체에 두통, 심혈관 질환, 당뇨, 암 등을 유발하는 유해전기(Dirty Electricity)로 알려져 있다. 또 바이오에너지는 넓은 토지와 다량의 농업용수가 필요하고 이를 확보하는데 또 다른 환경 문제를 초래하게 된다. 지금은 많은 환경 문제가 개선되기는 했지만, 수력발전 역시 친환경 에너지로 인정받지 못하고 있다.

스리마일 사건은 희생자 한명 없었던 환경 재난이었지만 원자력이 청정에너지라는 미국인들의 환상을 완전히 바꿔놓았다. 그리고 1970년대 에너지 풍요를 마음껏 누리고 있었던 미국인들로 하여금 네가와트(Negawatts: Negative Watts)라는 새로운 에너지를 찾아 나서게 했다. 네가와트는 에너지의 효율적 사용과 절약으로 생기는 잉여 에너지가 곧 새로운 에너지라는 개념으로, 석탄, 석유, 천연가스, 우라늄 다음으로 인류가 찾은 제5의 연료(The Fifth Fuel)라 부르기도 한다. 세계 최대 에너지 과소비 국가인 미국이 1980년대 접어들면서 에너지 효율적인 주택, 자동차, 전자제품 등을 개발하고 에너지 절약형 생활문화를 만들어가기 시작했다.

세베소 사건

1976년 7월 10일, 이탈리아 북부에 위치한 세베소라는 도시의 한 화학 공장에서 반응기 내부의 과압으로 인해 안전밸브가 열려 다량의 유독성 화학물질이 대기로 방출되었다. 이 공장은 스위스의 제약회사 호프만라로슈(Hoffmann-La Roche)의 자회사인 익메사 화학회사(Icmesa Chemical Co.)의 이탈리아 현지공장으로, 삼염화페놀(Trichlorophenol)이라는 화학물질을 생산하고 있었다.

당시 15분 동안의 누출로 생성된 독성 구름이 세베소를 비롯한 인근 5㎞ 이내의 11개 마을로 퍼져나갔다. 누출된 화학물질에 함유된 염소가스로 인해 가축 4만 마리가 죽었으며, 3,000여 가구가 독성 구름으로 덮였다. 400여 명의 임산부 중에서 51명이 이 사건으로 자연 유산했으며, 100여 명은 기형아 출산을 우려한 나머지 낙태수술을 받았고 낙태를 금기시하는 로마 가톨릭 교황청조차 이 사건 피해자들에 대해서는 낙태를 허용하는 교회령을 발표하기도 했다. 또 많은 사람들이 독성 물질로 인한 화상과 피부병으로 일시에 흉측한 몰골로 변했다. 특히 어린이들이 심각한 피해를 당했다.

누출된 화학물질에는 염소가스 외에도 맹독성 물질인 다이옥신이 2kg 들어있어 주변 18㎢의 토양을 오염시켰다. 사건이 발생하자 긴급 대피령이 내려 주민들은 이 지역을 떠났고 공기가 맑아진 후에도 토양에 잔류하는 다이옥신의 독성 때문에 접근이 금지되었다. 사건이 처음 발생했을 당시 누출된 화학물질의 유독성과 피해 규모를 예상하지 못한 정부 당국은 10일이 지나서야 지역 주민 1만 1,000여 명에 대해 대피 명령을 내려 피해가 더욱 커졌다. 이 사건으로 세베소의 도시 중심부는 폐쇄되었으며, 50년은 지나야 다시 사람이 거주할 수 있을 것으로 예상하고 있다. 이 사건의 직접적인 재산 피해는 약 2억 5,000만 달러로 추산되었다.

세베소 사건은 다이옥신의 독성을 과학적으로 규명하는 계기가 되었다. 다이옥신은 1960년대 말 베트남전에서 고엽제로 문제

사고를 낸 익메사 화학회사와 죽은 가축들

가 되기 시작했지만, 이처럼 일시에 일정 지역에 누출되어 피해를 과학적으로 조사할 수 있었던 것은 이 사건이 처음이었다. 세베소 지역 토양에 잔류하는 다이옥신이 서식생물과 인체에 어떠한 영향을 미치는지에 관한 과학적 연구가 피해 지역을 대상으로 실시되었다. 이 연구를 통해 다이옥신은 생물 체내에서 분해되지 않고 고농도로 농축되며, 그때까지 가장 맹독성 화학물질로 알려졌던 시안(청산가리)보다 7배나 독성이 강한 물질임이 밝혀졌다. 또 미량으로도 인체에 암을 유발할 가능성이 매우 높은 물질이라는 사실도 알려지게 되었다.

다이옥신은 자연계에서 쉽게 분해되지 않음은 물론 고온에서 태워도 산화되지 않기 때문에 한번 배출되면 자연계에 계속 잔류하는 물질이다. 이러한 점에서 다이옥신은 지금까지 많은 환경문제를 야기해온 PCB나 DDT 등과 매우 유사한 화학적 특성을 가진다. 차이가 있다면 PCB나 DDT는 의도적으로 생산해 사용함으로써 문제가 발생한 데 비해 다이옥신은 다른 화학물질의 생산 공정이나 연소 과정에서 부산물로 만들어진다는 점이다.

다이옥신은 오늘날 엄격히 규제되고 있지만, 여전히 여러 경

사고지역 통행을 차단하는 군인과 토양 제거 작업 광경

로를 통해 자연계로 방출되어 커다란 환경 문제를 야기하고 있다. 제초제를 비롯한 여러 유기화학물질을 생산하는 과정에서 불순물로 만들어지기도 하고 쓰레기를 소각할 때 배출 가스에 포함되어 함께 배출되기도 한다. 특히 폴리염화비닐(PVC: Polyvinyl Chloride)과 같은 염화비닐 물질이나 염분이 많은 음식물 쓰레기 등에서 다이옥신이 발생한다. 또 제철제련소, 제지공장, 석탄 화력발전소, 그리고 목탄 난로 등에서도 다이옥신이 배출되는 것으로 알려져 있다.

세베소 사건은 환경 재난 시 신속한 사후 조치를 취하고 가해자와 피해자 사이에서 공정하게 피해보상을 조정해야 하는 정부가 제 역할을 다하지 못해서 훗날 정치적 암살 사건으로 이어졌다. 당시 엄청난 피해를 유발하고도 사건의 원인 제공자인 익메사 화학공장은 피해를 보상하려고 하지 않았다. 이 회사의 최고 책임자는 그들이 이 지역에 주는 경제적 혜택을 내세우며, "자본주의는 발전을 의미하고 발전은 때로 불편을 줄 수 있다"는 주장

세베소 사건 판결과 부패한 정치에 분노한 시민들

을 공공연히 하여 이탈리아 국민들의 원성을 샀다.

이 사건의 재판과 보상 과정에도 문제가 있었다. 재판부는 처음에 사건의 책임을 물어 5명의 관계자에게 2년 반에서 5년 사이의 징역형을 내렸으나, 당시의 불안정한 정치 상황과 부패한 정부 하에서 진행된 재판 끝에 결국 2명을 제외하고 모두 무죄 석방되었으며, 나머지 2명도 6개월 만에 보석으로 풀려났다. 그리고 1980년 12월이 되어서야 피해보상액은 실제 피해액의 절반에도 미치지 못하는 1억 900만 달러로 결정되었다. 이 사건에서 드러난 정부의 안일한 사후대책과 외국 자본과 결탁한 부패한 정치 현실에 모든 국민이 분노했으며, 이는 자본주의를 반대해온 이탈리아 좌파 세력에게 테러의 빌미를 주게 되었다.

사건이 발생한 지 13년이 지난 1989년 2월 어느 날 아침, 1976년 당시 익메사 화학회사의 공장장으로서 세베소 사건의 최고 책임자였던 엔리코 파올레티(Enrico Paoletti)는 3명의 남자와 1명의 여자로 이루어진 살인조로부터 총격을 받아 피살되었다. 며칠 뒤 '전선(Prima Linea)'이라는 이탈리아 좌파 테러단체는 세베소 주민들에게 엄청난 피해를 입히고도 잘못된 판결로 풀려난 그를 용서할 수 없었기 때문에 살해했다고 밝혔다.

제임스강 키폰 사건

1960년대 미국 앨리드 화학회사(Allied Chemical Corp.)는 키폰(Kepone)이라는 농약을 개발해 주로 외국을 상대로 판매하고 있었다. 키폰은 바퀴벌레 제거에 사용되는 화학물질로서 매우 유독하고 난분해성이며, 흡착력이 뛰어나다. 이 농약은 중남미 국가로 수출되어 바나나 나무 뿌리의 좀벌레를 퇴치하는 데 사용되었다. 미국 내에서는 바퀴벌레나 불개미 제거용으로만 사용되었기 때문에 판매량이 많지 않았으며, 1970년대에 접어들어 효능 좋은 농약들이 개발됨에 따라 키폰의 수출량은 급격히 감소하기 시작했다. 1974년에 와서 앨리드 화학은 키폰 생산을 중단하기로 결정했는데, 이 회사에서 일하던 직원 두 명이 판매망과 특허를 인수해 생산을 계속하게 되었다.

이들은 버지니아주 호프웰에서 라이프 사이언스(Life Science)라는 회사를 차리고 폐쇄된 주유소를 개조해 생산 공장을 만들었다. 1974년 4월부터 이 회사는 키폰 생산을 시작했으나, 작업 환경은 매우 열악했다. 곳곳에 놓인 제조 약품에는 먼지가 덮여 있었고 종업원들은 먼지구덩이 속에서 몇 시간이고 계속 일해야 했다. 몇 주가 지나자 종업원 중에 수전증을 보이는 사람이 나타나기 시작했고 어지러움과 신경통을 호소하기도 했다. 그중 일부는 장기 입원을 요할 만큼 중증을 보이기도 했고 심지어는 가족들에게도 비슷한 증상이 나타났다. 결국 종업원 150명 중 절반 이상이 두통, 시각장애, 간 질환, 신경통, 위장장애, 경련, 피부변색, 가슴통증, 기억력 감퇴, 불임에 시달렸다. 이에 버지니아주 보건당국이 조사에 나섰고 유독성 살충제인 키폰이 그 원인으로 밝혀졌다. 결국 미국 연방환경보호청(USEPA)은 공장을 폐쇄하고 남아 있던 모든 키폰의 판매를 중단하라는 명령을 내렸다.

그런데 어이없게도 폐쇄와 판매금지 명령으로 인해 이 공장은

사고 후 공장에 걸린 경고문 ▶
(이 지역은 방독면을 착용해야 함)
라이프사이언스 키폰 제조공장 ▼

미국 최대의 하천오염 사건을 일으키게 되었다. 라이프사이언스는 1975년 공장을 폐쇄하면서 남아 있던 유독성 살충제를 모두 하수구에 쏟아버렸던 것이다. 하수구에 버려진 살충제는 그 도시의 하수처리장으로 흘러들어가 하수 분해 미생물을 죽임으로써 더 이상 하수처리를 불가능하게 만들어버렸다. 게다가 살충제는 처리되지 않은 하수와 함께 인근 제임스강으로 흘러 들어갔다. 이로 인해 제임스강 하류 100㎞ 구간은 생물이라고는 찾아볼 수 없는 죽음의 강으로 변했다.

제임스강은 미국 동부 버지니아주를 지나 대서양의 체사피크만으로 흐르는 매우 아름다운 강으로, 인근 주민들의 상수원일 뿐만 아니라 낚시와 보트를 즐길 수 있는 이 지역의 주요 위락지였다. 또한, 대서양 연안의 체사피크만은 수산물이 풍부한 해역으로, 미국 동부 지역에서 가장 유명한 굴 생산지로 알려져 있다. 그러나 이 사건으로 제임스강의 물고기가 떼죽음을 당했고 체사피크만의 굴은 위험한 해산물이 되었다. 버지니아주 정부는 제임스강 유역 160㎞에 걸쳐 낚시를 금하고 여기서 잡힌 물고기를 취식하거나 판매하지 말 것을 명령했다. 그리고 이 금지 명령은 사건 발생 후 15년이 지난 1989년에야 해제되었다.

제임스강의 하구는 민물과 바닷물이 만나는 곳으로, 다양한 생물 종이 살아가는 생태계의 보고였다. 하구의 경우 강에서 내려온 오염물질이 바다로 쉽게 빠져나가지 못하고 오래 머무르기 때문에, 쉽게 분해되지 않는 유독성 물질이 유입되면 생태계가 받는 피해는 매우 크다. 하구에서는 강물의 흐름이 바닷물에 막혀 정체되고 민물과 바닷물이 밀도 차이로 층을 이루어 물이 쉽게 혼합되지 않는다. 염분이 있고 온도가 낮은 바닷물은 무겁기 때문에 아래로 내려가고 강을 따라 내려온 민물은 위로 올라가게 된다. 하구에 유입된 오염물질은 민물과 바닷물로 이루어진 정체된 두 수층 사이에서 침강과 부유를 반복하면서 서식생물에 피해를 준다.

미국 연방환경보호청은 제임스강을 정화하기 위해 많은 노력을 기울였지만, 키폰은 난분해성이고 부유물질에 강한 흡착력을 가졌기 때문에 상당 기간이 지나서도 강바닥의 퇴적물에서 검출되었으며, 생물상 피해 또한 좀처럼 회복되지 못했다. 특히 하구에서의 피해가 심각했고 또 오랜 기간 지속되었다. 당시 환경피해를 조사한 연구팀은 제임스강의 하구가 완전히 회복되기 위해서는 수십 년이 걸릴 것으로 추정했다.

이 사건에 대해 2,500만 달러의 피해보상 청구소송이 제기되었으나, 이를 책임져야 할 라이프사이언스는 이미 파산해 지불능력이 없었다. 결국 사건의 책임은 앨리드 화학에게로 돌아갔고 이 회사는 키폰 피해자들과 제임스강의 정화를 위해 1,300만 달러를 보상금으로 지불해야 했다. 그 후 1977년 연방환경보호청은 미국 전역에서 키폰 사용을 금지했고 1978년에는 생산과 해외 수출도 금지했다.

미국에서 강이 유독성 화학물질로 오염되기 시작한 것은 1950년대부터였다. 제2차 세계대전이 끝난 후 합성 유기화학물질의 사용이 증가하자 그 생산량도 급속히 늘어났다. 또 자동차와 전자제품 사용이 증가하고 플라스틱 등 석유를 원료로 만든 제품이 일반화되면서 미국 곳곳에 석유화학공장이 세워졌다. 이러한 공장 주변을 지나는 강에는 폐수가 버려지기 일쑤였고 당시의 환경 기술과 제도로는 이를 관리할 수 없었다.

이러한 문제가 가장 적나라하게 표출되었던 것이 1969년 6월 22일에 발생한 쿠야호가강 사건이었다. 당시 석유화학공업이 번창했던 오하이오주 클리블랜드를 관통하는 이 강에서 이날 정오 무렵 수면에 떠 있던 기름 덩어리로 인해 대화재가 발생해 7개의 교량이 화염에 휩싸였다. 이 사건은 어떻게 강에서 불이 날 수 있을까라는 의구심 때문에 전국적인 관심을 끌었고 미국인들에게 충격적인 사건으로 받아들여졌다. 당시 미국 사회에서 무르익어 가던 환경운동은 이 사건으로 크게 고무되었다. 또한, 이 사건은 미국 의회에서 1970년 청정대기법(Clean Air Act)과 1972년 청정수질법(Celean Air Act)이 제정되는 데 크게 기여했다.

강이 유해물질로 오염되는 사건은 지금도 세계 도처에서 가장 빈번하게 발생하는 환경 재난이다. 유독성 화학물질로 인해 물고기가 떼죽음을 당하고 하류 지역에서 수돗물 생산이 중단되는 일은 비일비재하다. 이것은 대개 하수처리장에서 정화될 것이라는 안일한 생각이나 버려도 모를 것이라는 비양심적 행동에 의해 발

1969년에 발생한
쿠야호가강 화재 진압 장면

생한다. 사고를 방지하기 위해 제도를 강화하고 폐수 방류를 더욱 엄격히 감시하고 있지만, 사고는 끊임없이 반복되고 있다.

제임스강 키폰 사건은 우리에게 몇 가지 중요한 메시지를 전해 주고있다. 첫째, 유해물질을 다루는 공장은 폐쇄할 때 엄격한 규제와 절차에 따라야 한다. 공장을 설립할 때 환경에 미치는 영향을 검토하는 제도는 시행되고 있지만, 폐쇄나 이전 시에 발생할 수 있는 문제는 소홀히 다루는 경우가 많기 때문이다. 둘째, 도시의 허술한 하수 관리에 대한 보다 엄격한 감시가 이루어져야 한다. 하수처리장에서 걸러낼 수 있는 물질과 용량에는 한계가 있기 때문에 그 범위를 벗어날 경우 수질오염 사고로 이어진다. 도시에 거미줄처럼 얽혀 있는 하수관망에는 언제라도 유독성 물질이 유입되어 사고로 이어질 가능성이 매우 높다. 셋째, 시민들에게 올바른 환경교육이 요구된다. 환경 사고는 때로 피할 수 없는 상황에서 발생하기도 하지만, 대개는 환경에 대한 무지에서 비롯되기 때문이다. 따라서 시민들에게 자신이 사용하고 버리는 물이 어떠한 과정을 거쳐 다시 자연으로 돌아가는지 바르게 이해시킬 필요가 있다. 엄격한 제도하에서 감시 활동을 아무리 강화해도 시민들의 자발적인 참여가 없다면 환경 사고는 언제든 발생할 수 있다.

라인강 바젤 사건

스위스의 알프스에서 발원해 프랑스와 독일을 지나 네덜란드 해안을 통해 북해로 흘러들어 가는 라인강은 근대 유럽 문명의 중심이자 20세기 초 세계 운명를 좌우하던 곳이었다. 그리스·로마에서 시작된 서구 문명은 르네상스 이후 라인강 유역으로 중심축이 옮겨졌으며, 영국의 템즈강에서 시작된 산업혁명도 20세기 초에는 라인강을 거점으로 꽃을 피웠다. 두 차례에 걸친 세계 대전도 이곳이 격전의 중심이었다.

라인강은 유역 면적이 총 20만 ㎢에 불과하지만, 5,000만 인구가 살고 있고 유럽에서 가장 활발한 산업 활동과 높은 인구밀도를 보이는 곳이다. 스위스, 프랑스, 독일, 네덜란드 외에도 룩셈부르크와 벨기에, 오스트리아 일부 지역까지 총 7개국이 라인강 유역에 위치해 있으며, 강 연안에는 현재 OECD 국가 화학공장

10~20%가 자리 잡고 있고 제철·제련산업 등 많은 공해산업이 밀집해 있다. 뿐만 아니라 이곳에서는 집약 농업이 이루어지기 때문에 다른 유역에 비해 농약과 비료 사용이 많으며, 강을 따라 갑문이 달린 86개의 보가 설치되어 하루에도 수십 척의 화물선과 관광선이 북해에서 스위스까지 운행되고 있다.

유럽 산업화의 중심이었던 라인강은 오래전부터 각종 수질오염에 시달려왔다. 여기에 20세기 초부터 산업화를 통한 부국강병을 부르짖는 전쟁광들이 이곳을 무대로 활동함에 따라 라인강은 더욱 심한 황폐화를 겪게 되었다. 실제로 히틀러는 1932년 독일 총통이 되자 국민들에게 국가 부흥을 독려하면서 "저 푸른 라인강이 검게 물들도록 더 많은 공장을 짓고 열심히 일하자"고 연설하고 다녔다. 이러한 사실만으로도 당시의 상황을 짐작할 수 있다. 제2차 세계대전이 끝날 무렵 라인강에서는 각종 산업폐수와 생활하수로 물고기가 떼죽음을 당하는 사례가 빈번했으며, 수질오염에 민감한 연어는 이미 오래 전에 자취를 감추었다.

라인강의 오염이 심각한 상태에 이르자 유역에 위치한 국가들은 1963년 '라인강 수질오염방지위원회'를 만들어 수질관리를 위한 국제적 협력을 시도했다. 이 위원회가 중심이 되어 1976년에 '라인강 화학물질 오염방지조약'과 '라인강 염화물 오염방지조약'이 체결되었다. 또 위원회는 스위스, 프랑스, 독일, 네덜란드 등 라인강 유역 49곳에 수질측정소를 설치해 오염 상태를 관측했다. 측정소에서는 유량, 용존산소, pH, 전기 전도도 등을 연속 기록하고 유기물, 영양물질, 중금속, 방사능 물질 등을 주기적으로 측정했다. 또 사고 시 독극물이나 중금속의 유입을 즉시 알아내

생태계 피해를 방지하고 식수 사용을 중단시키기 위해 최첨단 생물경보시스템을 도입했다. 이것은 강에 독극물이 유입되면 이에 민감하게 반응하는 물고기나 물벼룩, 발광 미생물, 조개류 등의 움직임을 감지해 경보를 발령하는 기술이다.

그런데 국제 협약을 통한 체계적인 수질관리와 최첨단 경보시스템을 운영해오던 라인강에서 1986년 11월 1일 어처구니없는 사건이 발생했다. 이 강의 최상류 스위스 바젤에 위치한 한 창고에서 화재가 발생하여, 5,000만 명의 생명줄이자 유럽 산업의 중심지인 라인강을 하루아침에 죽음의 강으로 바꾸어놓았다. 화재가 난 곳은 의약품, 화학물질, 농약 등을 제조·판매하는 스위스의 다국적기업 산도스(Sandoz) 사의 원자재 저장 창고였다. 여기에는 1,300톤에 달하는 90여 종의 화학물질이 보관되어 있었는데, 대부분 독성이 매우 강한 살충제, 살균제, 연료 등이었고 유독성 중금속인 수은도 1.9톤이나 포함되어 있었다.

바젤에는 산도스 외에도 여러 종류의 화학물질 제조공장이 있어서 화재 발생 시 특별한 진화 작업이 필요했기 때문에 이를 위

화재로 불타버린 산도스사 원자재 저장 창고

한 교육과 훈련을 받은 특수 소방관들이 근무하고 있었다. 하지만 공교롭게도 사고가 발생했을 때 특수 소방관은 모두 비번이어서 일반 화재 방식으로 진화 작업이 이루어졌다.

유독성 화학물질이 있는 곳에서는 화재 진압 시에는 모래나 특수 소화제를 사용해야 2차 피해를 방지한다. 그러나 유독성 물질을 어떻게 다루어야 하는지 알지 못했던 일반 소방관들은 다량의 물을 사용해 진화했기 때문에 창고에 보관되어 있던 화학물질들은 물과 함께 곧바로 라인강으로 흘러 들어갔고 부근 토양과 지하수로도 스며들었다. 또 화재로 발생한 유독한 연기는 인근 주민과 자연생태계에 큰 피해를 입혔다. 이 사고로 라인강에 서식하던 물고기 50만 마리가 떼죽음을 당했고 사고지점 하류 400㎞에 해당하는 구간에서 저서생물은 완전히 사라졌다. 유독성 화학물질은 부유물질에 흡착하여 강바닥에 가라앉아 그곳에 오래 머무르기 때문에 수생태계 피해는 상당기간 지속되었다.

결코 우연한 사건으로 취급될 수 없는 바젤 사건은 우리에게

바젤 사건 화재 후 처리 광경

여러 가지로 시사하는 바가 크다. 우선 이 사건 당시 유독성 화학물질 저장 창고에서 화재가 발생할 때 인접한 라인강에 미치는 피해를 줄이기 위한 대책이 마련되어 있었는데도 안전장치 미비로 실행에 옮겨지지 못했고, 제2, 제3의 방지대책이 준비되어 있지 않아 한번의 실수로 걷잡을 수 없는 상태에 빠져들었으며, 그 피해는 광범위하게 확산되었다. 다행히 이곳에 실치된 최첨단 경보시스템 덕분에 유출된 독극물을 조기에 발견해 신속하게 취수금지 명령을 내려 하류에서의 피해는 줄일 수 있었다. 특히 라인강은 강변여과수, 인공함양(강물을 지하수에 충전하여 취수), 식수전용저수지(강물을 처리하여 저수지에 넣어 다시 사용) 등과 같은 간접취수 방법을 대부분 사용하여 수돗물 생산에는 피해가 적었으며, 물흐름을 조절하는 보가 연속적으로 설치되어 오염물질의 하류 이동 속도를 늦출 수가 있었다.

이 사건으로 인해 스위스는 엄청난 경제적 손실을 보았을 뿐 아니라 인접 국가들로부터 지탄을 면치 못했다. 사건을 일으킨

바젤 사건으로 라인강에서 죽은 물고기(뱀장어)를 수거하고 있다.

산도스는 피해 당사국인 독일, 프랑스, 네덜란드 등에 1억 스위스 프랑(600억 원 상당)의 피해 보상금을 지불했다. 사고 후 정화 노력으로 라인강의 수질과 생태계는 많이 회복되었지만, 유출된 유독성 화학물질은 오랜 기간 퇴적물에 남게 되었다.

이 사건은 유럽인들에게 환경의 중요성을 다시 한 번 일깨워주었다. 같은 해 4월 체르노빌 사건으로 방사능 물질에 대한 공포에 휩싸였던 유럽은 단 몇 개월 만에 다시 이러한 환경 사건을 경험해야 했다. 사건이 발생하자 그린피스 등의 환경단체에서는 화학 산업에 대한 규제 조치를 강화하라고 요구했으며, 국제변호사회의 환경법률위원회에서는 피해자의 인권 보호를 위한 법적인 방안을 제기하기도 했다. 교수들이 중심이 된 '라인강 탐사 프로젝트'에서는 프랑스, 독일, 스위스 등지의 화학회사들에게 유독성 화학물질과 아연, 납, 카드뮴 등의 중금속 유출을 엄격하게 규제하는 조치에 참여하도록 촉구했다. 또 세계야생생물기금(WWF)의 지원을 받은 한 연구팀에서는 라인강의 수질 개선과 생태계 보호를 위해서 쌓았던 제방을 헐어 물꼬를 터주고 자연스러운 지류 흐름과 늪지대가 형성되도록 해야 한다는 주장이 제기되었다. 이러한 제안은 각국 정부에 받아들여져 민관 합동으로 라인강 생태계 복원 사업이 추진되었다. 또한, 1987년에 발생한 코코 투기 사건을 계기로, 1989년 3월 22일 이곳 바젤에서 유해 폐기물의 국가 간 이동 및 처리 규제를 위한 '바젤협약'이 채택되었다.

낙동강 페놀 사건

낙동강은 강원도 태백산에서 발원해 남해안으로 흘러 들어가는 우리나라 영남 지방의 생명줄이다. 유역 내에는 약 700만 명이 살고 있지만, 인접한 남해와 동해 연안의 대도시와 산업단지(마산, 부산, 울산, 포항 등)에서도 물을 사용하기 때문에 실제로 우리나라 인구의 4분의 1이 넘는 약 1,300만 명이 낙동강 물에 의존하고 있다. 하지만 낙동강 유역은 한반도에서 강우량이 가장 적고 대구나 구미 같은 대도시와 산업단지가 발달해 있어 수량과 수질 조건이 매우 열악하다.

1991년 3월, 낙동강의 구미 지점에서 유독성 화학물질인 페놀이 유출되는 사건이 발생했다. 낙동강에 유출된 페놀은 하류로 흘러갔고 이 물을 상수원으로 사용하는 대구에서 가장 먼저 이상 현상이 감지되었다. 정수장의 염소소독 과정에서 페놀이 클로로페놀(Chlorophenol)로 바뀌면서 수돗물의 맛과 냄새에 심한 이상이 발생했던 것이다. 결국 수돗물을 마신 시민들은 이상한 맛과 냄새를 호소했고 원인을 추적한 결과 상류 지역의 공단에서 페놀 유출 사고가 있었던 것으로 밝혀졌다. 시민들의 혀와 코가 유독성 화학물질 유출 사고 감지기 역할을 한 셈이었다. 페놀은 3월 14일에 이미 유출된 상태였고 시민들이 수돗물 이상을 호소한 것은 이틀이 지난 3월 16일이었다. 사고를 일으킨 곳은 구미공단에 위치한 ㈜두산전자였다.

당시 두산전자는 페놀 원액을 저장탱크에서 생산 공정으로 공급하는 과정에서 평소에 사용하던 지상 파이프가 고장 나자 예비용 지하 파이프를 대신 사용했다. 그러나 파이프 연결부에서 이상이 생겨 페놀 원액 약 30톤이 유출되었고 이것은 배수구를 통해 낙동강으로 흘러 들어갔다. 그리고 대구의 수돗물을 오염시킨 페놀은 여기서 멈추지 않고 하류로 흘러가 마산과 부산 등 영남 전역의 주민들을 페놀 공포로 몰아넣었다.

페놀은 각종 암을 유발하고 신경계에 이상을 일으키는 유독성 화학물질이며, PCB나 중금속과 더불어 산업폐수에서 자주 문제가 되어온 물질이다. 또 이 물질은 수돗물 염소소독 과정에서 심

京鄕新聞

수돗물 폐수오염 6명拘束

龜尾 斗山전자 工場長등

發癌물질 페놀 함유

옥계천은 허용치의 百30배

사고 당시 언론 보도 자료와 보관 중이었던 페놀 드럼통

한 악취를 일으키는 클로로페놀이라는 물질로 변하기 때문에 수돗물을 통해 쉽게 감지된다. 그러나 이 물질을 누출시킨 곳에서는 하류 주민들의 피해는 아랑곳하지 않고 자신들의 책임이 두려워 이를 숨기는데 급급했다. 만일 누출 사고 발생 즉시 신속한 조치가 취해졌더라면 피해는 크게 줄일 수 있었을 것이다.

페놀 사건 당시 오염된 수돗물을 마신 많은 시민들이 피해를 호소했는데, 대구에서만 총 1,617건의 피해 사례가 접수되었으며, 특히 기형아 출산을 두려워한 임산부들의 항의는 감당하기 어려운 일이었다. 정부는 두산전자에 조업 정지와 시설 개선을 명령했으며, 특히 페놀 원액 공급라인 중 지하배관을 폐쇄하고 지상배관을 수리·보강하도록 했다. 그리고 중단했던 수돗물 공급은 3

정권 퇴진을 요구하며
농성하는 시민단체 와
페놀 불법 방류 항의 시위

월 23일에 재개했다.

그러나 정부는 4월 9일에 돌연 조업 재개를 결정했고 두산전자는 4월 18일 재가동했다. 그리고 이것은 제2차 페놀 유출 사고로 이어졌다. 시험 운전을 거쳐 정상 가동을 하던 중 4월 22일에 지상배관 이음새 고장으로 페놀 원액 약 1.3톤이 또다시 유출되었던 것이다. 이번에는 초기 대응으로 약 1톤의 페놀 원액을 회수하여 피해를 크게 줄일 수 있었다. 하지만 연이은 유출 사고로 시민들의 분노는 극에 달했다. 제2차 페놀 유출 사고로 두산전자는 64일간(4월 27일부터 7월 1일까지)의 조업정지 처분을 받았다. 그리고 유출을 방지할 수 있는 방류 벽을 설치하고 유출 사고에 대한 원격감시 및 자동경보 장치를 보강하라는 시설 개선 명령이 내려졌다. 이때에도 수돗물 공급은 일시 중단되었다가 4월 24일에 재개되었다.

이 사건으로 두산전자는 220여억 원을 배상했으며, 당시 서둘러 조업 재개를 결정한 환경처 장관과 차관은 강제 사직당했다. 또 사건을 은폐하려 했던 7명의 공무원들이 구속되었다. 국민들의 분노는 두산그룹 제품에 대한 전국적인 불매 운동으로 이어졌다. 특히 대구 시민들은 부실한 낙동강 수질관리와 오염된 수돗물을 공급한 정부를 규탄하고 수도요금 납부를 거부하는 운동을 전개했다. 두산은 사건 직후 페놀 기업이란 오명을 벗기 위해 그룹 차원에서 환경시설과 환경교육 등에 많은 투자를 아끼지 않았지만, 제품 불매 운동으로 받은 피해는 엄청났다.

이 사건은 지금까지 우리나라에서 일어난 환경 재난 사례 중 사회적 파장이 가장 컸던 사건으로 알려져 있다. 우리나라도 규모 면에서 다소 차이가 있지만, 여러 차례 환경 재난이 발생한 바 있다. 이미 1980년대에 온산공단과 여천공단 주변 마을에서는 괴질이 발생하기도 했으며, 하천의 물고기가 떼죽음을 당하는 사건도 여러 차례 일어났다. 그러나 낙동강 페놀 사건은 과거 그 어떤 사건보다도 국민들의 거센 분노를 불러왔고 환경운동을 촉발시키는 강력한 계기가 되었다. 왜냐하면 이 사건은 시민들의 생명줄과도 같은 수돗물을 발암물질로 오염시켜 불특정 다수에게 피해를 입혔으며, 재벌그룹의 부도덕성이 그 피해를 더욱 확대시켰기 때문이다. 뿐만 아니라 이 사건은 우리 사회에 물은 곧 국민의 생존권이라는 인식을 심어주었고, 정부가 적극적인 수질정책을 추진하는 계기를 마련해 주었다.

이 사건 이후 정부는 1993년의 '맑은물 공급 종합대책'을 시작으로 강력한 물 관리 대책을 시행하였다. 하수처리장 건설, 하수관로 정비, 오염하천 정화 등과 같은 주요 환경기초사업들이 추진되었으며, 오염총량관리제, 수변지구 지정, 상수원 보호구역 토지매입, 자동측정망 설치, 유역통합관리시스템 등과 같은 선진 물관리 제도와 기술이 도입되었다.

낙동강은 상류에서 맑은 물이 흐르다 구미공단을 만나는 지점부터 수질이 악화되기 시작한다. 그리고 하류에서 이 물을 식수로 사용하는 대구와 부산 등에서는 구미공단이 언제 터질지 모르는 시한폭탄으로 여기고 있다. 페놀 유출 사건 이후에도 낙동강에는 기름, 농약, 매립지 침출수 등 각종 유해물질 유출 사고가 여러 번 반복되어 왔다. 특히, 지난 2004년에는 발암물질인 1,4-다이옥산이 구미공단에서 유출되어 대구, 부산 등 낙동강 하류 정수장 11곳의 수돗물에서 검출되어 전국이 떠들썩했던 적도 있다.

낙동강 페놀 누출과 유사한 사건들이 지금까지 선진산업국가를 중심으로 수없이 반복되었다. 유해화학물질이 강으로 흘러들어와 물고기가 떼죽음을 당하고 상수원을 오염시켜 수돗물 공급을 중단하는 사건은 환경 재난의 단골 메뉴였다. 선진산업국가들은 사건을 반복하면서 사고 예방에서부터 사후 모니터링에 이르기까지 다양한 기술과 정책을 개발하여 피해를 줄여오고 있다.

하지만 개발도상국에서는 여전히 수질오염 사고가 계속되고 있다. 지난 2005년 쑹화강 벤젠 유출은 지금까지 발생한 중국 최대 규모의 강 오염 사건 중 하나다. 11월 13일 중국 진린성 진린석화공사 벤젠공장에서 연쇄 폭발 화재가 발생하여 현장에서 큰 인명 피해(6명 사망, 6명 실종, 121명 부상)를 내고 주민 125만 명이 대피했다. 이 사고로 100여 톤의 벤젠이 쑹화강으로 흘러들어가 80㎞에 달하는 긴 오염 띠를 만들었고, 하류의 중국 하얼빈과 러시아 하바로프스크 등에서는 수돗물 생산을 중단하게 됐다. 중국은 급속한 도시화와 산업화 과정을 거치면서 환경 관리를 소홀히 했고 사

2005년 진린 연쇄 폭발 화재사건 발생지점과 현장

고가 발생했을 때 조기에 감지하고 확산을 방지할 수 있는 대책이 없었기 때문에 그 피해가 엄청났다. 지난 2010년 7월에는 홍수로 인해 진린시의 또 다른 화학공장으로부터 가연성 액체가 든 드럼통 7,000여 개가 쑹화강으로 유입되는 사고가 발생하기도 했다.

2010년 홍수로 드럼통이유입된 쑹화강 ▶
2005년 화재로 벤젠으로 오염된 쑹화강 하류 ▼

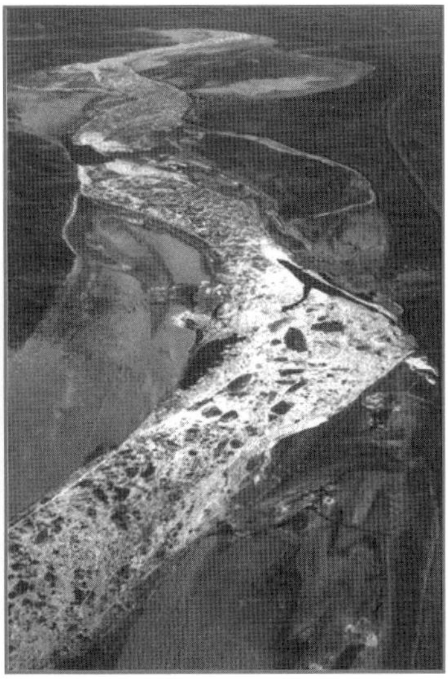

도카이무라 후쿠시마 사건

일본 이바라키현 도카이무라는 도쿄 북서쪽 태평양 연안에 위치한 조그만 어촌이었다. 1956년 일본은 이곳에 원자력연구소를 건설했고 이후로 핵연료 개발사업단과 발전소 등 관련 시설들이 속속 들어섰다. 이때부터 이 조그만 어촌은 일본 원자력 연구의 중심지로 변해 오늘에 이르고 있다.

1999년 9월 30일, 이곳 도카이무라 우라늄 처리공장에서 방사능 누출사고가 발생했다. 이 사고는 우라늄을 가공 처리하는 민간기업 JCO 도카이사업소에서 우라늄의 불순물을 초산으로 용해하는 침전용 탱크에 규정보다 많은 양의 우라늄을 주입해 연쇄 핵분열이 일어나 발생한 것으로 밝혀졌다. 한번에 2.4kg까지만 주입해야 하는 규정을 어기고 그보다 약 7배나 많은 16kg의 우라늄을 주입했던 것이다. 만일 이 우라늄으로 인한 연쇄 핵분열이 최고조에 달하면 원자폭탄과 같은 대폭발로 이어질 수도 있다.

이 사고로 사고 현장 10㎞ 이내에 거주하는 주민 31만 명에 대해 대피령이 내려졌으며, 인근 5개 도시에서 학교와 관공서가 폐쇄되고 교통이 통제되었다. 사고 직후 일본 정부는 모든 활동을 중지하고 사고 대책 수립에 임했으며, 방송사들도 모두 정규 방송을 중단하고 철야로 사고 소식을 보도했다. 다행히 복구 작업이 순조롭게 이루어져 사고 발생 20시간 만에 사태는 수습되었으나, 이때 방사능에 직접 노출된 사람이 49명으로 집계되었다. 이들 중 3명은 사고 현장에서 직접 피폭되어 의식장애를 일으키는 중태에 빠졌으며, 그중 한 명인 오우치 히사시는 35세의 나이로 사고 발생 83일 만인 12월 21일 밤 그동안 치료를 받아오던 도쿄대학 병원에서 끝내 숨을 거두었다.

일본은 1957년 처음 원자력발전을 시작한 이래 지금까지 여러 번의 방사능 누출 사고를 경험했다. 특히 도카이무라는 1971년 첫 사고가 일어난 이후 지금까지 20여 차례나 방사능 누출이 일어났으며, 그로 인해 100여 명의 피해를 냈던 곳이다. 예를 들어

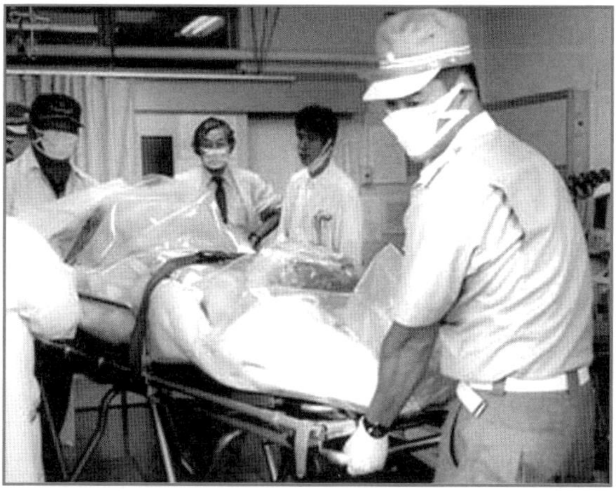

피해자 이송 장면

1997년 3월 재처리공장의 화재로 방사능이 누출되어 37명이 피폭되었으며, 1997년 8월에는 다시 지하 저장시설 내 폐연료 보관용 드럼통 2,000여 개가 부식되어 핵물질이 누출되었다. 그 밖에 일본에서는 1991년 2월 간사이 전력의 미하마 원전 파손 사고가 있었으며, 1995년 12월에는 쓰루가에 있는 고속증식로 '몬주'에서 휘발성 액체 나트륨 1톤이 유출되는 사고가 발생하는 등 일본에서 원자력발전소 사고는 끊이지 않고 있다. 30년 역사를 지닌 일본 핵 개발의 중심기관이었던 도넨(동력로-핵연료 개발사업단)은 반복된 사고 때문에 1998년 강제 폐쇄되기도 했다.

일본은 1945년 히로시마와 나가사키의 원폭 피해로 세계 어느 나라보다 원자력의 참혹성을 잘 알고 있다. 그러나 일본 역시 원자력을 사용하지 않고는 국가가 필요로 하는 막대한 에너지를 공급할 방법이 없었기 때문에 지금까지 많은 원자력발전소를 건설해왔다.

도카이무라 사고는 일본인들에게 엄청난 충격으로 받아들여졌다. 피해 규모가 사상 최악이어서가 아니라 1971년 이후 원자력발전소 사고가 거듭되고 있는데도 정부의 대책이나 관리들의 안

도카이무라 사건 발생 당시 현장

전 의식은 전혀 개선되지 않았음을 보여주었기 때문이다. 아울러 세계에서 유일한 원폭 피해국이 20세기를 원전 사고와 함께 마감하게 된 것이 일본으로서는 너무나 큰 비극이었다.

일본의 원전 비극은 이것이 끝이 아니었다. 2011년 3월 11일 14시 46분 일본 동북지방의 미야기현 동쪽 해저(북위 38.1도, 동경 142.9도, 해저 깊이 23.7km)에서 규모 9.0의 일본 역사상 가장 강력한 지진이 발생했다. 지진 발생 당시 일본에는 총 54기의 상업용 원전이 있었다. 이 중에서 지진의 영향을 직접 받은 원전은 진앙에서 가까운 순서로 미야기현의 오나가와 원전(3기), 후쿠시마현의 후쿠시마 제1원전(6기) 및 후쿠시마 제2원전(4기), 이바라키현의 도카이 제2원전(1기) 등 총 14기였다. 이 중에서 후쿠시마 제1원전 4, 5, 6호기는 핵연료 교환 및 정기 점검 등을 위해 가동이 정지된 상태였고, 정상 가동 중이던 나머지 11기는 지진 발생 직후 원자로가 자동으로 정지됐다. 일본 내 다른 원전들은 지진의 영향을 받지 않고 계속 가동했다.

지진 발생 약 50분 후 높이 15m의 해일이 후쿠시마 제1원전을

인근 지역 주민들이 대피하고 방사능 오염 정도를 검사하는 장면

덮쳤다. 원전 설계에 가정했던 최대 해일의 높이 5m를 훨씬 초과하는 것이었다. 밀려온 해일로 지하에 설치된 비상용 디젤 발전기가 침수되어 정지했고, 발전소의 모든 전기시설이 손상됐다. 후쿠시마 제1원전은 원자로 안전을 위한 최소 전력마저도 없는 블랙아웃 상태에 빠졌고 이로 인해 원자로 냉각을 위한 냉각수 펌프 가동을 할 수 없게 됐다.

냉각장치에 공급되는 전원이 중단되자 냉각수가 급속히 증발하여 원자로 내부 온도 및 압력이 상승하게 됐다. 결국 원자로는 폭발하고 폐연료봉을 냉각 보관하는 수조에 화재가 발생해 대량의 방사능 물질이 기체 상태로 누출됐다. 뿐만 아니라 중단된 냉각장치를 대신해 가열된 원자로를 식히기 위해 뿌렸던 바닷물이 방사능 물질과 함께 지하수를 오염시키고 바다로 유입되었다. 이 사건으로 후쿠시마 지역과 인근 해안은 심각한 방사능 오염지역으로 변했다.

이 사건은 구소련 체르노빌 원전 폭발에 버금가는 일본 최악

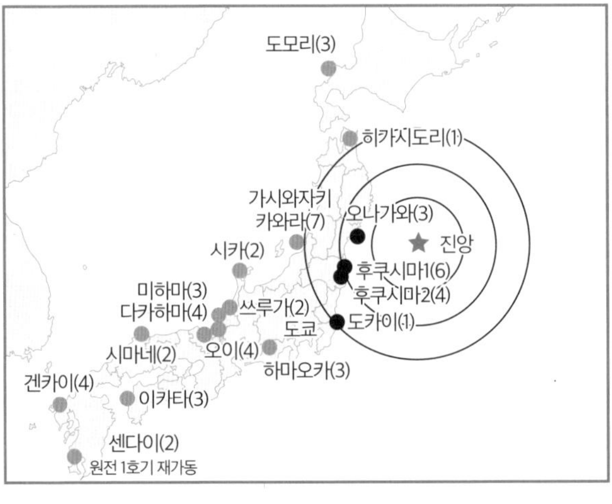

일본의 원자력발전소 현황과 지진해일 영향 원자로(총 14기)

의 원전 사고였다. 사건의 충격은 그동안 원자력 발전의 안전성에 의문을 제기해왔던 우리나라의 탈원전 정책에 중요한 영향을 미쳤다. 특히 당시 해일로 2만 명에 가까운 사망자와 실종자, 그리고 수십만 명의 이재민 발생이 마치 후쿠시마 원전 사고에 의한 것으로 오인되면서 그 파장은 엄청나게 증폭되었다.

주목해야 할 사실은 후쿠시마 원전 사고 피폭으로 인해 인명 희생은 없었다는(0명) 것이다. 사고 후 2년 뒤에 나온 UNSCEAR(원자력 영향에 관한 유엔과학위원회, United Nations Scientific Committee on the Effects of Atomic Radiation) 보고서 2013에도 방사선으로 인해 사망한 사람은 없다는 결과가 나왔다. 지진 발생 직후 원자로가 자동 정지됐고 약 50분 뒤 해일이 덮쳐 원자로가 폭발했기 때문에 그곳에는 아무도 없었다. 또 주민들이 모두 방사능 오염지역으로부터 이주했기 때문에 피해를 막을 수 있었다. 지금까지 나온 조사 보고에 따르면 후쿠시마 일대의 암 발병률도 일본 내 다른 지역과 비교해 유의미한 차이를 보이지 않고 있다. 문제의 심각성은 폭발한 4기의 원자로와 방사능 오염지역을 어떻게 해결하는가에 달려 있다.

후쿠시마 원전 사고 처리 현장

우리나라 원전은 지금까지 대형 사고는 없었지만 소규모 누출 사고가 간혹 발생하고 있다. 지난 1999년 10월 4일 월성 원자력발전소 3호기에서 중수 50*l*가 누출되어 근무자 22명이 방사능에 피폭된 사고가 발생한 적이 있다. 감속재 펌프를 가동하는 모터의 윤활유를 교체하는 과정에서 모터와 펌프를 분리하는 순간 중수가 다량 누출된 것이다. 펌프와 모터를 밀봉해 주는 O형 링이 알 수 없는 원인으로 파손되어 중수 누출로 이어졌다. 작업자들이 방호복을 착용한 상태에서 누출되었기 때문에 신체에 직접 피폭되지는 않았으나 기체 성분인 삼중수소가 호흡기를 통하여 일부 작업자의 인체 내에 흡입된 것이다.

이 사고는 1998년 7월에 운전을 시작한 후 예정된 정비를 위해 가동이 중단된 상태에서 발생하였기 때문에 다행히 대형 사고로는 이어지지 않았고 피폭 정도도 경미했다. 그러나 대부분의 대형 사고들이 이런 작은 것에서 비롯되어 발생한 것을 보면 사고 자체를 쉽게 볼 것은 아니다. 특히 사고가 난 월성 원전은 지금까지 8번의 중수 누출이 발생한 것으로 밝혀져 설계 자체에 의문이 제기되는 발전소다.

우리나라는 1978년에 처음 원자력발전소를 건설한 이래 2020년 현재 총 24기의 원자력발전소를 세웠고 4기를 건설 중이다. 설비 용량은 23,172MW로 미국, 프랑스, 중국, 일본, 러시아에 이어 세계 6위 규모다. 현재 전체 전력사용량 중 원전 비율이 26.2%에 이르고 있으며 이는 세계 12위에 해당한다. 세계 최고의 기술을 자랑하는 원전 강국이지만 모든 사고 가능성을 열어두고 재난에 대비하는 것이 최선의 방법이다.

제6부

현대인의 위험한 생활환경

필라델피아 재향군인병 사건

미국 동부 펜실베이니아주 필라델피아는 역사적으로 매우 중요한 의미를 갖는 도시다. 1776년 이곳에서 미국 독립선언이 이루어졌고, 1790년부터 1800년까지는 연방정부의 수도였다. 영국으로부터 독립을 선언한 동부 지역의 13개 주는 1781년에 와서야 연방을 만들었고, 독립전쟁의 영웅 조지 워싱턴이 1789년 초대 대통령으로 취임함으로써 비로소 미국은 하나의 국가체제를 갖추었다.

초대 대통령의 취임과 집무는 뉴욕에서 시작되었으나, 수도는 독립선언이 있었던 곳이어야 한다는 합의에 따라 1790년 필라델피아가 미국의 수도가 되었다. 하지만 조지 워싱턴 대통령은 연방정부의 미래를 위해 새로운 도시를 건설하여 수도로 하는 것이 바람직하다고 판단하고, 필라델피아에서 집무를 시작했던 1790년부터 새로운 도시를 계획하고 이전을 준비했다. 새 도시의 위치는 13개 주의 지리적 중간이며 물길을 따라 서부 진출이 용이한 포토맥 강변으로 했다. 수도 이전은 제2대 존 애덤스 대통령에 의해 1800년에 이루어졌으며, 수도명은 1799년 사망한 초대 대통령과 아메리카 대륙을 발견한 크리스토퍼 콜럼버스의 이름을 따서 워싱턴 D.C.(Washington District of Columbia)로 정했다.

필라델피아는 10년 남짓한 수도였지만 지금도 자유의 종을 비롯해 미국 독립을 상징하는 역사적 유물이 그대로 보존되어 있고 매년 독립기념일에 많은 행사가 거행된다. 미국 독립 200주년이었던 1976년 7월 4일을 전후로 필라델피아에서는 많은 행사가 열렸는데, 그중 하나로 7월 21일에서 24일까지 벨레뷰-스트래트포드(Bellevue-Stratford)라는 고급 호텔에서 재향군인회가 개최되었다. 그런데 이 회의에 참석한 4,400여 명 중 255명이 7월 22일부터 8월 3일 사이에 심한 고열과 기침을 수반한 폐렴 증세를 보였고, 그중

1. 당시 재향군인회 참석자들
2. 재향군인회 참석자들. 이들 중 두 명은 이 사건으로 사망했다.
3. 사건이 발생한 벨레뷰-스트라트포드 호텔

34명이 사망한 사건이 발생했다.

미국 질병관리본부(CDC: Center for Disease Control and Prevention)는 질병의 원인을 규명하기 위해 역학 조사에 들어갔다. 환자들이 모두 악성 폐렴 증상을 보였지만, 조사 결과 폐렴이 아닌 것으로 밝혀졌다. 그래서 처음에는 미스터리 질병으로 언론에 보도되기도 했다. 질병관리본부는 조사를 끝내면서 병의 원인은 그동안 알려지지 않았던 새로운 박테리아가 호텔 실내공기를 오염시켰기 때문이라고 발표했다. 그리고 그 새로운 박테리아(병균)를 이 사건과 관련지어 레지오넬라 뉴모필라(Legionella pneumophila)로 명명했다. 병균 이름에 사건이 일어난 필라델피아 재향군인회의 의미가 Legion(군부대) ella(세균) pneumo(폐) phila(필라델피아)로 들어가게 되었다. 레지오넬라균은 일반적으로 강이나 호수, 저수지 등에 매우 낮은 농도로 서식하지만, 적당한 온도가 주어지면 개체수가 갑자기 늘어난다. 사건 당시 레지오넬라균은 에어컨 냉각수에서 대량 번식하여 환기 장치를 통해 호텔 내부의 실내공기를 오염시킨 것이다.

이 사건은 당시 미국 유명 주간지 『뉴스위크』지, 『타임』지 등

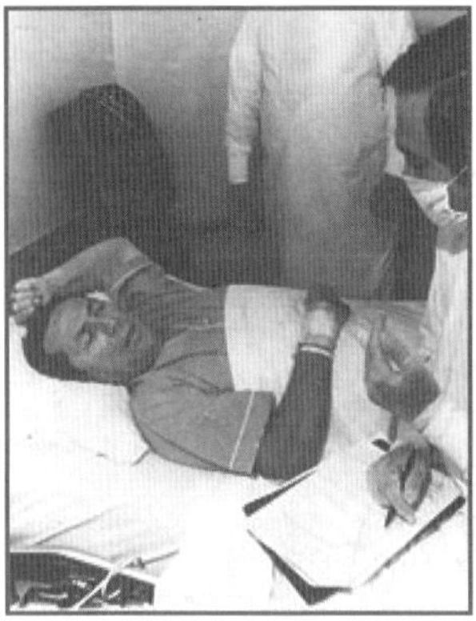

사건으로 입원한 환자와
사망자의 관을 운반하는 장면

에서 표지 기사로 게재될 만큼 사회적으로 큰 파장을 불러왔다. 이유는 미국 독립 200주년 행사로 세계 이목이 필라델피아로 집중된 상태에서 미스터리 병의 의학적 규명이 처음 이루어졌기 때문이다. 흥미로운 점은 병의 의학적 명칭은 Legionnaires disease(군부대 공기 질환), 또는 Legionella(레지오넬라병)인데, 우리나라에서는 사건에서 따온 '재향군인병'으로 부르고 있다는 사실이다.

이렇게 밝혀진 재향군인병은 이후 프랑스, 영국, 스페인 등 세계 곳곳에서 자주 발생하는 질병으로 보고되고 있다. 사건 이전에는 독감, 폐렴 등으로 오인되거나 원인 모를 질병으로 지나간 것이었다. 이후 계속 증가하여 지금은 미국에서만 연간 8,000~18,000명이 이 병에 걸리며, 이 중 약 12%가 사망하는 것으로 추정하고 있다. 에어컨 바람, 또는 목욕이나 샤워 시 레지오넬라균을 함유한 수돗물 증기가 호흡을 통해 폐로 들어가는 것이 원인이다. 보건당국은 인체 간 전염은 이루어지지 않으나 지금까지 백신이 개발되지 않아 특별한 주의를 요하는 병으로 분류하고 있다. 특이한 점은 약 70%가 여행 중에 이 병에 걸렸고, 일부는 병원에 입원한 환자들에서 발병한다는 것이다. 이러한 현상은 건강한

사건을 게재한 『뉴스위크』지와 『타임』지의 표지

사람은 레지오넬라균에 저항력이 있으나, 피곤하거나 면역력이 떨어지면 발병할 수 있음을 보여주는 것이다. 또 담배를 피우거나 폐가 건강하지 못한 사람들에서 발병률이 높다.

지난 2016년 6월 미국의 유명일간지 워싱턴 포스터(Washington Post)는 2000년부터 2014년까지 15년 동안 발병률이 인구 10만명당 0.42명에서 1.62명으로 무려 4배나 증가했다는 질병관리본부의 자료를 기사화했다. 2000년 이후 이렇게 급증한 이유는 고령 인구와 여행자 증가, 건물 노후화로 인한 부실 수도관 증가, 그리고 검사 진단의 증가 등을 들고 있다. 여기에 기후변화로 인하여 수도관이나 물탱크 등에서 레지오넬라균의 좋은 서식 조건을 제공하는 것도 이유 중 하나라고 했다.

레지오넬라균에 집단 감염된 사례도 여러 나라에서 보고됐다. 필라델피아 사건 다음으로 사망자가 많았던 사건은 1985년 영국에서 29명, 1996년 스페인에서 14명 등이다. 우리나라에서는

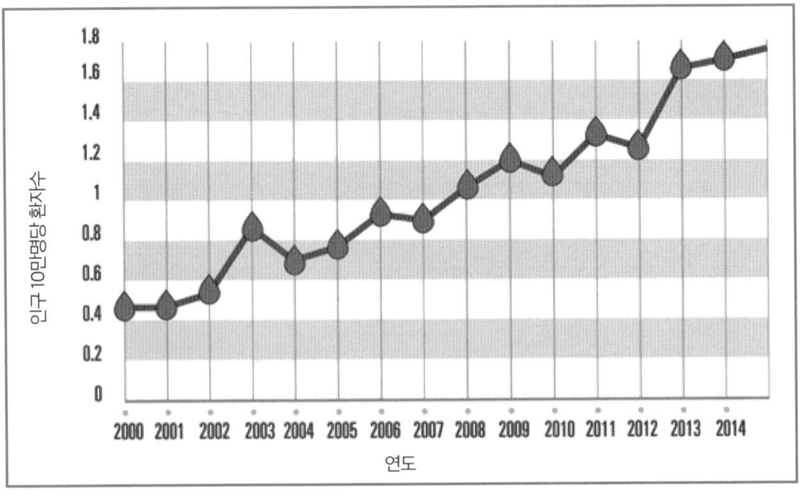

미국의 재향군인병 발병률 추이: 15년 동안 4배 증가

1984년 서울 모 종합병원의 중환자실에서 30여 명의 환자가 감염되어 4명이 사망한 사건이 있었다. 지난 2016년에는 인천의 한 모텔 장기 투숙자가 레지오넬라병에 걸려 시설을 폐쇄한 사건이 언론에 보도되기도 했다. 우리나라도 질병관리본부의 자료에 따르면 2013년 이후 꾸준히 증가하고 있으며, 특히 2019년에는 전년 대비 64.3%가 증가(2018년 305명, 2019년 501명)했고, 이 중 90% 이상(459명)이 50세 이상이었다. 주원인은 병원, 모텔, 목욕탕 등의 수돗물이고 치사율은 10% 정도라 밝히고 있으며, 50세 이상, 만성 폐질환자, 면역저하자, 당뇨병 · 암 등의 기저질환자에게 특별한 주의를 당부하고 있다.

이 사건은 수돗물의 호흡기 질환, 실내공기의 유해성, 사람을 죽이는 건물 등 현대인이 겪을 수 있는 여러 가지 중요한 환경 문제를 시사하고 있다. 특히 현대 사회에서는 매일 수돗물과 접하고 하루 대부분을 실내에서 생활하기 때문에 레지오넬라균이 번식할 수 있는 조건만 주어진다면 발병 위험은 항상 도사리고 있다. 예방을 위해서 병원, 호텔, 모텔, 요양원, 목욕탕 등의 세심한 수돗물 관리와 깨끗한 실내공기 유지가 필요하다. 레지오넬라균의 적정 번식 온도가 25~42℃이기 때문에, 특히 여름철 에어컨 냉각탑과 공조(공기 조절) 시스템 관리가 무엇보다 중요하다.

실내공기는 잘못 관리되면 인체 호흡기 손상을 직접 유발할 수 있다. 세계보건기구의 한 보고서는 공기오염으로 인한 연간 사망자 수가 최대 600만 명에 이르며, 이 중 약 280만 명은 실내공기가 원인인 것으로 추산하고 있다. 특히 실내공기오염을 개발도상국에서 일어나는 영유아 사망의 주요 원인 중 하나로 지적하고 있다. 또 실내에서 방출되는 오염물질이 실외보다 사람의 폐에 전달될 확률이 1,000배나 높기 때문에 실내 오염도를 20%만 줄여도 급성 기관지 질환 사망률을 최소한 4~8%정도 줄일 수 있다고 보고했다.

흔히 접할 수 있는 주요 실내공기 오염원으로는 냉·난방기, 생활용품, 건축 내장재 등을 들 수 있다. 냉방기에서 서식하는 세균과 난방시설에서 발생하는 일산화탄소, 질소산화물, 아황산가스 등도 건강을 위협한다. 또 각종 세척제, 기름 제거제, 합성섬유, 가정용 살충제 등에서 방출되는 실내공기 오염물질도 인체에 치명적이다. 특히 주방에서 요리할 때 발생하는 공기오염의 피해가 의외로 심각하다. 1979년 미국 연방환경보호청은 워싱턴 D.C.에 거주하는 시민이 일상생활 중 언제 공기오염에 가장 심하게 노출되는가를 조사하여 발표했다. 아침·저녁 대도시의 출퇴근 시간, 회사에서 근무할 때, 집에서 쉬고 잠잘 때 등 종일 정밀한 공기오염 측정기를 휴대한 채 자신이 숨 쉬는 공기의 질을 기록하도록 한 것이다. 그 결과 놀랍게도 자기 집 주방에서 요리할 때 가장 심각한 공기오염에 노출된다는 사실이 관측되었다. 주방의 공기오염은 일반 대기기준치를 훨씬 넘어 만약 실외였더라면 법적 규제를 받을 정도로 심각했다.

2004년 세계보건기구와 유엔개발계획(UNDP)은 주방에서 요리할 때 발생하는 실내오염을 '부엌의 살인자(Killer in Kitchen)'라고 칭하면서 그 심각성에 대한 범세계적인 관심을 촉구했다. 두 국제기구는 특히 개발도상국에서 많은 주부와 어린이가 이로 인해 사망하고 있다고 보고했다. 이들은 국제 기준치보다 100배 이상의 공기오염에 노출되어 있는데도 무감각하게 살아가고 있다는 것이다. 현재 전 세계 약 20억명이 이러한 위험에 처해 있고 그중 약 160만명이 이로 인해 매년 사망하는 것으로 추산하고 있다.

우리나라에서 실내공기오염이 특히 문제가 되는 곳은 지하철, 지하상가, 지하주차장 등과 같은 지하공간이다. 지하철의 경우 차량이 역내로 진입할 때 발생하는 분진이나 천정에 살포된 흡음재료, 바닥에 쌓인 먼지, 이용 승객들의 옷과 신발에서 떨어지는 물질 등이 인체의 건강을 위협한다. 조사에 따르면 우리나라 대부분의 지하철 역사에서 석면, 라돈, 포름알데히드, 이산화질소, 미세먼지 등이 실내환경 권고기준치를 초과하는 것으로 나타났다. 또 지하상가에서는 난방 및 조리 연료, 바닥 먼지, 통행인들의 옷과 신발 등이 주된 오염원이다. 그 밖에 지하 주차장이나 지하도에서도 강제 환기가 이루어지기는 하지만 공기 정화력과 자연 희석률이 부족하고 오염된 공기가 계속 순환하기 때문에 그 피해는 이용자에게 돌아온다.

학교나 사무실도 주요 실내공기오염 관리 대상이다. 조사 자료에 따르면 학교 교실은 실외보다 미세먼지 농도가 6배 이상 높은 곳도 있는 것으로 나타났다. 미세먼지는 직경이 10㎛(PM10) 이하의 먼지로, 인체 깊숙이 침투해 각종 호흡기 질환과 피부염을 일으킬 수 있다. 교실 내 미세먼지 조사 결과 석면, 크롬, 카드뮴 등 인체에 직접 영향을 미칠 수 있는 중금속도 측정되었다. 심지어 발암물질인 석면은 기준치보다 5배나 높게 나타났다. 또 알레르기를 일으키거나 호흡기에 영향을 줄 수 있는 30여 가지의 곰팡이가 교실 안에서 발견되기도 했다.

필라델피아 재향군인병 사건으로 주목받게 된 또 다른 환경 문제가 결함주택증후군(Sick House Syndrome) 또는 결함빌딩증후군(Sick Building Syndrome)이다. 이 증후군은 실내공기오염뿐만 아니라 층간 소음, 수도관 부식, 지하 유해물질, 라돈 방출 등 각종 유해요소로 사람이 거주할 수 없는 집이나 빌딩 상태를 말한다. 우리나라에서는 신축 또는 개축한 집에 입주한 사람들이 피로감, 두통, 현기증, 중추신경 마비, 설사, 구토, 피부질환, 비염, 기억력 상실 등을 겪게 되면서 '새집증후군'으로 알려지게 되었다. 이러한 증상은 건축자재와 실내에 뿌려진 유기용매제로부터 방출되는 포름알데히드나 휘발성 유기화합물질로 인한 것이다. 실제로는 모든 주택이나 빌딩에서 문제가 될 수 있는 증후군이 우리나라에서 의미가 축소되었다. 환기 부족 상태에서 호흡으로 발생하는 이산화탄소나 실내 습도 증가로 인한 곰팡이나 진드기 등도 이 증후군에 해당한다.

이 사건은 고급 호텔이 많은 사람을 병들게 하고 죽음에 이르

결함주택증후군과 이를 진단하는 홈 인스펙션 제도를 설명하는 삽화

게 할 수 있다는 사실을 전 세계에 알린 사례로 남아있다. 또 결함 빌딩증후군을 미국 사회에 알리게 되었고 같은 시기(1976년)에 시작된 러브 커낼 사건(학교와 주택 지하에 유해물질 매립, 158쪽)과 함께 홈 인스펙션(Home Inspection) 제도 도입에 일조했다. 홈 인스펙션 제도는 부동산 거래 시 전문기관에 의뢰해 실내공기오염, 라돈, 층간 소음, 수도관 부식 및 수돗물 안전도, 하수관거 및 정화조 상태, 지하 유해물질 매립 여부 등 환경 안전성을 정밀조사하고 그 결과를 계약서에 첨부하는 제도다.

사건이 발생한 벨레뷰-스트래트포드 호텔은 이후 문을 닫았다. 1979년 페어몬트 필라델피아(The Fairmont Philadelphia)라는 이름으로 다시 개장했으나 정상적인 영업을 할 수 없었다. 호텔 이름 변경과 폐·개장을 여러 차례 반복하다 2010년부터 벨레뷰 하얏트(Hyatt at The Bellevue)라는 호텔명으로 영업을 하고 있다. 1904년 19층 건물로 지어진 이 호텔은 당시로써는 대단한 건축물이었고, 오랜 기간 미국 역사에 남겨진 수많은 주요 행사들이 개최되었으며 현재 국가 역사 유물로 지정되어 있다. 하지만 이 사건은 아무리 대단한 건축물이라도 환경관리가 부실할 경우 사람이 병들고 죽는 흉가로 변해 몰락의 길을 가게 된다는 교훈을 남겼다.

리머릭 원전 라돈 사건

미국 펜실베이니아주 델라웨어강 지류인 스쿨킬(Schuylkill) 강가에 위치한 리머릭 원자력발전소(Limerick nuclear power plant)는 오랜 기간의 건설공사를 끝내고 1984년 12월 22일 가동을 앞두고 있었다. 가동 3주 전 마무리 공사 단계에서 발전소 직원들이 출퇴근하는 현관에 방사선 검출기(Radiation Detector)를 설치했다. 이것은 모든 원자력발전소의 기본적인 시설로 근무 직원들이 혹시라도 발전소 내에서 방사능 물질이 옷에 묻은 채 외부로 나가는 것을 막기 위한 장치다.

검출기가 막 설치된 12월 2일, 공사 현장의 건설기사 스탠리 와트라스(Stanley J. Watras)가 출근하면서 방사선 검출기를 통과하자 경고음이 울렸다. 당시 원자력발전소는 가동 전이었기 때문에 아직 핵연료도 장착되지 않은 상태였다. 더구나 퇴근이 아닌 출근길에 검출기에서 경고음이 난다는 것은 이해할 수 없는 일이었다. 새 검출기는 당연히 이상이 없었고 다른 직원들이 통과할 때는 경고음이 없었다. 와트라스의 출근길 경고음은 2주간 매일 아침 계속됐다. 이 미스터리는 원자력발전소의 방사선 안전원들이 와트라스의 집을 직접 방문하여 방사능 물질을 찾아냄으로써 마침내 풀렸다. 와트라스가 집에서 방사능 물질을 옷에 묻힌 채 출근한 것이 원인이었다.

방사선 안전원들은 와트라스의 집에서 오염원을 찾다가 매우 놀라운 현상을 발견했다. 지하실에서 엄청난 농도의 라돈 가스가 측정된 것이다. 약 2,700피코큐리(pCi/l=99,900Bq/m³ 베크렐)에 달하는 라돈이 검출됐다. 라돈(Rn-222)은 화강암이나 토양, 지하수 등에서 공기 중으로 방출되는 자연방사능 물질이다. 눈에 보이지 않고 별다른 냄새, 맛이 없어서 사람이 전혀 인식할 수 없는 상태에서 폐암을 일으키는 1급 발암물질이다. 와트라스 집 지하실 라돈은 보통 우라늄 광산에서 관측되는 농도보다 20배나 높은 수준이었다. 이곳 라돈의 유해성은 하루 135갑의 담배를 피웠을 때 나타나는 폐암 발병 가능성과 같은 것으로 추정됐다.

이 사실이 밝혀지자 와트라스 가족은 즉시 이사했다. 그들은 1984년 1월 이 집으로 이사를 온 이후 1년 가까이 이곳에서 생활했다. 미국 연방환경보호청(EPA)과 펜실베이니아 주정부는 이 집을 라돈과 라돈 붕괴생성물(Decay Product) 실험실로 만들어 그동안 볼 수 없었던 특이한 현상을 연구했다. 그리고 이 집을 다시 사람이 들어와 살아도 건강피해가 없는 안전한 주거 환경으로 만드는 라돈 경감 방법(Mitigation Method)도 연구했다.

라돈은 지하 암반에 들어있는 우라늄(Uranium)이 서서히 핵분열하여 만들어진 라듐(Radium)이 다시 핵분열하면서 나오는 물질이다. 이렇게 만들어진 라돈은 가스상 물질이기 때문에 지하실로 방출된 것이다. 특이하게도 와트라스 집의 지하실에서는 높은 농도의 라돈 가스가 검출되었지만, 이웃집들은 안전 기준치를 넘지 않았다. 조사팀은 지하 수맥처럼 그곳 암반에 라돈 가스맥이 형성되어 와트라스 집 지하실로 방출되고 있다는 결론에 도달했다. 그 집 지하에서는 마치 샘물이 솟아오르듯이 라돈 가스가 분출하고 있었다.

라돈 경감 연구팀은 와트라스 집을 몇 개월 동안 수리해서 사람이 거주해도 안전한 곳으로 만들었다. 지하 라돈 가스 분출구를 관으로 연결하여 송풍기에 의해 실외 대기로 날려 보내는 방법으로 실내 라돈은 기준치(4pCi/l) 이하로 유지될 수 있었다. 이후 와트라스 가족은 다시 그 집으로 들어와 살았다. 하지만 의사들은 환경보호청의 위해성 평가에 근거하여 그 가족들에게 라돈에 노출되지 않은 일반인에 비해 10년 이내에 폐암으로 사망할 확률

집을 배경으로 와트라스 부부와 3명의 아이들

리머릭 원자력 발전소의 방사선 검출기

이 7배나 높다고 경고했다. 게다가 3명의 아이들(당시 여아 1세, 남아 3.5세와 6세)은 성인이 되기도 전에 사망할 수도 있다고 했다. 와트라스 가족들은 1년도 채 안 되는 동안 고농도 라돈 집에 살았다는 이유로 언젠가는 폐암으로 사망하게 된다는 공포 속에서 살아야만 했다.

이 사건의 여파로 환경보호청은 미국 전 국토와 주택의 라돈 상태를 조사했다. 모든 주의 지질에서 라돈이 배출되며 조사한 주택의 약 6%는 안전 기준치를 초과하는 것으로 나타났다. 또 미국 연간 폐암 사망자(약 160,000명)의 13%에 해당하는 21,000여 명이 라돈으로 인한 것으로 추산되었으며, 라돈이 흡연 다음으로 높은 폐암 발병 원인에 해당하는 것으로 나타났다. 그래서 미국 의사협회와 환경보호청은 모든 주택에 대해 라돈 검사를 제안했다. 환경보호청은 미국 전역에 걸쳐 주택 거래 시 구매자에게 공개하는 정보에 라돈을 포함하는 것을 법으로 규제하게 되었고, 1993년 미국 부동산중개인협회(NAR: National Association of Realtors)도 이에 동참

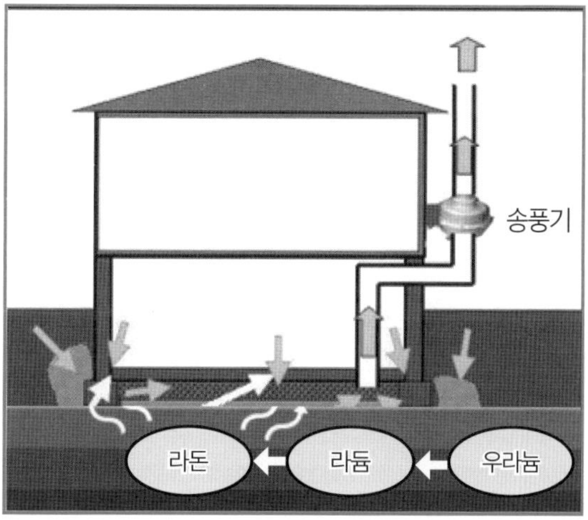

주택의 지면에서 라돈이 방출되는 과정과 배관을 이용한 배출 방법

했다.

사건 발생 30년이 지난 2015년 또다시 흥미로운 사실이 언론에 공개되었다. 그동안 와트라스 가족들은 다른 곳으로 이주하지 않고 그 집에서 계속 살고 있었다. 그런데 당시 의사들이 경고했던 것과는 달리 아무도 폐암에 걸리지 않았다. 부부는 아무런 이상이 없었으며 자녀들 또한 모두 건강하게 자라서 성인이 되었다. 30년 전의 예측은 완전히 빗나갔다. 오히려 잘못된 예측 때문에 와트라스 가족들은 심한 정신적 고통을 받으며 살았다고 한다. 사건 발생 당시 의사들이 와트라스 가족들의 라돈 노출 정도와 기간에 대한 정확한 정보 없이 과장된 예측을 한 것이다.

우리나라에서도 지난 2018년 5월 한 유명 침대회사의 제품에서 라돈이 검출되었다는 사실이 언론에 보도되면서 사회적으로 큰 문제가 되었다. 침대에서 원적외선이 방출되도록 모나자이트라는 광물질을 넣은 것이 라돈 방출 원인이었다. 제조업체도 문

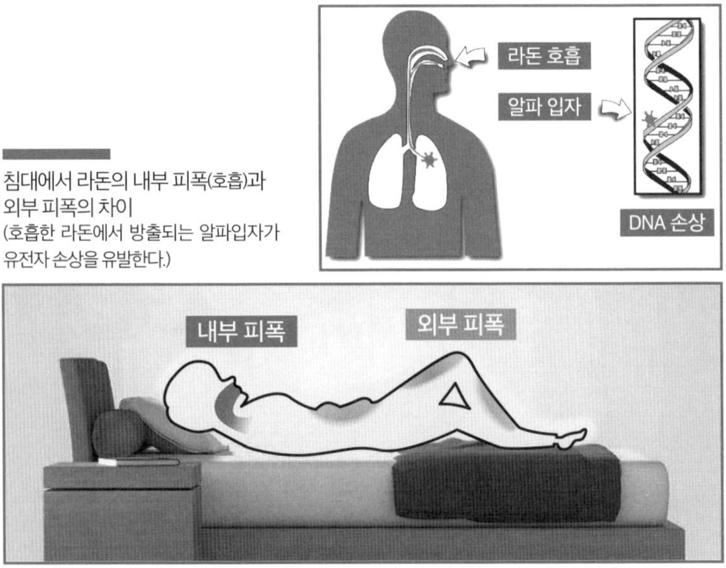

침대에서 라돈의 내부 피폭(호흡)과 외부 피폭의 차이
(호흡한 라돈에서 방출되는 알파입자가 유전자 손상을 유발한다.)

제였지만 정부 또한 어처구니없는 오류를 범했다. 원자력안전위원회가 처음에는 라돈 침대를 조사하여 인체에 안전한 수준이라고 발표했다가 5일 만에 다시 안전성 평가를 뒤집었다. 침대가 인체에 유해하다는 것이었다. 라돈이 붕괴할 때 방출되는 알파입자의 외부피폭만을 고려하여 안전하다고 했지만, 호흡을 통해 폐로 흡수되는 내부피폭을 다시 추가하니 폐암 발생 가능성이 충분하다는 판단이었다. 전국에 팔려나간 모든 침대를 회수하는 소동이 벌어졌고 건실했던 유명 침대회사는 하루아침에 회복 불가능 상태가 되었다.

우리 국토도 지질 특성상 고농도 라돈 방출 가능성이 꾸준히 제기되어 왔다. 특히 지난 1998년 대전의 한 지하수에서 우라늄이 검출된 이후 1999년부터 여러 차례에 걸쳐 전국적으로 자연 방사능 물질을 조사했다. 지난 2013년에는 그동안 전국의 주택을 대상으로 조사한 국립환경과학원의 발표가 있었다. 전국 주택의 평균 22%가 라돈 안전 기준치를 초과하는 것으로 나타났다(그림 참고). 특히 화강암 지대에 위치한 지하 또는 반지하 주택의 경우 환기가 잘 이루어지지 않은 겨울철에는 매우 높은 농도의 라돈이 검출되는 것으로 나타났다. 라돈은 지면 토양이나 암석으로부터 실내로 들어오기도 하고 사용한 건축 자재에서 방출되기도 한다. 환기를 통해 라돈의 위험을 줄일 수 있지만, 라돈은 공기보다 7배 정도 무겁기 때문에 완전히 제거하기는 쉽지 않다. 라돈 배출량이 많은 지역에 지어진 주택이나 공공건물은 안전 진단을 받고 경우에 따라서 저감장치 설치와 같은 특별한 대책이 필요하다.

라돈이 인체에 유해한 자연 방사능 물질이라고 밝혀진 것은 이미 1백여 년 전이다. 또 폐암의 주요 원인이 된다는 사실도 지난 1950년대에 광산에서 일하는 광부들에 의해 알려지게 되었다. 하지만 그동안 주택에서 높은 농도의 라돈 가스가 관측될 수 있다는 사실은 세계 어느 곳에서도 보고되지 않았다. 이 사건은 미국을 비롯하여 세계 각국에 '자연 방사능 물질의 유해성과 라돈으로부터 안전한 집'이라는 새로운 환경 이슈를 남겼다. 그리고 미국이나 유럽의 주요 선진국에서 주택과 사무실의 인체 유해성을 검사하는 홈 인스펙션(Home Inspection)과 공인 빌딩생물학기사(Certified Building Biologist) 제도를 정착시키는 계기가 되었다. 빌딩생물학기사는 독일에서 처음 시작된 직업으로 오염물질이 없는 깨끗한 실내 공기와 수돗물이 공급되고 전자파 공해가 없는 건강한 집과 학교, 그리고 일터를 만드는 것이다(참고: 전자파 환경성 질환과 예방법, 2019년). 미국 연방환경보호청 비교적 주택 환기가 피해 가능성이 높은 겨울철 1월을 '국가 라돈 예방의 달(National Radon Action Month)'로 정하고 국민에게 경각심을 불러일으키고 있다.

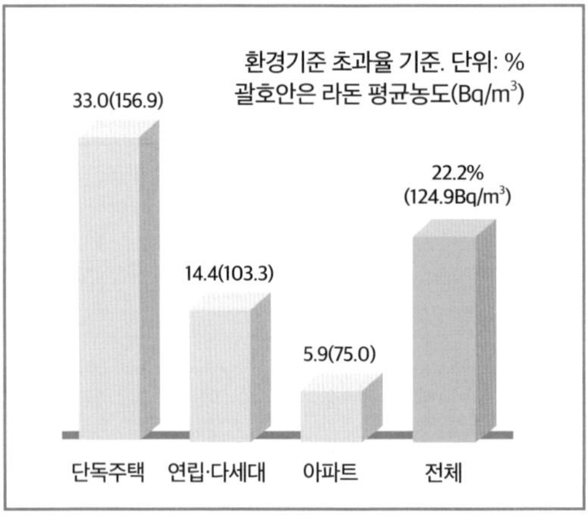

우리나라 주택 유형별 라돈 현황 (전국 주택 22% 기준치 초과, 조선일보 2013년 1월 25일)

가습기 살균제 사건

2011년 4월 서울의 한 대학병원 응급실과 호흡기 내과에 중증 폐질환 증상을 보이는 임산부들이 잇달아 입원했다. 의료진들은 검진 결과 환자들로부터 치명적인 세균이나 바이러스가 발견되지 않았기 때문에 다른 원인을 찾고 있었다. 입원환자 중 34세 여성이 5월 10일 사망했고 6월에는 3명의 여성이 연이어 사망했다. 같은 시기에 영유아 7명도 같은 증상으로 사망했다.

전국에서 유사한 사례가 보고되면서 질병관리본부는 역학조사를 실시했다. 2011년 6월 1차 결과를 발표했는데 주요 내용은 환자들이 공기 중의 '무언가'를 들이마셨기 때문에 기관지 주변이 손상되었다는 공통점이 있었으며 사망자들은 모두 폐가 딱딱하게 굳는 폐 섬유화 증상을 보였다는 것이다. 2개월 뒤에는 폐질환의 원인이 "가습기 살균제로 추정된다"는 결론을 추가로 발표했다.

하지만 정부는 가습기 살균제 판매를 금지하지 못했다. 시중에 유통되는 제품을 수거해서 동물 흡입 실험을 진행 중이지만 관련 법조항이 없어 명확한 결과가 나오기 전까지는 판매금지나 강제 리콜이 어렵다는 것이 정부 입장이었다. 단지 한국소비자원이 9월 30일 가습기 살균제 사용 자제를 권고하는 수준이었다. 11월 11일에 이르러 보건복지부가 질병관리본부의 역학조사 결과를 근거로 위해성이 확인된 가습기 살균제에 대해 수거 명령을 내리게 되었다.

2012년 1월에는 피해자들이 가습기 살균제 판매업체와 국가를 상대로 민·형사 소송을 제기하기 시작했다. 2월에는 질병관리본부가 동물 흡입 실험 결과를 바탕으로 가습기 살균제가 폐 손상의 원인이라고 최종 확인 발표했다. 가습기 살균제에 포함된 독성물질은 폴리헥사메틸렌구아디닌(PHMG)과 염화올리고에톡시에틸구아디닌(PGH)이였고, 일부 제품에서는 메틸클로로아이소싸이아졸리논(MCI, 또는 MCIT)을 사용하기도 했다. 이러한 화학물질은 정화조나 물탱크 청소에 주로 사용되는 살생물제(Biocide)였다. 피부 독성이 다른 살균제에 비해 5~10분의 1정도에 불과해서 가습기 살균제뿐만 아니라 샴푸, 물티슈 등 여러 가지 제품에 이용되고 있었다.

문제는 살생물제를 실내 공기로 들어가는 가습기 살균제로 사용했다는 것이다. 가정이나 사무실에서 흔히 사용하는 초음파 가습기는 미세한 물방울을 공기 중에 날려 보낸다. 이때 가습기 살균제에 포함된 화학물질들은 물방울의 100분의 1에 해당하는 크기로 공기 중에 떠돌게 되고 사람이 호흡하면 폐 깊숙이 침투하여 폐포를 손상시킨다. 손상된 폐포는 다시 회복하려 하지만, 손상과 회복을 반복하면서 세포가 굳어지는 폐 섬유화가 나타나고 제 기능을 못하는 폐는 호흡 곤란에 빠져 심할 경우 죽음에 이를 수 있다.

가습기 살균제는 1994년에 개발되어 2011년 판매 금지될 때까지 17년 동안 24개 제품에 포함되어 총 719만 개가 시중에 팔려나갔다. 그동안 가습기 살균제를 사용한 사람 수는 약 350만~400만 명에 이를 것으로 추산하고 있다. 정부는 지난 2011년 11월부터 총 4회에 걸쳐 피해조사를 해오고 있다. 2020년 8월 현재까지 신청 접수한 피해자는 총 6,837명이며, 가습기 살균제로 사망한 것으로 판정 완료된 숫자는 287명이다. 2016년 4월부터 시작된 4차 조사에 접수하여 판정을 기다리는 사망자도 1,301명에 달한다. 생존자 5,279명 중 판정 완료된 자는 1,025명이며, 나머지는 판정을 기다리고 있다. 정부는 2017년 피해자와 그 유족을 신속하고 공정하게 구제하는 것을 목적으로 하는 '가습기 살균제 피해구제를 위한 특별법'을 제정하여 시행하고 있다.

이 사건의 피해자는 지금까지 밝혀진 숫자보다 훨씬 더 많을 것으로 추정하고 있다. 2016년에 발표된 연구에 따르면 우리나

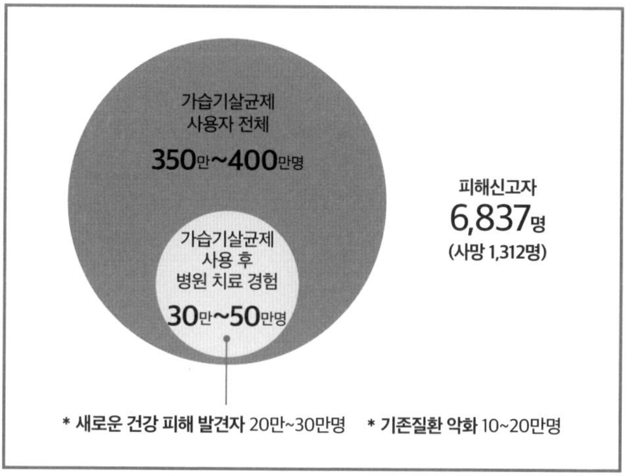

가습기 살균제 피해 규모
(2020년 기준, 일부 자료 환경보건시민센터 추산)

라 국민의 20%가 가습기 살균제에 노출되었으며 지난 1995년부터 2011년까지 조사된 국내 폐렴 사망자 7만 명 중 29%인 2만 명이 가습기 살균제로 인한 사망자로 추산된다고 했다. 1994년 처음 살균제 시판이 이루어진 이후 많은 사람들이 폐질환을 앓거나 그로 인해 사망해도 원인을 규명하지 못한 채 지나갔고 2011년 이후 지금까지 신고된 숫자는 희생자의 일부에 불과하다는 지적이다.

현대 인류는 화학물질의 홍수 속에서 살아가고 있다. 이 중 많은 것이 생활공간을 통해 인체에 항상 접촉되고 흡입될 수 있는 생활화학물질이다. 급속히 발달하고 있는 과학은 끊임없이 새로운 물질을 만들어 내고 정부의 허가를 받아 시판되고 있다. 하지만 일반 대중은 그 물질에 관해 잘 모른다. 대중은 단지 정부가 사용을 허가한 물질이라는 것만 알고 사용하게 된다. 여기에 사각지대가 있다. 정부의 화학물질 관리는 허술하기 짝이 없다. 가습기 살균제 사건은 현대 사회가 안고 있는 생활화학물질의 문제점을 너무나 잘 보여주고 있다.

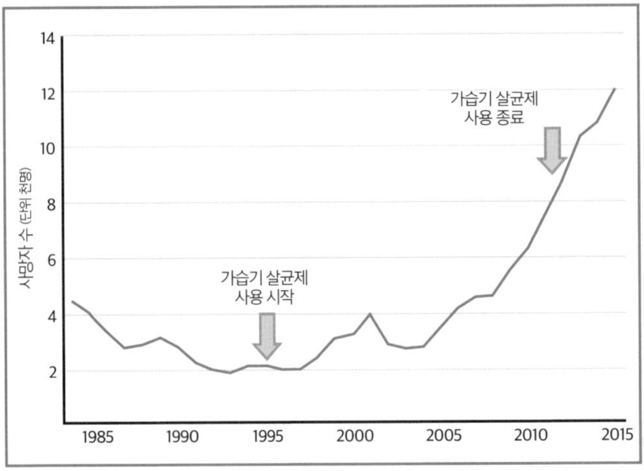

우리나라 폐렴 사망자수 변화
(1995~2011년 약 2만명 발생)

외부로부터 물질이 인체에 들어올 수 있는 주요 경로는 세 가지다. 물과 식품을 통한 소화기관(Ingestion), 공기를 통한 호흡기관(Inhalation), 그리고 피부 접촉(Skin Contact)이다. 같은 물질이 같은 농도로 인체에 들어오더라도 경로가 다를 경우 인체에 주는 영향은 아주 다르다. 가습기 살균제가 문제가 된 것은 호흡기관으로 들어왔기 때문이다. 정부는 살균제에 들어있던 PHMG, PGH, MCI 등이 호흡기관으로 흡입될 때 나타나는 독성을 검사하지 않은 상태에서 사용을 허가한 것이다. 특히, 가습기 살균제는 공산품으로 분류되어 있었기 때문에 '품질경영 및 공산품 안전 관리법'에 따른 일반적인 안전 기준만이 적용되어 피해를 예방하지 못했다.

이 사건을 계기로 정부는 2013년 '화학물질의 등록 및 평가 등

가습기 살균제 피해자 연합 회원들의 가해 기업 책임 촉구 기자회견과 제품을 전시하면서 시위하는 시민단체

에 관한 법률(약칭 화평법)'을 제정했다. 화학물질로부터 국민건강과 환경을 보호하기 위한 새로운 법적 장치를 마련했다. 하지만 여전히 허점투성이다. 우리나라는 현재 정부가 일부 유해 화학물질 항목을 정해두고 사용을 불허하는 금지 규제(Negative System)를 적용하고 있다. 반면에 유럽이나 미국의 경우 정부가 일부 안전한 화학물질 항목을 정해두고 그것만 사용을 허용하는 사용 규제(Positive System)를 적용하고 있다. 사용 규제에서는 정부가 생산판매자의 항목까지 관리하기 때문에 일반인이 유해 화학물질을 사용할 가능성이 없다. 반면 금지 규제에서는 국가가 정해둔 항목이 아닌 유해 화학물질은 생산판매자에게 관리를 위임하기 때문에 일반인이 사용할 가능성은 충분히 있다.

미국의 대표적인 국제 환경정책 전문가인 예일대 제임스 스페스(James G. Speth) 교수는 저서 『아침의 붉은 하늘(Red Sky in the Morning, 2004년)』에서 현대 사회의 8대 전환을 강조하면서 그중 하나로 학교에서 배출되는 모든 학생들에게 환경교육을 필수로 해야 한다고 적고 있다. 이유는 급속히 발달하는 과학기술과 정체되어있는 일반 대중의 관련 지식 격차를 줄이기 위함이라고 설명한다. 현대 문명이 만들어내는 생활환경에는 도처에 건강 위해성이 숨어 있지만 그곳에서 살아가는 현대인의 지식수준으로 이를 이해하지 못하기 때문에 사고로 이어지고 피해를 당할 수밖에 없다는 주장이다. 다시 말하면 생존을 위한 환경교육이 필요하다는 것이다. 환경지식이 부족하면 건강하고 쾌적한 생활을 할 수 없는 것이 현대 문명이다.

샌디에이고 전자파 사건

미국 캘리포니아주 샌디에이고주립대학교(San Diego State University)에서 교직원과 학생들이 연이어 뇌종양으로 사망하는 사건이 일어났다. 1993년부터 시작되었던 뇌종양 사망은 2000년대에 들어와서 더욱 많아졌다. 주목할 점은 사망한 직원 7명(1993년 1명, 2008년 4명, 2010년 1명, 2013년 1명)과 학생 3명(2008년 1명, 2011년 1명, 2012년 1명)이 모두 이 대학 나사티르홀(Nasatir Hall) 131호실이나 옆 호실 또는 인접 건물에서 일했던 경력이 있었다는 사실이다.

이 사건은 2008년에 사망한 이 학교 정치학과 대학원생이었던 리처드 파버(Richard Faver)의 어머니 버지니아 파버(Virginia Faver)가 아들이 뇌종양에 걸려 죽음에 이르는 과정과 발병 원인을 추적한 기록을 공개하면서 세상에 알려지게 되었다. 특히 그녀가 공개한 기록이 2014년 미국에서 출간된 『전자파 침묵의 봄(An Electronic Silent

Spring)』이라는 책에 소개되면서 널리 알려지게 되었고, 이 사건은 무선주파수(RF: Radio Frequency) 전자파 방사선의 유해성을 알리는 대표적인 사례로 자리 잡게 되었다.

이야기의 주인공 리처드는 2005년 가을 샌디에이고주립대에서 정치학 석사과정을 시작했다. 건강했던 20대 초반의 청년이 두통, 단기 기억장애, 평형감각 상실, 뇌출혈, 발작 등을 겪게 되었고 결국 2008년 3월 '다형성 교아종 뇌종양(GBM: Glioblastoma Multiforme)'이라는 진단을 받게 되었다. 당시 병을 진단하고 치료했던 의사들은 그의 뇌종양은 유전적인 것이 아니며 휴대전화 사용이 원인이라는 소견을 제시했다. 리처드는 22살이 되던 2001년부터 발작을 일으킨 2008년까지 매일 2~3시간씩 휴대전화를 사용한 것으로 밝혀졌다.

리처드는 진단 직후 뇌종양 분야에서 권위 있는 노스캐롤라이나주 듀크대학교 '티시 뇌종양센터(Tisch Brain Tumor Center)'로 옮겨져 모든 치료와 수술을 받았지만, 시력을 잃고 장님이 되었다

샌디에이고주립대학교 암 발생 사망자

사망자	년도	병명	근무지
Richard Funston(직원)	1993	뇌종양(GBM)	나샤티르홀 131호실
Richard Farver(학생)	2008	뇌종양(GBM)	나샤티르홀 131호실
Charles Cutter(직원)	2008	뇌종양(GBM)	나샤티르홀 131호실
Dwight Anderson(직원)	2008	암(종류 불명)	나샤티르홀 131호실
Lou Terrell(직원)	2008	뇌종양(Lymphoma)	나샤티르홀 131호실
Mrs. Kathy O'Hara(직원)	2008	뇌종양(GBM)	나샤티르홀 131호실
Ms. Laurel Amtower(직원)	2010	뇌종양(GBM)	GWEN 부근 빌딩
Samantha Stauber(학생)	2012	암(종류 불명)	GWEN 부근 빌딩
Dr. Paul Sargent(교수)	2013	암(종류 불명)	나샤티르홀 GWEN 인접 호실

※ 그 외 2012년에 뇌종양으로 사망한 학생 1명(성명 미상)

가 결국 발작을 일으킨지 7개월 만인 2008년 10월 11일 생을 마감했다. 미국 상원의원 테드 케네디(Edward Moore 'Ted' Kennedy)도 같은 뇌종양으로 이곳에서 치료를 받았고 2009년 8월 25일에 사망했다.

아들의 죽음으로 망연자실해 있던 리처드의 어머니는 몇 개월이 지난 후 뇌종양과 휴대전화 사용의 관계가 궁금해져 조사를 시작했다. 그 관계를 찾아서 남들에게 알려주는 것이 아들의 죽음이 헛되지 않을 것으로 생각했고, 어떤 부모도 자신들이 당했던 힘든 고통을 겪게 되는 것을 원치 않았기 때문이다. 또 리처드도 자신의 사망에 관한 진짜 원인을 그의 동료들과 친구들에게 전해주길 원할 것이라는 믿음도 있었다.

수많은 연구결과를 조사하여 휴대전화와 뇌종양과의 관계에 관해 확신을 얻어갈 무렵 그녀는 새로운 뉴스를 접했다. 2009년 7월경 그동안 샌디에이고주립대학교에서 일어난 집단 뇌종양 발생에 관한 기사를 보게 되었다. 나사티르홀 131호실에서 많은 시간을 보냈던 교직원 4명 모두 뇌종양에 걸렸다는 기사였다. 131호실은 샌디에이고주립대학교 정치학과에서 일하던 직원들이 사

리처드 파버와 사진을 들고 있는 그의 부모

용하던 사무실과 휴게실이 있는 곳이다. 리처드도 조교로 일하면서 일주일에 7일을 나사티르홀 131호실에서 보냈다. 그 기사는 나사티르홀 옆 통신 건물에는 중계기 안테나가 설치되어 있으며 리처드를 포함한 세 명의 학생도 사망했다고 보도했다.

그녀는 나사티르홀 옆 중계기 안테나 타워와 관련 추가 희생자들을 조사하기 시작했다. 그 타워는 교정 내의 가장 높은 곳에 설치된 지상파 비상통신망(GWEN: Ground Wave Emergency Network)이다. 이 타워의 안테나에서 나오는 전파신호는 경찰, 구급차, 국토안보 네트워크에 사용되며 휴대전화와 WiMax(Worldwide Interoperability for Microwave Access, 마이크로웨이브 접근을 위한 전 세계 정보상호 운용체계)에도 필요했다. 리처드가 입학할 무렵인 2005년 여름 샌디에이고주립대의 안테나는 첨단 장비로 고도화됐다. 안테나가 방출하는 신호는 반경 116킬로미터 정도 커버하며 거의 모든 구조물을 통과할 수 있다. 그 타워에는 고성능 무선 연구 및 교육 네트워크(HPWREN: High Performance Wireless Research and Education Network)를 위한 접시 안테나도 설치되어 있었다.

그녀는 아들이 하루 2~3시간씩 휴대전화를 사용하고 중계기

샌디에이고 주립대학교 나사티르홀과 중계기 안테나 타워

안테나 타워 옆에 있는 건물에서 생활했기 때문에 뇌종양에 걸린 것으로 확신했다. 그래서 샌디에이고주립대 스티브 웨버(Stephen Weber) 총장과 이사회에 연락하여 나사티르홀에 대한 인체 유해성 검토를 요청했다. 대학은 예방의학자 토마스 맥(Thomas Mack)에 의뢰하여 유해성을 검토했다. 하지만 그가 작성한 보고서에는 "나는 이 건물에서 근무하고 있는 사람들이 어떤 비정상적인 화학물질이나 방사선에 노출된 경험이 있다는 보고를 받은 적이 없었다는 점에 미루어 아무런 영향이 없다고 추정한다."라고 적혀 있었다. 그녀는 다시 아놀드 슈워제네거(Arnold Schwarzenegger) 캘리포니아 주지사에게 연락했다. 주지사는 아무래도 학교 내부의 문제인 것 같다며 다시 대학으로 돌려보냈다.

그녀의 노력은 별다른 소득 없이 끝나 버렸다. 많은 인명이 희생된 이 사건은 과학과 인권이 세계 어느 나라보다 앞서 있다는 미국에서 아무런 결과를 얻지 못했다. 휴대전화가 송수신하는 무선주파수의 인체 유해성은 오래전부터 과학적으로 입증되어왔

샌디에이고주립대 교수와 학생들이 관을 들고 연쇄 뇌종양 사건에 대해 항의 시위하고 있다.

다. 우리의 뇌에는 동맥을 흐르는 혈액 속에 들어있는 독소들이 들어오지 못하도록 하는 뇌혈관 보호막(BBB: Blood Brain Barrier)이 있다. 휴대전화를 두 시간 정도 사용하게 되면 보호막의 기능이 약화된다. 보호막의 세밀한 선택적 기능이 약해지면 혈관 속 미량의 유해물질이 뇌로 들어가 종양을 일으킬 수 있다. 그래서 2011년 세계보건기구(WHO) 산하 국제암연구소(IARC)는 휴대전화 전자파를 인체 암 발생 가능 그룹으로 분류했다. 이 그룹에는 납, DDT, 석면, 클로로포름 등이 포함되어 있다.

지금 휴대전화를 비롯한 각종 무선통신기기가 사용하는 무선주파수 방사선의 유해성에 관해 정부 규제는 너무나 미흡하고 사용자는 모르고 있다. 그래서 이런 사건이 발생해도 결과는 허망하게 끝나는 것이 현실이다. 무선통신기술과 전기 사용으로부터 발생하는 전자파의 유해성에 관해 미국과 유럽을 중심으로 과학적 논쟁이 계속되고 있다. 자세한 내용은 『전자파 침묵의 봄』(2018년), 『전자파 환경성 질환과 예방법』(2019년), 『보이지 않는 무지개』(2020년)를 참고하길 바란다.

제 7 부

위기의 지구가 보내는 경고

클리어 호수 사건

미국 캘리포니아주 샌프란시스코에서 북쪽으로 150㎞가량 떨어진 클리어(Clear) 호수는 옛날부터 낚시꾼들에게 인기가 좋았다. 그런데 이 호수는 여름이면 각다귀(Gnat)라는 작은 곤충이 폭발적으로 증가해 이곳을 찾는 이들을 몹시 성가시게 했다. 그래서 호수 관리자들은 여름이면 문제가 되는 각다귀를 박멸할 수 있는 방법을 고심해왔다. 그리하여 1916년 이래로 물고기를 이용해 각다귀 애벌레를 먹어치우게 한다거나 당시 개발되기 시작하던 살충제를 이용하기도 하는 등 여러 가지 방법이 시도되었으나 별다른 성과는 없었다.

그러던 중 호수 관리자들은 새로 개발된 다이클로로다이페닐다이클로로에탄(DDD: Dichloro-Diphenyl-Dichloroethane)이라는 살충제를 1949년에 대량 살포했다. DDD는 DDT와 매우 유사한 분자구조를 가진 유기염소계 화학물질로, 자연계에 살포되면 쉽게 분해되지 않아 수십 년간 그대로 잔류한다. 관리자들은 사전 실험을 통해 DDD가 물고기에는 비교적 해가 없지만, 각다귀 애벌레에 대한 살충 효과는 매우 뛰어나다는 것을 확인했다. 그 후 클리어 호수에서 각다귀는 거의 찾아볼 수 없었으나, 1951년이 되자 다시 엄청나게 늘어나기 시작했다. 1954년에 와서 이번에는 강도를 50% 높여 DDD를 대량 살포했다. 그해 겨울이 되자 호수에서 물고기를 먹고 사는 논병아리(Grebes)라는 새 100여 마리가 죽은 채 발견되었다. 죽은 새들을 조사해보았지만, 전염병의 징후는 나타나지 않았다. 논병아리는 겨울이면 이곳에 몰려와 알을 낳는다. 흰 목과 검은 머리를 높이 쳐들고 새끼들과 무리 지어 호수 표면을 미끄러지듯 헤엄치는 논병아리 떼는 클리어 호수에서 겨울철 일대 장관을 연출하곤 했다.

1955년과 1956년에 연이어 각다귀는 다시 폭발적으로 늘어났다. 그래서 1957년에도 1954년과 같은 강도로 DDD가 대량 살포되었고 더 많은 논병아리가 호숫가에서 죽은 채 발견되었다. 이번에도 전염병의 징후는 전혀 없었다. 그러나 논병아리의 지방 조

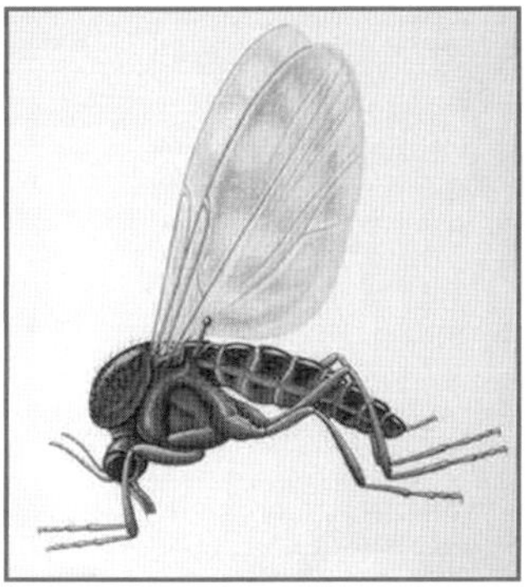

각다귀와 논병아리

직을 분석한 결과 1,600ppm에 달하는 고농도의 DDD가 검출되었다. 호수에 투입된 DDD 최대 농도는 0.02ppm이었다. 논병아리 체내의 DDD 농도는 물보다 8만 배 이상이나 높았다. 그 이유를 알기 위해 호수에 사는 다른 생물들의 DDD 농도를 조사해보니 식물성 플랑크톤은 5ppm, 초식성 물고기는 40~300ppm, 다른 물고기를 잡아먹은 육식성 물고기인 메기는 2,500ppm의 높은 수치를 보였다. 꼬리에 꼬리를 물고 이어지는 먹이사슬을 따라 물속의 DDD는 식물성 플랑크톤에, 식물성 플랑크톤은 초식성 어류에, 초식성 어류는 육식성 어류에, 그리고 논병아리에까지 계속 농축되었던 것이다. 이 사건을 통해 과학자들은 처음으로 살충제가 먹이사슬을 따라 증폭(Biomagnification)된다는 사실을 확인했다. 그리고 DDD가 살포된 10년 동안 낚시꾼들은 성가신 각다귀를 쉽게 해결한 대가로 독성 물질이 농축된 물고기를 잡아 올려 친구나 가족들과 요리해 먹은 것이다. DDD는 인체에 유입되면 코르틴이라는 호르몬을 분비하는 부신피질을 파괴해 내분비계 이상을 일으키는 물질이다.

1959년부터 클리어 호수에서 DDD 살포는 중단되었지만, 그 후 더욱 놀라운 사실이 드러났다. 살포가 중단되고 23개월이 지난 후에도 식물성 플랑크톤에서 5.3ppm이나 되는 DDD가 검출되었다. 거의 2년 동안 플랑크톤은 끊임없이 태어나고 사라졌지만, DDD는 계속 남아 있었다. 물론 물고기와 논병아리에게서도 계속 검출되었다. 호수에 DDD를 투여하기 전에는 1,000여 개나 되었던 논병아리 둥지 수는 1960년 30여 개로 대폭 감소했다. 그나마 남은 둥지에서도 부화가 제대로 되지 않아 논병아리 수는 눈에 될 정도로 줄었다. 한번 뿌려진 오염물질은 자연계에 계속 남아 끊임없이 순환한다는 사실을 확인시켜준 셈이었다.

이 클리어 호수 사건은 20세기 최고의 환경 명저가 된 『침묵의 봄(Silent Spring)』이 탄생하는 결정적인 계기가 되었다. 저자 레이첼 카슨(Rachel Carson)은 그 이전에 이미 『바닷바람을 맞으며(Under the Sea Wind)』(1941), 『우리를 둘러싼 바다(The Sea Around Us)』(1951), 『바다의 가장자리 (The Edge of the Sea)』(1955), 그리고 『끊임없이 변화하는 해변(Our Ever-Changing Shore)』(1957) 등을 발표하여 자연의 아름다움과 생명의 경이로움을 많은 독자에게 전해왔다. 이 모든 책에 일관되게 나타나는 그녀의 자연관은 인간은 자연의 일부에 불과하며, 인간이 동물과 다른 점은 자연을 변화시킬 수 있는 능력을 가졌다는 것이다.

레이첼 카슨에게 클리어 호수 사건은 충격적이었고 자신의 자연관을 설명해줄 수 있는 적절한 사례로 여겨졌다. 또 그녀는 이 사건을 통해 자연에 뿌려지는 낮은 농도의 살충제라도 생태계 먹

20세기 환경 명저 침묵의 봄과 레이첼 카슨

이사슬의 마지막 지점인 새에 이르면 고농도로 농축되어 죽음으로 이어진다는 사실을 처음 알게 되었다. 그녀는 당시로써는 대단히 충격적이었던 이 사실을 사람들에게 알리고자 1958년 봄부터 저술을 시작해 1962년 『침묵의 봄』을 출간했다. 그녀는 살충제의 남용으로 새들이 사라져 봄은 왔지만 새가 울지 않는 비극을 이 책을 통해 고발했다. 『침묵의 봄』은 출간되자마자 미국 사회에 엄청난 반향을 불러일으켰다. 이 책은 과도한 살충제 사용이 어떤 결과를 가져오는지에 대한 경각심을 많은 사람들에게 일깨워주었다. 이때부터 살충제가 주는 혜택과 피해에 관한 논쟁이 시작되었고 과학적 조사가 이루어졌다. 당시 케네디 대통령은 과학자문위원회를 구성해 이 책에서 제시된 문제를 검토하게 했다. 그러나 식량 증산과 해충 구제 등 살충제로부터 얻는 이점 때문에 정부로서는 쉽게 사용 금지 조치를 내릴 수도 없는 일이었다.

당시 가장 널리 사용되었던 살충제는 DDT로, 1940년대 초 처음 선보이면서 농업에 일대 혁명을 가져왔다. DDT는 1874년 오스

DDT를 최초로 합성한 오트마 자이들러(1850~1911)와
그 효능을 규명하여 노벨화학상을 수상한 폴 뮬러(1899~1965)

트리아의 오트마 자이들러(Othmar Zeidler)에 의해 최초로 합성되었고 1939년 스위스의 폴 뮐러(Paul Müller)에 의해 해충에 대한 맹독성이 밝혀졌다. 이때부터 모든 농업 분야에서 이 살충제가 대규모로 사용되기 시작했다. 처음 DDT가 사용되었을 때 그 효과는 대단했다. 해충으로부터 농작물을 보호함으로써 농업 생산을 크게 증대시켰고 모기를 박멸하여 말라리아와 황열병으로부터 수백만 명의 생명을 구했으며, 발진티푸스의 발병도 현저히 줄었다. DDT를 사용하기 전까지는 매년 전 세계에서 약 2억 인구가 말라리아의 위협을 받았으며, 약 200만 명이 이 병으로 생명을 잃었다. 사람들은 DDT가 머지않아 모든 해충을 박멸할 것으로 믿었으며, DDT의 효능을 규명한 스위스의 과학자 뮐러는 1948년 노벨화학상을 받기까지 했다.

1940년대와 1950년대에 걸쳐 미국을 비롯한 거의 모든 나라에서 해충 구제를 위해 DDT는 무제한으로 사용되었다. 제2차 세계대전 당시 미군에게 DDT는 없어서는 안 될 필수 군수물자의 하나였다. 1943년 미 육군은 이탈리아에 막대한 양의 DDT를 살포해 발진티푸스 발병률을 크게 감소시켰다. 우리나라에서도 6·25 동

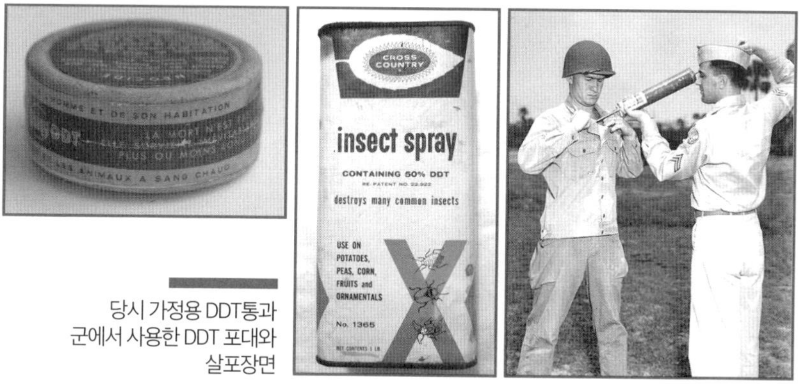

당시 가정용 DDT통과
군에서 사용한 DDT 포대와
살포장면

란을 전후해 해충 구제를 위해 많은 양의 DDT가 쓰였으며, 그 뒤에도 오랫동안 아무런 거부감이나 의심없이 사용되었다.

그러나 클리어 호수 사건을 시작으로 난분해성 살충제에 의한 많은 환경 피해 사례가 보고되기 시작했다. 살충제는 쉽게 분해되지 않기 때문에 일단 자연에 뿌려진 후에는 수십 년 동안 토양에 잔류하고 생물 체내에 농축된다. 예를 들어 북미 대륙의 경우 살충제 사용 이후 많은 야생동물과 새의 개체 수가 급격히 줄었고 물고기는 죽거나 사람이 먹을 수 없게 되었다. 또 인체에 농축된 살충제는 기형아 출산의 원인이 될 뿐만 아니라 암을 비롯한 각종 질병을 유발했다. 특히 미국을 상징하는 대머리 독수리(Bald Eagle)가 멸종 위기에 처하면서 미국인들은 농약에 의한 환경 피해를 실감해야 했다.

『침묵의 봄』이 발간되면서 살충제의 사용 방법과 용도에 규제가 가해졌고 연간 DDT 생산량은 현저히 감소했다. 또한, 자연에서 쉽게 분해되고 효과적으로 해충을 구제할 수 있는 농약 개발

1950년대 해충 박멸을 위한 DDT 살포 장면

도 시작되었다. 1972년 미국 연방환경보호청은 마침내 DDT와 앨드린(Aldrin)의 사용을 미국 전역에서 금지하기에 이르렀고, 1974년에는 디엘드린(Dieldrin)을, 1975년에는 클로르데인(Chlordane)과 헵타클로르(Heptachlor)의 사용도 금지시켰다. 우리나라에서도 현재 DDT를 비롯한 모든 난분해성 유기염소계 농약은 사용이 금지되었고 비교적 분해가 용이한 유기인계 농약을 사용하고 있다. 그러나 지금도 개발도상국에서는 여전히 DDT가 사용되고 있다. DDT 사용을 중단할 경우 수백만의 사람들, 특히 어린이들이 말라리아와 같은 질병과 기아의 위험에 쉽게 노출되기 때문이다.

난분해성 살충제의 문제점이 제기되면서 생물 멸종에 대한 우려의 목소리도 높아지기 시작했다. 지구상에는 약 3,000만 종의 생물이 서식하는 것으로 추정되는데, 그중 약 150만 종이 학문적으로 분류되어 있다. 모든 생물은 저마다 독특한 서식처와 역할이 있으며, 이것이 한데 어우러져 자연은 균형을 이루고 그 가운데서 인류도 생명을 영위하고 있다. 그러나 20세기에 들어와 수많은 생물이 지구상에서 사라지고 있으며, 지난 몇십 년 사이에 그 정도가 더욱 심화되었다.

생물 멸종은 자연의 균형을 파괴하여 결국 생물 종의 하나인 인간의 생존까지 위협한다. 생물 멸종의 가장 큰 원인으로는 열대 우림의 대량 벌채를 들 수 있다. 남미, 아프리카, 동남아시아에 걸쳐 있는 우림지대는 지구 육지 면적의 7%에 불과하지만, 전체 생물 종의 50~80%가 이곳에 서식하고 있다. 그러나 자국의 경제적 이익을 위해 매년 한반도의 절반에 해당하는 11만 ㎢가 벌채되고 있으며, 여기서 서식하는 수많은 야생 동식물이 멸종 위기에 직면해 있다.

이에 미국은 1973년 멸종위기종보호법(ESA: Endangered Species Act)을 제정했고 이것은 세계 많은 나라에 영향을 주었다. 이 법은 멸종위기종의 목록 작성 및 그 복원 대책 시행을 주된 내용으로 한다. 또 같은 해 미국 워싱턴D.C.에 80개국의 대표가 모여 '멸종 위기에 처한 야생 동식물의 국제 거래에 관한 협약(CITES: Convention on International Trade in Endangered Species of Wild Fauna and Flora)'을 채택하였다. 일명 워싱턴 협약(Washington Convention)으로 불리는 이 협약은 세계적으로 멸종 위기에 처한 야생 동식물의 상업적 거래를 규제하고 생태계를 보호하기 위한 것으로 1975년에 발효되었으며 우리나라는 1993년에 비준했다.

클리어 호수 사건은 『침묵의 봄』을 탄생시키면서 인류 사회에 미친 파장은 엄청났다. 그 여파로 모든 합성화학물질의 개발과 사용에 대변혁이 일어났으며, 생물 멸종 방지를 위한 국제적인 노력이 시작되었다. 또 당시 무모하게 앞으로만 내달리던 과학기술의 발달을 뒤돌아보는 계기가 되었다. 그리고 인류는 새로운 화학물질을 개발할 때 그 물질이 자연 생태계에 미칠 영향을 사전에 검토해 안전성을 확인한 후 사용을 허가하는 제도를 도입하게 되었다. '생태계 위해성 평가(Ecological Risk Assesment)'라 불리는 이 제도는 1980년대에 미국에서 시작되어 현재 우리나라를 비롯해 대부분의 선진국에서 시행하고 있다. 돌이켜 보면 지난 1950년대 클리어 호수에서 일어난 논병아리의 죽음이 어쩌면 지구촌에 도래할지도 모르는 '침묵의 봄'을 막아낸 것인지도 모른다.

스칸디나비아 산성비

북유럽의 스웨덴, 노르웨이, 핀란드 등이 위치한 스칸디나비아 반도는 유럽 전체 면적의 4분의 1 이상을 차지하면서도 인구는 약 3,000만 명에 불과하다. 이들 나라는 국토 대부분이 산과 호수로 이루어져 있고 안정된 사회구조, 평화와 복지를 우선시하는 곳이어서 환경오염과는 비교적 거리가 멀다. 그러나 1950년대부터 이곳의 숲과 호수에 이상 징후가 나타나기 시작했다. 무성하던 숲이 점점 사라지고 강과 호수의 물고기는 종적을 감추기 시작했다. 이것은 인접 국가들이 배출한 대기오염물질에 의한 산성비 때문이었다.

스칸디나비아 반도가 인접 국가들로부터 대기오염 피해를 겪어온 것은 역사가 오래 되었다. 우리에게 『인형의 집』으로 잘 알려진 노르웨이의 세계적인 극작가 헨리크 입센(Henrik Ibsen)이 이상을 찾아 헌신하다 쓰러지는 목사 브랑을 주인공으로 하여 1866년에 발표한 『브랑(Brand)』에는 "영국의 소름 끼치는 석탄 구름이 몰려와 온 나라를 까맣게 뒤덮으며 신록을 더럽히고 독을 내뿜으면서 낮게 떠돌고 있다"는 대목이 나온다. 이것은 석탄 사용으로 심하게 오염된 영국의 대기가 스칸디나비아 반도에까지 몰려와 피해를 준다는 사실을 19세기부터 이곳 사람들이 알고 있었음을 말해준다.

오랜 기간 피해만 당하고 있었던 스칸디나비아 반도 국가들은 해법의 하나로 산성비 문제를 국제사회에 공론화하기 시작했다. 그 일환으로 1972년 스웨덴의 스톡홀름에서 최초의 '유엔인간환경회의(United Nations Conference on the Human Environment)'가 개최되었다. 이 회의는 국제사회가 환경 문제에 관심을 갖게 된 중요한 계기가 되었다. 당시 스웨덴은 북유럽에서 산성비 피해가 가장 심각했던 국가로, 호수 9만 개 중 약 4만 개가 생물이 살 수 없는 죽음의 호수로 변해가고 있었다. 스웨덴은 이러한 문제로 인해 1967년 세계에서 최초로 독립 환경행정기구 환경보호청을 설립했다. 이는 1970년에 설립된 미국의 환경보호청이나 영국의 환경청에 비해 3년이나 앞선 것이었다.

산성비는 1872년 영국의 과학자 로버트 스미스(Robert A. Smith)에 의해 처음으로 보고된 적이 있으나, 피해의 심각성이 알려진 것은 1955년 영국의 에빌 고햄(Eville Gorham)이 산성비의 원인과 생태계에 미치는 영향을 조사하면서부터였다. 산성비의 원인으로는 석탄이나 석유가 연소할 때 발생하는 황산화물과 질소산화물을 들 수 있다. 일반적으로 비나 눈에는 대기 중의 이산화탄소가 포함되어 있기 때문에 약간의 산성을 나타낸다. 그래서 순수한 물의 pH는 7.0이지만 하늘에서 내리는 빗물의 pH는 5.6 정도다. 그러나 석탄과 석유가 연소할 때 배출되는 황산화물이나 질소산화물이 대기에 머물러 있다가 구름에 들어가거나 내리는 비나 눈에 스며들면 강한 산성을 띠게 된다. 또 이들 산화물은 산성 안개나 서리를 만들기도 하고 먼지에 흡착되어 지면에 떨어지기도 한다. 대기로부터 산성을 띠고 지상에 내려오는 모든 형태의 강하물을 통틀어 산성비라 부른다.

산성비에 의한 피해는 산림의 황폐화뿐만 아니라 농작물 수확량의 감소, 호수나 강에서 서식하는 생물들의 치사, 그리고 재산상의 피해 등 다양하게 나타난다. 산성비는 토양 미생물을 죽게 해 유기물 부식을 억제하고 토양에 함유된 칼륨, 칼슘, 마그네슘, 나트륨 등 식물 성장에 필요한 미량원소들을 유실시켜 비옥도를 떨어뜨린다. 또 호수나 강의 물이 산성화되면 바닥의 저질이나 토양에 있는 알루미늄이 용출되어 수중생물이 죽게된다. 산성비

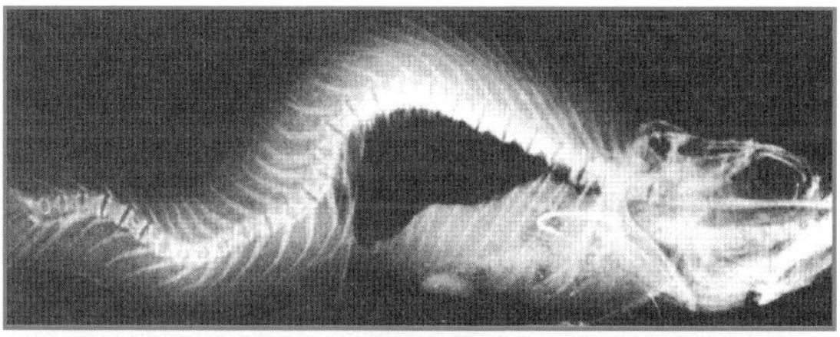

산성화된 호수에서 잡힌 등이 굽은 물고기

산성비로 황폐해진 숲

는 이처럼 토양을 척박하게 하고 물에 독성 물질을 용출시켜 생명이 살 수 없는 곳으로 만들며, 지구 표면을 흉측하게 변화시키기 때문에 산업 문명이 만들어낸 지구의 문둥병(Earth Leprosy)이라 부르기도 한다.

강한 산성비는 인체에 피부병이나 눈병을 유발할 수 있다. 또 산성화된 물을 식수원으로 사용할 경우 상수도관이 부식되어 주민들의 건강에 치명적인 피해가 나타날 수도 있다. 그 예로, 산성비 피해가 심한 스웨덴의 일부 지방에서는 식수 배관에서 높은 농도의 구리이온이 용출되어 주민들의 머리카락 색이 붉게 변한 사례가 보고된 적도 있다. 산성비는 금속이나 시멘트, 대리석, 화강암 등을 용해시키기 때문에 이러한 물질로 만들어진 차량, 건축물, 유적들을 부식시켜 재산상의 많은 피해를 유발한다. 유럽의 노트르담 성당이나 쾰른 성당, 아테네의 그리스 유적 등은 이미 산성비로 인해 상당한 부식이 진행되었다.

산성비 피해는 토양 성분과도 밀접한 관계가 있다. 토양에 석회 성분이 많고 표토층이 두꺼우면 산성비에 잘 견디지만, 그 반

1908년 1968년

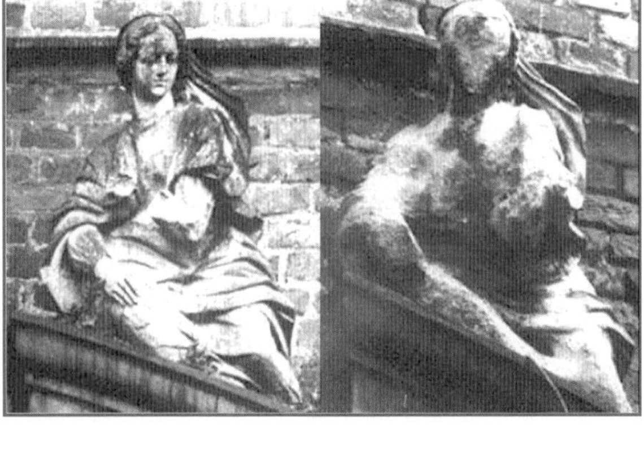

산성비에 마모된 대리석 조각상. (60년 동안 큰 변화)

대인 경우에는 피해가 매우 심각하게 나타난다. 스칸디나비아 반도의 호수 대부분이 죽음의 호수로 변하고 산림에 큰 피해가 나타난 것은 이곳의 토양이 유난히 산성비에 민감하기 때문이다. 반면에 남부 유럽 그리스의 경우 토양에 석회 성분이 많아 산성비를 잘 중화해 피해가 비교적 적게 나타난다. 한 연구에 따르면 그리스의 토양은 스칸디나비아 반도의 토양보다 산성비에 10배나 강한 것으로 조사되었다.

산성비에 의한 환경 재난은 일부 지역에 국한되지 않고 지구 전역에 광범위하게 나타나 있다. 특히 유럽과 북미 지역의 산성비 피해는 매우 심각하다. 북유럽 스칸디나비아 지방뿐만 아니라 독일과 스위스의 산림 중 50%가 산성비로 황폐화되었으며, 체코나 폴란드 등에서도 수십만 헥타르의 산림이 죽어갔다. 그리고 미국 동부 지역과 캐나다의 산림은 이미 넓은 지역에 걸쳐 원래의 모습을 잃었다. 미국은 한때 뉴욕주를 중심으로한 동북부 지역에서 호수의 20%가 산성화된 것으로 알려졌다.

지난 1990년대에 관측된 위성 사진 분석 결과에 따르면 영국에서부터 중앙아시아에 이르는 방대한 지역에 산성비가 정기적으로 내리는 것으로 나타났다. 또 위성 사진은 북미에서 생성된 산성비가 대서양을 건너 유럽으로 이동하는 모습을 보여주었다. 북반구에서 배출된 대기오염물질은 극지방 쪽으로 모여들며, 남반구의 오염물질은 멀리 이동하지 않고 대부분 발생 지역에 머무는 것으로 관측되었다.

산성비로 인한 국가 간 대립은 스칸디나비아 반도 외에도 세계 곳곳에서 나타나고 있다. 캐나다는 자국에 내리는 산성비 원인 물질의 70% 이상이 미국에서 온 것이라고 주장하고 있으며, 스칸디나비아 반도의 경우 대부분의 원인 물질이 영국과 독일에서 온다는 사실이 오래전부터 국제적으로 인정되었다. 일본은 자국 산성비의 기여도를 중국 50%, 한반도 15%, 일본 내부 35%라고 발표한 바 있다. 우리나라는 산성비의 원인 중 30~50%가 중국의 대기오염물질 때문이라고 추정하고 있다. 일반적으로 산성비는 대류권의 낮은 기류를 타고 이동하기 때문에 가해국과 피해국이 지리적으로 나뉜다. 요컨대 포르투갈, 아일랜드, 영국, 독일, 중국, 미국 등은 가해국이 되고 스칸디나비아 반도, 폴란드, 우리나라, 일본, 캐나다 등은 피해국이 된다.

그린란드의 빙하를 이용해 산성비 원인 물질의 역사적 변화를 분석한 연구 결과를 보면 지금까지 두 번의 황산화물 최대 축적 시점이 나타남을 알 수 있다. 한번은 1875년부터 1910년까지로 당시 비교적 많은 양의 황산화물이 배출되었으며, 다른 하나는

산성비로 죽어가는 호수를 살리기 위해
석회수를 살포하고 있다.

1945년부터 1975년까지로 배출량이 이전보다 훨씬 높게 나타났다. 이는 제2차 세계대전 이후 급격한 산업화로 다량의 황산화물이 대기로 배출되었음을 의미한다. 그러나 질소산화물은 빙하에 축적된 기록을 볼 때 1950년 이후 급격한 증가 추세를 보였다. 이는 자동차 사용의 증가와 밀접한 관계가 있다.

스칸디나비아 반도의 산성비 피해를 계기로 개최된 1972년 스톡홀름 유엔인간환경회의는 환경 문제의 심각성을 알리고 국제적인 협력을 촉구하는 데 중요한 역할을 했다. 북미의 경우 한때 엄청난 산성비 원인 물질을 배출했던 오대호와 오하이오강 주변 산업 지역에서 1975년 이후 원인 물질 배출량이 감소하기 시작하여, 지금까지 15~25%가량 줄어든 것으로 추정하고 있다. 유럽은 초기에는 원인 물질 감축에 성공적이지 못했다. 계속되는 산업

산성비가해국과 피해국 ▶
일반비와 산성비 차이 ▼

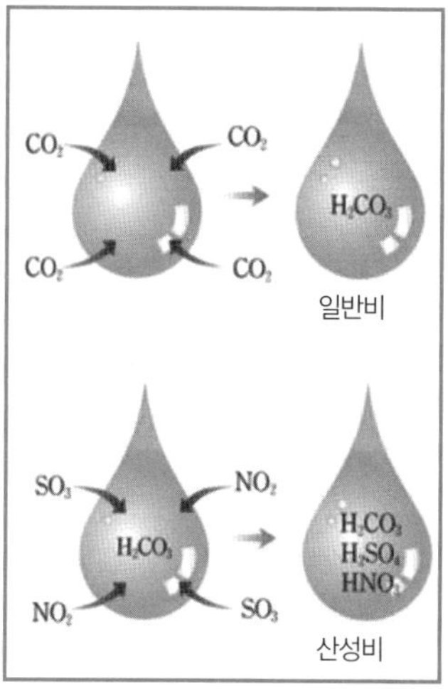

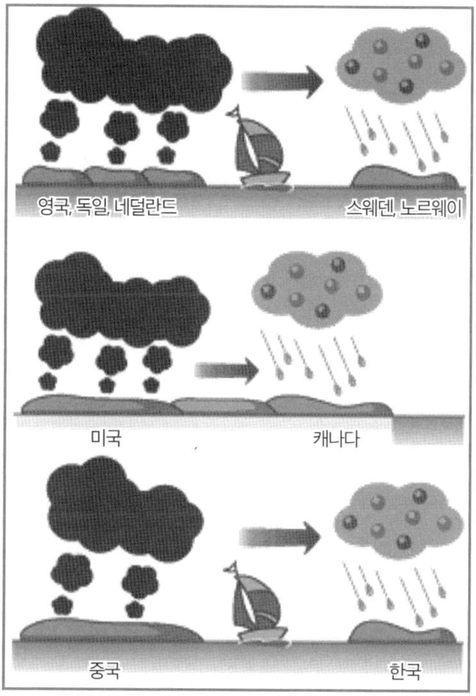

화로 1950년부터 1980년까지 에너지 사용이 증가했고, 여기에 자동차가 급증함으로 인해 산성비 원인 물질이 꾸준히 늘어났다. 그러나 1985년 황산화물 배출 감축을 위한 '헬싱키 의정서(Helsinki Protocol)'와 1988년 질소산화물 감축을 위한 '소피아 의정서(Sofia Protocol)'를 체결하면서 산성비를 줄이기 위한 실질적 노력이 시작되었다. 실제로 1995년 유럽의 황산화물 배출량은 1980년에 비해 15% 줄었다. 이것은 주로 에너지 효율 향상의 결과였다. 그러나 자동차 사용 억제를 통한 질소산화물 감축은 그리 성공적이지 못했다. 1980년까지 유럽과 미국에서 황산화물과 질소산화물의 산성비 기여도는 2대 1 정도였으나, 그 후 황산화물 기여도가 계속 줄어들어 지금은 1대 1에 가까워졌다.

세계 최대의 석탄 생산국이자 소비국인 중국은 지금도 국토의 30%에 산성비가 내리는 것으로 알려져 있다. 인접한 우리나라는 편서풍을 타고 미세먼지와 함께 황산화물이 날아와 산성비 피해를 받고 있다. 이러한 사실은 국제적으로도 널리 알려져 있다. 특히 우리나라 산림지역은 표토층이 얇으며 토양에 석회 성분은 적고 모래가 많기 때문에 산성비에 매우 민감하다. 또 수자원 대부분을 화강암 지대에 위치한 호수와 강에 의존하기 때문에 산성비가 강해지면 심각한 피해가 나타날 수 있다. 중국과의 환경 협력을 강화하고 현재 50% 이상을 차지하는 석탄과 석유 중심의 화력발전 비율을 점진적으로 줄이는 정책이 추진되어야 한다.

요르단강 물 전쟁

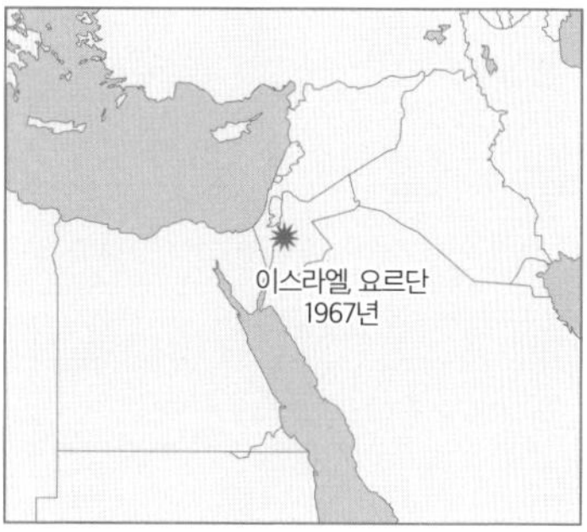

요르단강은 시리아에서 발원해 요르단과 레바논을 거쳐 이스라엘로 흘러가는 중동의 젖줄이다. 1967년 6월 5일 새벽, 이곳에서 지구촌에 도래한 물의 위기를 알리는 물 전쟁이 시작되었다. 시리아가 요르단강 상류에서 물길을 차단하자 이스라엘이 전면 공격, 시리아의 건설 장비를 폭격하고 6일 만에 전쟁을 끝냈다.

제3차 중동전쟁 또는 6일 전쟁으로 불리는 이 전쟁은 이스라엘의 완전한 승리로 끝났다. 이스라엘은 이 전쟁에서 요르단강 상류와 서안 지역의 지하수 관할권을 얻었다. 시리아의 동맹국인 이집트와 요르단도 참전했으나 참패를 면치 못했다. 이스라엘 공군은 개전 3시간 만에 아랍 동맹국의 비행기 400여 대를 폭격했다. 이 중 286 대가 이집트 비행기였으며, 파괴된 이스라엘 비행기는 19대에 불과했다. 이스라엘군은 전쟁 발발과 동시에 제공권을 완전히 장악하고 시나이 반도를 지나 수에즈 운하까지 진주했다. 이스라엘의 기습 공격으로 아랍 동맹의 맹주였던 이집트는 군 장비가 대부분 파괴되어 전쟁 시작 4일 만에 유엔의 정전 권고를 수락했다. 불씨를 제공했던 시리아는 전쟁이 시작되자 뒷짐만 지고 있다가 항복하는 꼴이었다.

그 후 1994년 이스라엘과 요르단 사이에 평화조약이 체결되었고 여기서 물 분쟁 해결을 위한 합의도 이루어졌다. 이 조약은 국가 간 물 배분과 관련 자료의 공유 등 요르단강 유역에서 물과 관련된 각종 쟁점을 적절히 다루고 있었다. 또 이 조약에는 요르단강의 수자원을 공동 관리하고 개발하기 위한 종합 계획도 들어있었다. 양국 정부는 상호 협력만이 물 부족을 극복할 수 있다는 확신에 이르게 되었다.

그러나 21세기에 들어 이곳에는 또다시 물로 인해 전운이 감돌고 있다. 이번에는 이스라엘과 레바논 사이에 물 분쟁이 시작된 것이다. 이 분쟁은 2001년 봄 레바논이 이스라엘의 갈릴리 호

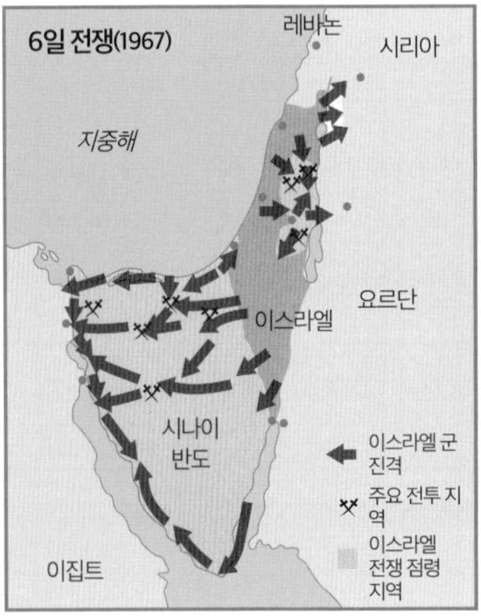

당시 전시 상황과 이스라엘 병사들

수로 들어가는 하스바니강의 물을 인근 마을에 끌어들이면서 시작되었다. 이스라엘은 하스바니강의 유량이 갈릴리 호수의 물 20~25%를 차지한다고 주장하고 있다. 더욱이 이스라엘은 자국의 최대 물 공급원인 갈릴리 호수가 갈수록 말라가기 때문에 레바논이 물을 끌어가는 것을 용인할 수 없다는 입장이었다. 레바논은 수자원을 빼앗으려는 이스라엘의 의도를 단호히 거부한다며 지름 10㎝의 파이프로 끌어올리는 수량이 얼마나 되겠느냐고 반문한다. 가뭄에 찌든 하스바니강 인근 마을에 소량의 물을 공급한 것뿐인데, 이스라엘이 과민반응을 보인다는 것이 레바논의 주장이다. 이스라엘은 인접 국가들에게 자국의 물을 끌어가는 것은 언제라도 전쟁의 원인이 될 수 있다고 경고하고 있다.

물 전쟁의 가능성이 높은 또 다른 지역은 북부 아프리카 8개국에 걸쳐 흐르는 나일강 유역이다. 나일강에서 90%의 수자원을 얻고 있는 이집트는 강 상류의 수단과 에티오피아와 항상 긴장 관계에 있다. 이집트는 이들 나라가 나일강의 물을 무기화하면 언제든지 전쟁을 벌일 태세를 갖추고 있다. 1978년, 당시 이집트 대

참전 여군과 승전을 알리는 라이프 잡지 표지
(이스라엘 병사가 수에즈 운하에서 승전을 기쁨을 누리는 장면)

통령 안와르 사다트(Anwar Sadat)는 만약 어느 나라든지 이집트의 생명줄을 빼앗으려 한다면 주저 없이 전쟁에 돌입할 수밖에 없다고 말했다. 또 이집트 외무장관을 지낸 부트로스 갈리(Boutros Ghali) 전 유엔 사무총장도 다음 전쟁은 나일강의 물 문제가 도화선이 될 것이라 예견한 바 있다.

이집트는 이미 1959년에 나일강 상류의 수단과 물 배분에 관한 협정을 체결해두었다. 이 협정은 이집트가 1년에 555억 m^3, 수단은 185억 m^3의 물을 사용하도록 규정하고 있다. 그러나 이 협정은 이집트와 수단 간의 물 배분에 대한 내용만 담고 있을 뿐 나머지 유역국인 에티오피아, 우간다, 케냐 등은 배제되어 있어 분쟁의 소지가 크다. 특히 이들 국가의 폭발적인 인구 증가는 엄청난 물 수요로 이어져 조만간 분쟁이 불가피할 것으로 전망된다.

그 외에도 터키, 이라크, 시리아는 티그리스강과 유프라테스강을 놓고 마찰을 빚고 있다. 어느 한쪽의 경제개발계획이 다른 쪽의 물 공급 상황을 악화시키기 때문이다. 유럽의 헝가리와 슬

세계 주요 물 분쟁 강과 주변 국가들

로바키아도 다뉴브강의 물길 변경을 놓고 다투고 있고 남아시아의 인도와 방글라데시는 갠지스강의 농업용수 확보 문제로 대립하고 있다. 물 분쟁 위험이 큰 나라들은 대부분 자국이 필요로 하는 물을 다른 나라에 의존하고 있다. 예를 들어, 이집트 97%, 캄보디아 82%, 시리아 79%, 수단 77%, 이라크는 66%를 타국에서 오는 물을 사용한다. 하지만 강 관리와 물 사용 관련 국제 협력이 잘 이루어지는 국가는 그렇지 않다. 대표적인 사례가 라인강 유역 7개국으로, 최말단 네덜란드는 98%를 상류 국가에 의존하고 있지만, 분쟁 위험이나 불편함이 없이 살아가고, 뛰어난 수처리 기술로 세계적인 맥주 하이네켄까지 생산 · 수출하고 있다.

물 분쟁을 겪어온 나라들은 물이 국민의 생명을 담보로 하기 때문에 석유보다 전쟁을 일으킬 수 있는 폭발력이 훨씬 강하다고 이야기한다. 석유가 없으면 다른 대체재를 활용할 수 있으나, 생명을 유지하기 위해 물을 대신할 수 있는 것은 아무것도 없다. 인류는 석유 없이 수십만 년을 살아왔고 지금도 석유와 무관하게 살아가는 곳도 많다. 그러나 물 없이는 어느 국가도 버틸 수 없기에 물로 인한 전쟁 위험은 그만큼 크다.

지구상에는 14억 ㎦에 이르는 엄청난 물이 지구 표면의 70%를 덮고 있다. 그러나 대부분의 물은 식수로 사용할 수 없는 염수며, 단 2.6%만이 염분이 없는 담수다. 그 담수도 3분의 2는 북극과 남극의 빙하에 갇혀 있으며, 남은 물의 5분의 1은 사용할 수 없는 지역에 있거나 엉뚱한 때, 엉뚱한 곳에 떨어져 홍수와 같은 재난으로 이어지기도 한다. 결국 인간이 사용할 수 있는 담수 자원은 전 지구 물의 0.0072%인 약 100만 톤에 불과하다.

그나마 이 담수 자원을 지구상의 전 인류가 골고루 나누어 사용한다면 모든 사람에게 충분히 공급할 수 있다. 그러나 불행하게도 담수 자원은 전 지구에 고르게 분배되어 있지 않다. 어떤 국가는 엄청난 양의 물을 가지고 있는 반면 다른 국가는 전혀 그렇지 못한 것이다. 인구 일인당 연간 사용 가능한 담수 자원을 조사해보면 나라마다 큰 차이를 보인다. 아이슬란드가 일인당 60만 6,500톤으로 세계 최고의 물 부유국이고, 캐나다(9만 4,000톤), 노르웨이(8만 8,000톤), 러시아(2만 9,000톤), 스웨덴(2만 톤), 그리고 미국(8,900톤)도 담수 자원이 비교적 풍족한 편이다. 그러나 쿠웨이트는 11톤으로 세계 최악의 물 빈곤 국가이고 이스라엘(289톤), 아랍에미리트(64톤), 이집트(43톤)도 심각한 물 부족을 겪고 있다. 우리나라는 일 인당 가용수량이 1,542톤으로 세계에서 25번째로 물이 부족한 국가다.

미국의 인구행동위원회는 일인당 가용수량이 1,000톤 이하인 경우를 물 기근 국가로, 1,700톤 이하를 물 부족 국가로 분류했다. 물 기근 국가는 쿠웨이트, 몰타, 아랍에미리트, 리비아, 카타르, 사우디아라비아, 요르단, 싱가포르, 바레인, 예멘, 이스라엘, 튀니지, 알제리, 오만, 부룬디, 지부티, 카보베르데, 르완다를 포함하는 18개국이며, 물 부족 국가에는 우리나라를 비롯해 모로코, 케냐, 벨기에, 키프로스, 남아프리카공화국, 폴란드, 이집트, 아이티까지 총 9개 나라가 속한다.

인구행동위원회의 분류는 국가 전체 가용수량과 인구를 평균했기 때문에 물 기근 또는 부족 국가에 속하지 않은 국가라도 실제로는 물 부족 현상이 나타날 수 있다. 예를 들어 중국이나 미국,

멕시코 등은 자국 내 강우량의 편차가 심하고 인구분포도 일정치 않아 많은 지역에서 심각한 물 부족을 겪고 있다. 또 가용수량은 풍부하다 하더라도 물 공급에 필요한 기반시설이 마련되지 않아 수많은 나라가 물로 인해 고통을 당하고 있다. 인도와 동유럽 국가들, 그리고 대부분의 개발도상국이 이 경우에 해당한다.

지난 20세기 동안 지구에서 일어난 폭발적인 인구 증가와 산업화로 물 사용량은 크게 증가했다. 단 한 세기 만에 세계 인구는 4배, 경제 규모는 14배, 산업 생산량은 40배, 경작 면적은 5배나 늘었고, 그 결과 물 사용량은 9배나 증가했다. 지난 세기에 20년마다 물 사용량이 2배씩 증가한 셈이다. 그리고 늘어난 물 사용으로 더 많은 폐수가 강과 호수를 오염시켰다. 지금의 인구 증가 추세로 볼 때 2020년까지 전 세계 물 사용량은 대략 40% 증가하고 식량 생산에 필요한 물만 해도 17%가량 늘어날 것으로 추정하고 있다.

물 부족과 오염, 그리고 기반시설 미비로 현재 80여 개국에서 세계인구 40%가 물 때문에 고통받고 있으며, 매일 5,000여 명의 어린이들이 물로 인해 죽어가고 있다고 유엔은 밝히고 있다. 특히 아프리카, 인도, 중국 등에서는 매년 수백만 명이 물로 인해 죽어간다. 유엔은 1992년 6월에 개최된 리우 환경정상회의의 권고를 받아들여 그해 11월 제47차 총회에서 매년 3월 22일을 '세계 물의 날'로 제정·선포했다. 우리나라는 1994년부터 지금까지 '세계 물의 날' 행사를 개최해오고 있다.

오늘날 세계 각국은 물 위기를 극복하기 위해 다양한 방안을 강구하고 있다. 댐 건설, 지하수 이용, 해수 담수화, 처리수 재사용, 빗물 활용, 누수 방지, 수질오염 방지, 물 절약 등 가능한 모든 수단이 물 문제 해결을 위해 동원되고 있다. 특히 전 세계 물 사용의 가장 큰 부분(약 70%)을 차지하는 농업용수를 줄이기 위해 물 절약형 경작 방법이 확산되고 있으며, 최근에는 유전공학을 이용해 적은 물을 사용하면서도 높은 수확량을 올릴 수 있는 품종 개발이 시도되고 있다. 또 심각한 물 부족을 겪고 있는 중동을 중심으로 해수 담수화가 활발하게 이루어지고 있다. 지난 2000년대 초를 기준으로 담수화의 선두주자인 사우디아라비아는 하루 평균 540만 m³, 아랍에미리트는 220만 m³, 그리고 쿠웨이트도 160만 m³의 바닷물을 식수로 만들고 있다. 그 외에도 유럽, 남미, 스페인, 북아프리카 등에서도 담수화가 이루어지고 있다. 전 세계적으로 담수화 공장이 100여 개국 3,500여 곳에서 가동되고 있으며, 해마다 15%의 증가율을 보이고 있다.

지난 20세기에 세계는 석유를 얻기 위해 여러 차례 전쟁을 치렀다. 그러나 21세기에는 석유보다 물을 얻기 위한 전쟁이 더욱 빈번할 것으로 세계은행을 비롯한 주요 국제기구들은 내다보고 있다. 20세기가 불(석유)의 세기였다면 21세기는 물의 세기이고, 물이 곧 지구와 인류의 미래를 결정하게 되리라는 것이다. 현재 세계 인구의 약 40%는 인접 국가에서 오는 물로 살아가고 있으며, 국가 간 물 분쟁이 벌어지는 곳도 이미 30여 개국에 이른다. 지구상에 흐르는 214개의 다국적 하천은 물 사정이 악화되면 언제라도 전쟁이 일어날 수 있는 화약고나 다름없다.

사헬 사막화

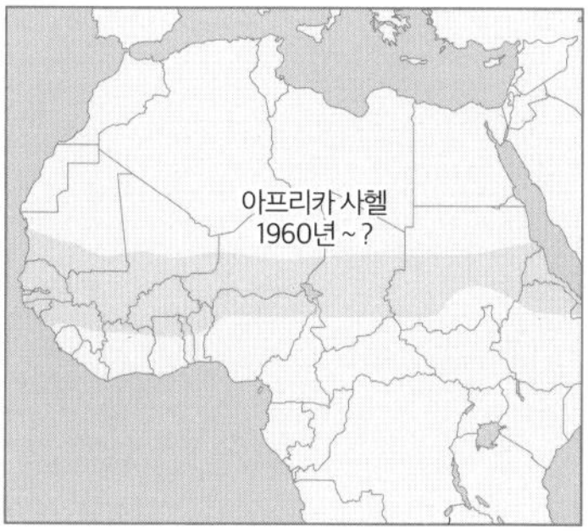

아프리카 사헬지방은 사하라 사막의 남쪽 북위 14°~20°에 걸친 지역으로, 약 300km의 폭에 동서 길이가 약 5,000km에 달하는 거대한 초원지대다. 이곳은 1년의 대부분이 건기고 6~8월의 짧은 우기에 200mm 안팎의 비가 내린다. 사헬(Sahel) 지역 북부는 주로 유목을, 남부는 농경을 하면서 사람들이 살고 있었다.

1960년대부터 이곳에 인구가 늘어나면서 서서히 사막화가 시작되었고 가뭄까지 겹쳐 이 일대는 생명이 살 수 없는 불모지로 변했다. 특히 그 피해가 절정에 달한 1972년과 1973년에는 수십만 명의 사람과 가축이 죽어갔다. 그래도 사람들은 단순한 가뭄에 불과한 것으로만 여겼다. 그런데 1982년부터서 1985년까지 더욱 광범위한 지역에 걸쳐 더 큰 재난이 닥쳐 수백만 명이 목숨을 잃었다. 수천 년 동안 별다른 재해가 없었던 사헬 지역이 20세기 후반에만 두 차례나 엄청난 재난을 겪은 것이다.

사헬 지역의 사막화는 인구 증가로 경지 수요가 늘어나 초지를 불태우는 화전이 확산되고 땔감을 얻기 위한 벌채도 무분별하게 행해진 데다 과도한 가축 방목으로 초원이 황폐해진 것이 주된 원인이었다. 여기에 오랜 기간 가뭄이 계속되어 이곳은 더 이상 회복 불가능한 상태로 변해갔다. 지면에 식생이 사라지면 태양에너지 반사율이 증가하여 지표면이 냉각되고 기온은 낮아진다. 이렇게 차가워진 지표면에는 건조한 하강기류가 형성되고 강우량이 감소해 토양의 수분이 적어져 사막화가 빠른 속도로 진행된다. 또 식생이 사라진 토양은 비바람에 쉽게 침식당해 땅은 더 이상 영양분이나 수분을 공급할 수 없게 된다. 사막화가 진행되면 대기 중에 산소가 점점 부족해지고 야생동물은 사라지며, 물 부족으로 작물 재배가 불가능해 극심한 식량난에 빠질 수밖에 없다. 게다가 식생 감소로 인한 대기의 이산화탄소 증가는 지구온난화에 기여한다.

지구에는 하늘에서 내리는 강우보다 증발하는 수분이 많아 토양이 건조한 지역이 육지 면적의 3분의 1을 차지하고 있다. 이 중 일부는 원래 식생이 살 수 없는 사막이고 나머지는 적은 강수량으로 초목이 자라고 목축과 농경이 영위되는 초원지대다. 사막화는 이러한 초원지대를 중심으로 진행되고 있다. 사막화가 진행되는 곳은 기아와 질병으로 고통받게 되며, 황사가 발생해 주변 국가에도 큰 피해를 준다.

현재 지구 육지 면적의 19%인 3,000만 ㎢에서 사막화가 진행되고 있으며, 약 1억 5,000만 명이 사막화로 인해 생존을 위협받고 있다. 사막화를 겪고 있거나 피해를 입은 국가만도 100여 개국에 달한다. 아시아에서는 경작지의 약 40%, 아프리카에서는 약 80%가 사막화의 위험에 처해 있다. 특히 아프리카 사헬 지역, 남미 안데스 지방, 아시아의 몽골과 중국 서북지역 등에서 그 정도가 심하다. 지금도 이러한 지역에서는 새로운 삶의 터전을 찾아 떠나는 난민 행렬이 이어지고 있다.

사막화의 원인은 크게 장기간에 걸친 가뭄과 같은 기후적 요인과 과잉 경작, 과잉 목축, 산림벌채 등의 인위적 요인으로 나눌 수 있다. 지금까지 진행되어온 사막화의 원인을 보면 기후적 요인은 13%에 불과하고 나머지 87%는 인위적 요인에 의한 것으로 밝혀져있다. 급속히 늘어나는 인구를 먹여 살리고 산업사회가 필요로 하는 자원을 공급하기 위해 농지 면적을 급속도로 넓혀 과도하게 경작하고 산림을 마구 벌채한 것이 사막화의 원인이다.

사막화로 인해 기아와 질병에
시달리는 아프리카 난민들 ▶
사헬 지역에 발생하는 먼지 폭풍 ▼

이러한 과잉 경작과 산림 훼손이 토양을 황폐화하고 기후를 변화시켜 결국 생명이 살 수 없는 불모지로 만드는 것이다.

사막화는 일단 시작되면 식생 파괴, 기후변화, 토양 침식 등이 서로 상승효과를 일으켜 급속도로 진행된다. 따라서 사막화를 방지하기 위해서는 식생 회복이 가능한 초기에 이루어져야 한다. 특히 식물 성장에 필요한 영양분과 수분을 공급해주는 토양이 침식되기 전에 시작해야 하며, 무엇보다 사막화의 가능성이 높은 초원지대를 중심으로 사전에 예방하는 것이 최선책이다.

과도한 경작으로 인한 사막화는 이미 1930년대 미국의 남서부 대평원에서도 발생한 적이 있다. 유럽에서 제1차 세계대전이 발발하여 식량 수요가 급증함에 따라 미국의 개척자들은 서부 초원지대의 풀과 나무를 베어내고 방대한 농경지를 만들었다. 하지만 1931년에 시작된 가뭄으로 이곳은 불모지가 되어버렸다. 먼지구덩이(Dust Bowl)로 널리 알려진 이 사건은 남서부 오클라호마주, 캔자스주, 콜로라도주, 뉴멕시코주, 텍사스주에 걸친 방대한 대평원에서 일어났다. 수많은 사람이 기아와 질병으로 사망하거나 떠나야 했고 이곳에서 발생한 황사는 멀리 동부 뉴욕까지 뒤덮었다. 기록에는 미국 수도 워싱턴 DC에 있는 국회의사당 계단에도 황사가 자욱했던 것으로 되어있다. 이 사건은 당시 경제 대공황과 더불어 미국의 암울하게 했던 1930년대를 말해주고 있다. 유명한 존 스타인벡의 소설 『분노의 포도(The Grapes of Wrath)』는 이러한 시대적 상황을 배경으로 하고 있다.

미국 정부는 1935년 이곳을 국가 재난 지역으로 선포하고 구호기금을 보내 구제에 나섰다. 그리고 농무성 산하에 토양보전청

(SCS : Soil Conservation Service)을 설립해 토양 침식 방지 정책을 시행하기 시작했다. 이어 1937년에 당시 프랭클린 루스벨트 대통령은 불모지로 변한 대평원을 살리기 위해 셸터벨트(Shelterbelt) 프로젝트를 시작했다. 캐나다에서부터 텍사스 북쪽에 이르는 폭 160km의 구역을 지정해 과거 그곳에 살았던 토종 나무를 심는 사업이었다. 이 프로젝트는 7,500만 달러를 투자해 12년 동안 진행되었다. 농장주들도 정부 지원으로 자신의 경작지 울타리에 나무를 심었고 침식된 토양을 복원하기 위해 방대한 객토 작업이 진행되었다. 또 휴경지 관리, 윤작, 경작지면 덮개 등 토양 침식을 방지하는 새로운 농법이 이때부터 미국 전역에 보급되기 시작했다. 8년이나 계속된 사막화는 1939년에 와서야 회복 국면에 들어섰다. 미국은 이 일을 통해 무모한 과잉 경작은 옥토를 불모지로 만든다는 중요한 교훈을 얻게 되었다.

우리 국토에서 사막화는 일어나지 않지만, 인접한 중국과 몽골의 사막화로 매년 심각한 황사 피해를 겪고 있다. 특히 1990년

1930년대 미국 남서부 지역에서 진행되었던 사막화로 인한 폐허 농가

이후 중국과 몽골 경계지역의 사막이 내몽골 고원까지 확대되면서 우리에게 더 큰 피해를 주고 있다. 현재 중국은 산림 감소, 표토 유실, 모래 이동 등으로 국토 총면적의 약 16%가 사막화된 것으로 알려졌다. 몽골은 상황이 더욱 심각해 국토의 90%가 사막화 위기에 처했으며, 1970년대 이후 6만 9,000㎢의 목초지가 사라졌고 서식하는 식물종도 4분의 1이나 감소한 것으로 조사됐다.

이곳에서 발생한 황사는 우리나라와 일본은 물론 멀리 북미 대륙에까지 피해를 주고 있다. 황사는 시정장애, 호흡기 질환, 눈 질환, 알레르기 등 각종 질환을 유발한다. 특히 어린이나 노인들에겐 피해가 매우 크다. 더욱이 최근에는 중국의 산업화에 따른 공해물질이 황사에 함유되어 국민의 건강에 큰 위협이 되고 있다. 뿐만 아니라 황사는 항공기 운항이나 정밀산업에도 피해를 유발한다. 컴퓨터 모니터나 TV 브라운관을 만드는 곳에서는 작은 먼지 하나도 치명적이기 때문에 황사철이 되면 불량품의 비율이

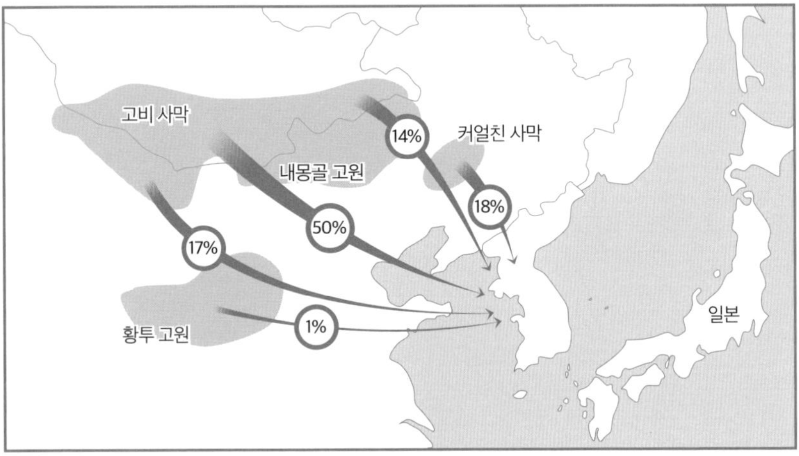

몽골과 중국의 사막화로 우리나라에 불어오는 황사

갑자기 증가한다. 우리나라와 일본이 중국과 몽골을 도와 황사를 줄이기 위해 식목 사업을 계속하고 있지만, 가시적인 효과는 없다. 보다 효과적인 대책은 인공강우, 관개수로, 식목사업 등을 복합적으로 추진하는 것이다.

세계는 사헬의 재난을 계기로 지구 곳곳에서 이러한 사막화의 위협이 진행되고 있다는 사실을 인식하게 되었다. 유엔은 1977년 케냐 나이로비에서 유엔사막화회의(UNCOD: United Nations Conference on Desertification)를 개최하여 사막화 방지 행동계획(PACD: Plan of Action to Combat Desertification)을 수립하고 6월 17일을 '세계 사막화 방지의 날(World Day to Combat Desertification and Drought)'로 제정하여 국제적 협력을 꾸준히 진행해오고 있다. 1992년에 개최된 리우환경정상회의에서 주요 의제로 상정되었으며 1994년 프랑스 파리에서 '사막화 방지 협약'을 채택했다. 우리나라는 1999년 국회에서 비준했다.

민간단체와 기업이 주체가 되어 사헬 지역에서의 사막화를 저지하고 녹화 사업을 벌이는 '사헬 그린벨트 프로젝트(Sahel Green Belt Project)'나 이집트의 건조지대에서 식생 재배를 시도하는 '녹색 지구 프로젝트(Green Earth Project)' 등도 추진하고 있다. 사막화 과정은 기후, 대기, 토양, 물, 식생, 지형 등 다양한 현상이 복합적으로 작용하여 일어나기 때문에 그 방지를 위해서는 여러 분야가 참여하는 입체적 접근이 요구된다.

코코 투기 사건

아프리카 나이지리아의 한 건설회사에서 일하는 이탈리아인이 나이지리아인과 공모해 1987년 8월부터 이듬해 5월까지 총 5회에 걸쳐 이탈리아로부터 3,884만 톤에 달하는 유해 폐기물을 화학제품으로 위장 반입해 나이지리아 벤델주의 코코항에 방치한 사건이 있었다. 반입된 유해 폐기물은 처음에 민간인이 운영하는 코코항의 한 야적장에 방치되어 있다가 이 지역 주민들에게 피해가 발생하면서 국제 문제로까지 비화되었다. 방치된 유해 폐기물에서 나온 침출수로 식수가 오염되고 유독성 가스가 대기로 이동하면서 코코항 인근 주민들에게 각종 질병이 발생했던 것이다.

피해의 원인이 타국의 산업 쓰레기라는 사실이 밝혀지자 나이지리아 정부는 이탈리아의 비양심적인 행위를 국제사회에 고발했다. 나이지리아 정부의 강력한 대응에 유해 폐기물은 다시 국외로 반출되었고 폐기물을 실은 선박은 1988년 7월부터 8월까지 바다를 떠돌며 스페인, 프랑스, 벨기에, 네덜란드, 독일, 영국 등에 입항을 시도했으나, 어느 국가도 이를 받아들이지 않았다. 결국, 이 유해 폐기물은 국제 여론과 수차례에 걸친 나이지리아 정부의 외교 교섭에 의해 이탈리아로 되돌아갔다. 하지만 나이지리아 정부는 오염 지역을 정화하고 환자를 치료하느라 많은 희생을 치러야 했다.

이처럼 선진국이 자국의 유해 폐기물을 개발도상국에 보내는 것을 제3세계 투기(Third World Dumping)라고 부르는데, 당시 아프리카의 많은 나라가 이를 외화벌이 수단으로 활용하고 있었다. 통계 자료에 따르면 1985년 한 해 동안 유럽에서 국경을 이동한 유해 폐기물의 양은 무려 300만 톤에 달했다. 유럽뿐만 아니라 미국과 일본도 대량 산업 쓰레기를 해외로 보냈다. 그러나 코코 투기

코코 사건 때 유해 폐기물을 실은 배의 이동 경로 및 입항 시도 국가들 ▶
코코 투기 사건의 폐기물을 싣고 바다를 떠돌아다니던 카린호 ▼

사건을 계기로 나이지리아는 환경오염으로부터 국토와 국민을 보호하기 위해 타국의 산업폐기물을 수입하지 말 것을 아프리카 여러 나라에 호소했다. 그리고 선진국에 대해서는 자국의 이익만을 꾀한 이러한 수출은 더 이상 하지말 것을 촉구했다. 같은 해 아프리카 연합기구(Organization of African Unity)는 타국의 산업 쓰레기 수입 금지를 회원국들에게 촉구했다. 세계은행 역시 유해물질의 국제 거래와 관련된 프로젝트에 대해서는 차관을 제공하지 않겠다고 선언했다.

과거 선진산업국에서는 유해 폐기물 처리와 처분에 관한 법적 규제가 엄격한 반면, 개발도상국은 극히 미약했기 때문에 선진국의 유해 폐기물을 개발도상국에 반입하는 일이 용이했다. 유해 폐기물을 받아들이는 개발도상국에서는 법적 규제뿐만 아니라 이것이 갖는 위해성에 관한 지식이나 관리 기술도 전무했다. 따라서 유해 폐기물의 위험성은 이를 배출한 국가보다 받아들인 개발도상국에서 엄청나게 증폭된다. 실제로 코코 지역에 살던 나이지리아인들은 유해 폐기물이 무엇인지도 모르고 살아왔기 때문에 방치된 폐기물을 수거하는 일에 동원된 현지인들이 심각한 건강 피해를 입었다. 수거 작업을 하던 150여 명의 나이아지리아인들은 폐기물에서 유출된 유독성 화학물질로 인해 구역질과 객혈, 마비 증상을 보였으며, 화상을 입고 혼수상태에 빠져 병원에 입원하기도 했다.

이 사건과 유사한 사례로는 미국의 키안시(Khian Sea)호 사건을 들 수 있다. 1986년 8월, 키안시호는 미국 필라델피아의 폐기물 소각장에서 나온 재를 싣고 여러 항구를 전전하다가 서인도 제도에 있는 아이티 공화국에 도착했다. 이 재는 카드뮴과 수은이 포함된 유해 폐기물이었다. 키안시호는 이를 비료라고 속이고 부두에 하적하는 도중에 발각되었고 아이티 당국은 화물을 다시 선적하라고 명령했다. 그런데 키안시호는 이를 다시 선적하다가 2,000~4,500톤의 재를 아이티 근해에 투기한 것으로 알려졌다. 그 후 이 배는 1년여에 걸쳐 서부 아프리카를 떠돌다 수에즈 운하를 통해 인도양으로 건너갔고 마침내 싱가포르에 입항했다. 그러나 이때 배의 화물 창고는 텅 빈 상태였다. 키안시호의 파렴치한 행위는 국제적 비난을 면치 못했다.

우리나라에서도 이와 유사한 사건이 발생한 적이 있다. 1975년경에 국내 수입상이 일본의 한 업체로부터 처리 비용을 받고 폐유기용제가 포함된 산업폐기물 5,000여 톤을 원자재로 가장해 수입했다. 그러나 세관 통관 과정에서 이 사실이 발각되어 수입상은 처벌을 받았고 수입 폐기물은 정부에서 예비비를 지출해 처리했다. 그런데 부산에서 이 폐기물을 처리하는 과정에서 심한 악취가 인근에 퍼져 또 한 번 사회적 물의를 일으켰다.

유해 폐기물을 싣고 다니다 바다에 버린 미국의 키안시호

유해 폐기물의 국가 간 이동이 자주 일어나고 세계적인 이슈가 되자 이를 규제하기 위한 국제 협약의 필요성이 제기되기 시작했다. 그러다 코코 투기 사건이 직접적인 계기가 되어 1989년 3월 22일 스위스 바젤에서 유해 폐기물의 국가 간 이동을 규제하기 위한 국제 협약이 채택되었다. '바젤협약(Basel Convention)'이라 불리는 이 협약은 1992년 발효되었으며 우리나라는 1994년 비준했다. 이 협약의 주요 내용은 규제 대상 폐기물의 종류를 명시하고 수출입에 관한 규약 및 책무를 정하며, 수입국과 수출국, 통과국에 이르기까지 유해 폐기물 이동 시 사전에 통보해 동의를 얻도록 의무화했다는 점이다. 바젤 협약은 궁극적으로 유해 폐기물의 발생을 최소화하고 자국에서 발생한 유해 폐기물은 스스로 처리하는 것을 목표로 한다. 특히 이 협약은 유해 폐기물을 환경 친화적인 방법으로 처분할 만한 능력이 없는 국가에 보내는 것을 철저히 규제하고 있다.

1997년 국제사회에서 큰 이슈가 된 대만 핵폐기물의 북한 반입 시도도 바젤 협약의 규제 대상이다. 당시 대만과 북한은 2년에 걸쳐 총 20만 배럴에 해당하는 핵폐기물을 황해북도 평산 지역의 폐광에 매립할 계획이었다. 이 폐광은 갱도가 무계획적으로 개발되어 있어 지하수오염에 노출되어 있고 지질 구조상 지진의 위험이 큰 곳이었다. 또 20만 배럴의 핵폐기물을 배로 운반할 경우 해상에서 예기치 못한 사고가 생길 수도 있었다. 그러나 북한과 대만 모두 바젤 협약에 가입하지 않았기 때문에 국제적으로 규제할 수단이 없었다. 다행히 이 계획은 국제사회의 강력한 반대와 북한이 경제난으로 대만이 요구하는 핵폐기물 저장 시설을 완공하지 못해 성사되지는 못했다.

제3세계 투기와 유사한 것으로 선진국에서 생산한 유해화학물질을 후진국으로 수출하는 사례를 들 수 있다. 개발도상국에서는 그 물질에 관한 지식이 부족하고 적절한 규제가 이루어지지 않기 때문에, 사용자의 남용과 오용으로 인한 인체와 자연생태계 피해 가능성이 당연히 커질 수밖에 없다. 또 일부 농약은 난분해성이면서 독성이 매우 강해 선진국에서는 자국에서 사용을 금지하는 물질을 생산만 하여 개발도상국에 수출하는 경우도 있다. 아이러니하게도 개발도상국에서 이러한 농약을 사용해 생산한 농산물을 다시 선진국이 수입하는 상황이 벌어지고 있다. 결국 선진국은 자신들이 생산해 해외에 판매한 자국 사용 금지 농약을 수입 농산물을 통해 다시 들여오게 되는 것이다.

이러한 문제를 해결하기 위해 1998년 네덜란드 로테르담에서 유해화학물질 및 농약의 국제 거래에 관한 협약이 채택되었다. 이 '로테르담협약(Rotterdam Convention)'의 목적은 유해물질을 수입하는 국가가 유해성에 관한 충분한 지식도 없이 이를 사용함으로써 환경과 인체에 유발하게 될 피해를 최소화하려는 것이다. 이 협약에 따라 유해화학물질을 수출하는 국가는 수입국에 관련 정

유해물질 국가 간 이동을 규제하기 위한 세 종류의 국제협약

보를 충분히 전달하고 사전에 동의를 구해야 하는 사전승인원칙(PIC: Prior Informed Consent)을 반드시 지켜야 한다. 로테르담협약은 1998년 채택되어 2004년에 발효되었으며 우리나라는 2003년에 비준했다. 이 협약은 농약과 산업용 유해물질 총 37가지를 규제 대상으로 하고 있다.

유해물질의 국가 간 이동을 규제하기 위한 또 다른 국제협약이 2001년 스웨덴 스톡홀름에서 채택되었다. '스톡홀름 협약(Stockholm Convention)'은 난분해성 유기오염물질(POPs: Persistent Organic Pollutants)로 인해 초래되는 인체 및 환경에 대한 위해를 감소시키기 위한 것으로, 다이옥신, 디디티, 퓨란 등 더러운 12가지(Dirty Dozen)라 불리는 난분해성 물질을 규제 대상으로 하고 있다. 분해될 때까지 수십 년이 걸리는 이러한 물질은 일단 자연계에 방출되면 전 지구적 영향을 줄 수 있기 때문에 국제적 협약을 필요로 하게 되었다. 2004년 발효되었고 우리나라는 2002년 비준했다.

실제로 바젤 협약 이후 국가 간 유해 폐기물 이동은 크게 줄어들었다. 로테르담협약을 통해 자국에서 사용 금지된 유해화학물질을 생산해 타국에 판매하는 행위에는 보다 강력한 규제가 가해지게 되었다. 그러나 앞서 북한과 대만의 핵폐기물 거래에서 보듯이 국제 협약은 해당국이 참여하지 않으면 효력이 없다. 또 협약에 참여했다 해도 감시의 눈을 교묘히 피해 일어나는 국제적 환경 범죄는 지금도 끊이지 않고 있다.

투발루의 비극 또는 희극

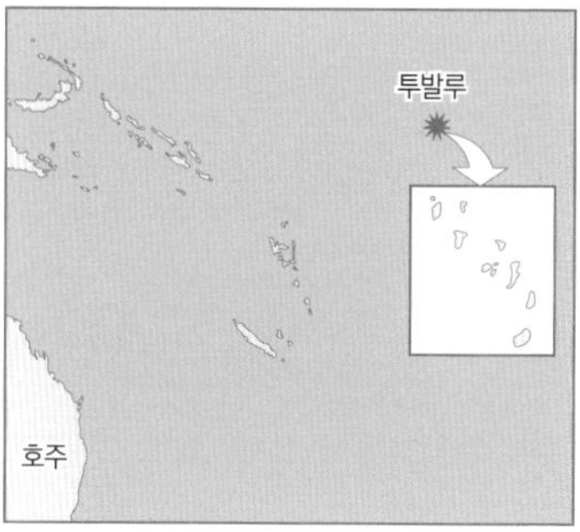

호주 북동쪽 4,000㎞ 지점에 국토 면적 26㎢에 인구 1만 1,000여 명인 작은 섬나라 투발루는 지구상에서 사라질 위기에 처했다고 국제 사회에 호소하고 있다. 태평양 한가운데 8개의 아름다운 산호초 섬으로 이루어진 이 나라는 국토가 평균 해발고도 3m에 불과하고 평평해서 해수면이 몇 미터만 상승해도 수몰될 위험에 처한다. 강수량이 연평균 2,000㎜ 이상으로 비교적 풍부하나 해수면 상승으로 바닷물이 지하수로 침투해 농사짓기가 어렵고 식수는 빗물에 의존할 수밖에 없다. 파도와 해일 피해가 계속되면서 야자나 바나나와 같은 열대 과일 식물도 토양 염수화로 재배가 힘들어지고 있다. 또 해양자원은 풍부하지만 물 사정으로 인해 어획물 보존이나 가공 산업은 불가능한 것이 투발루의 현실이다.

투발루는 지난 1992년 리우환경정상회의에서 지구온난화가 주요 이슈로 등장하면서 세계적인 주목을 받게 되었다. 지구온난화로 인한 해수면 상승으로 전 국토가 서서히 바다에 잠기고 있어 국민이 모두 이곳을 떠나야 할 상황이라는 투발루 정부의 공식 발표 때문이다. 투발루 정부는 이웃나라 호주에 자국민을 받아줄 것을 요청했으나 거절당했다. 이후 뉴질랜드에서 이민 쿼터를 수용해 2002년부터 이주가 순차적으로 진행되고 있다.

해수면 상승으로 국가가 영원히 사라질 위기에 처했다는 투발루의 비극은 지구온난화 광고에 단골 메뉴로 등장하여 세계적인 유명세를 타고 있지만 일부에서는 이를 곱지 않은 시선으로 바라보고 있다. 이유는 지구온난화로 인한 해수면 상승은 이미 19세기 후반부터 시작되었는데, 지난 1990년대 국제 이슈로 등장하자 갑자기 이를 자국의 비극으로 들고 나와 환경 관광지로 홍보하려는 의도가 숨어있기 때문이다. 또 주택과 관광지를 개발하기 위해 해안 모래를 무절제하게 채취했기 때문에 해수 침식과 토양 염수화가 일어나는 것을 선진산업국의 온실가스 배출을 원인으로 돌리는 것도 문제다. 게다가 전 국민이 이웃나라로 떠나겠다고 이민 신청까지 한 것은 투발루의 비극이 아니라 국가보다 자신들의

투발루 공항. 해수면 상승으로 활주로가 짧아지고 있다.

이익을 위해 벌이는 철부지들의 희극에 불과하다는 것이다. 투발루는 비록 작은 나라지만, 국토의 3분의 1이 해수면 아래인 네덜란드나 척박한 황무지를 옥토로 만들어 세계적인 강국이 된 이스라엘을 보면 비극보다 희극이라는 주장이 더욱 설득력 있어 보인다. 투발루가 지구온난화의 희생양인가, 아니면 보다 나은 삶을 향한 철없는 국민의 생존 전략인가에 관해서는 여전히 뜨거운 논쟁이 계속되고 있다.

지구는 지난 19세기 중반부터 점점 더워지고 있다. 기록에 따르면 1860년에서 1940년 사이에 지표면 온도는 약 0.4°C 상승했고, 1940년부터 1980년까지는 0.1°C 떨어졌으며, 그 후 20년 동안 다시 0.3°C 상승했다. 이러한 온도 상승은 지구 환경에 다양한 변화를 가져왔다. 특히 지난 20년 동안의 급격한 기온 상승은 세계 곳곳에서 수문기상 재난으로 이어지고 있다. 논쟁의 여지는 있지만, 많은 사람들은 산업혁명 이후 급속히 증가한 대기 중 이산화탄소를 지구온난화의 주요 원인으로 생각하고 있다.

현재 대기 중 이산화탄소량은 산업혁명 이전에 비해 25% 이상 증가했는데, 특히 지난 20세기 후반부터 증가세가 더욱 높아졌다. 이렇게 늘어난 이산화탄소는 지구에 도달한 태양에너지를 지표면에 머물러 있게 함으로써 지구 전체의 기온을 상승시키는 온실효과를 가져왔다는 주장이다. 사실 지구가 지금과 같이 평균 온도를 15°C로 유지할 수 있는 것은 대기의 온실효과 때문이다. 만일 온실효과가 없다면 지구의 평균 온도는 영하 18°C가 되어 사람을 포함한 모든 생물이 살기에 부적합하게 된다. 그러나 대기 중 이산화탄소가 증가한다면 더욱 많은 태양에너지를 붙잡아두어 지구의 온도가 상승할 수 있다.

이산화탄소 외에도 메탄가스와 아산화질소, 그리고 에어컨이나 냉장고에 사용되는 프레온(Freon) 가스도 지구온난화를 일으키는 원인 물질이다. 타이거 산림지대를 비롯한 툰드라 지대는 거대한 메탄가스 저장 창고 역할을 하며, 여기서 배출된 메탄가스도 지구온난화에 기여한다. 시베리아 동토 지대에서는 여름 기간 중 온도가 20℃ 이상까지 오르는 틈을 이용해 풀과 지의류, 이끼류 등이 툰드라 지역을 덮으나, 곧 매서운 추위가 시작되면 동토 지대를 메웠던 식물들이 토양 속으로 가라앉고 거기서 미처 분해되지 못한 식물들은 그 상태로 유기물로서 보관된다. 이러한 유기물은 땅속에 두꺼운 부식층을 형성하는데, 이 부식층에는 산소가 없기 때문에 유기물이 분해되면서 메탄가스를 발생시킨다.

그 밖에 아시아 지역의 벼농사도 메탄가스 증가에 크게 기여하는 것으로 알려져 있다. 벼가 성장하는 기간 동안 논 바닥에는 유기물이 산소 부족 상태에서 분해되고 이때 생성된 메탄가스는 벼의 줄기를 통해 대기로 배출된다. 또 소나 양과 같은 반추동물의 위에서도 메탄가스가 생성되어 대기로 배출되므로 목축업도 지구온난화에 상당 부분 기여하는 것으로 알려져 있다. 특히 프레온 가스와 메탄가스의 단위 분자당 온실효과는 이산화탄소에 비해 각각 1만 2,000배와 24배나 된다. 대기 성분별 지구온난화 기여도는 수분이 90%, 이산화탄소 6%, 메탄가스 2%, 기타 2%로 밝혀져 있다. 이산화탄소는 대부분(96.8%)이 지구의 자연 현상에 의한 것이고 인간의 화석연료 사용에 의한 것은 극히 일부분(3.2%)에 해당하는 것으로 추정하고 있다.

지구의 기온이 상승하면 해수가 팽창하고 남극과 북극의 빙하와 고산지대의 만년설이 녹아내려 해수면이 높아진다. 그 밖에도 기상이변이나 생태계 변화 등 그 영향은 다양한 형태로 나타난다. 기류와 해류가 변하고 육상 및 해양 생태계가 파괴되며, 농작물의 수확량이 감소하는 등 지구 전역에 걸친 광범위한 지역에서 변화가 관측되고 있다. 실례로, 미국 남부에서는 1980년대 후반 가뭄으로 인해 식량 작물 생산량이 감소했으며, 아프리카의 사하라와 그 이남 지역에서는 가뭄과 기아로 인해 많은 사람이 죽어가고 있다. 반면 일본에서는 강수량이 늘어나 쌀 생산량이 증가했으며, 카리브해 연안에서는 태풍이 점점 강해지고 자주 발생하여 피해가 늘어나고 있다. 2005년 미국 루이지애나주와 텍사스주 해안을 강타한 허리케인 카트리나와 리타는 지구온난화로 인해 강도가 과거보다 강해진 것으로 일부 전문가들은 추정하고 있다.

2007년에 발표된 유엔 보고서는 2100년 경에는 지구의 평균 온도가 1.4~6.4°C 정도 상승할 것으로 예상하고 있다. 또 해수면은 2030년까지 20cm, 2100년까지 1~2m까지 높아질 것으로 추정되고

해수면 상승으로 물에 잠긴 투발루 거리와 이를 호소하는 장면

있다. 지구상의 많은 대도시가 해안 저지대에 자리하고 있고 농경 활동도 주로 이러한 곳에서 이루어지기 때문에 이 같은 해수면 상승은 세계 경작 면적의 3분의 1, 그리고 10억 인구의 생활 터전을 앗아갈 것으로 예상하고 있다. 특히 이집트, 방글라데시, 태국, 파키스탄, 인도 등의 해안 국가와 일본, 인도네시아 등 섬나라들이 가장 큰 피해를 입게 될 것이다.

지구온난화의 영향은 우리나라에서도 이미 현실로 나타나고 있다. 육상 생태계가 아열대성으로 변하고 있으며, 근해에서 잡히는 어종의 경우 1990년대 이후 한류성인 대구와 명태는 급격히 감소하고 난류성인 멸치와 오징어는 크게 증가하고 있다. 또 바다가 더워져 태풍 발생이 잦고 강해졌으며, 적조도 더욱 심해졌다. 적도 부근에서 발생한 태풍은 이동하면서 해수면에서 에너지를 얻기 때문에 바다가 더워지면 소멸하지 않고 점점 강해져 상륙하게 된다. 적조 또한 따뜻한 바다에서 발생하기 때문에 지구온난화가 진행될수록 더 오랜 기간, 더 넓은 해역에서 지속된다. 그리고 우리나라의 많은 공업시설과 도시, 그리고 농경지 등은 해안지대에 위치해 있기 때문에 해수면 상승과 태풍의 피해는 매우 클 것으로 우려된다.

1988년 유엔환경계획(UNEP)와 세계기상기구(WMO)가 연합하여 '기후변화에 관한 정부 간 패널(IPCC: Intergovernmental Panel on Climate Change)'을 구성하고 기후변화에 관한 과학정보와 환경 및 사회경제적 측면의 영향을 평가하고 대응 전략을 수립하기 시작했다. 1992년 리우환경정상회의에서 사막화, 생물다양성, 지속가능발전 등과 함께 주요 의제로 상정되었으며, 그 회의에서 기후변화협약(UNFCCC: United Nations Framework Convention on Climate Change)을 채택했다. 이후 유엔은 1997년 교토의정서, 2009년 코펜하겐 기후변화협약, 2015년 파리 기후변화협약 등을 거치면서 석탄과 석유 사용량의 감축을 비롯한 지구온난화를 방지하기 위한 다각적인 노력을 기울이기 시작했지만 그다지 큰 성과를 거두지 못하고 있다.

1997년 교토의정서의 경우 가까운 장래에 이산화탄소의 배출삭감을 목표로 미국을 비롯한 많은 산업국가들이 참여하여 채택했다. 이 의정서는 참여국의 온실가스 배출량을 합해 지구 전체량의 55%를 차지하는 국가들이 비준할 때 효력을 갖는다. 일본과 유럽연합 국가들은 비준했지만 미국의 반대로 2005년까지 발효되지 못했다. 결국 러시아가 여기에 비준하여 교토의정서 체제가 출범했지만 성과는 별로 없었다. 지난 1997년 당시 미국의 클린턴 행정부는 초기 의정서 채택에는 참여했지만 그 후 어떤 정부도 비준은커녕 국회 동의조차 구하려 하지 않았다. 2015년 파리 기후변화협약에 미국 오바마 행정부는 참여했지만 2017년 트럼프 행정부는 탈퇴를 선언했다.

미국이 참여를 거부하는 이유는 기후변화협약이 여러 가지 면에서 비현실적이며, 비준하게 되면 물가상승이나 고용 해고와 같은 경제적 악영향이 크다는 것이다. 미국은 많은 국가들이 온실가스 감축 목표치에 달성할 수 없을 것이며 목표치 자체도 임의적이며 과학적이지 못하다고 주장한다. 더 큰 이유는 지구온난화의 원인에 대해 논란이 많기 때문이다. 지구온난화는 현실로 나타나고 있지만, 이것이 인간에 의한 온실가스 배출인지 지구의 자연스러운 현상인지 분명하지 않다는 것이다.

지구는 과거 인간의 온실가스 배출과 무관하게 온난기와 냉각기를 반복해왔다. 5만 년 전 빙하기에는 북유럽, 북아시아, 북미 대륙 대부분이 얼음으로 덮여 있었다. 빙하기가 끝나면서 기온이 올라가 얼음은 녹고 해수면은 계속 상승해왔다. 그 후 몇천 년 또는 몇백 년을 주기로 지구는 태양의 활동에 따라 냉각과 온난을 반복해오고 있다. 가장 가까운 시기로는 950년부터 1350년까지 중세 온난기(Medieval Warm Period)로 불리는 이 시기는 현재보다 1°C 이상 높았고 1645년부터 1715년까지 마운더 극소기(Maunder Minimum, 태양 흑점수가 비정상적으로 적었던 시기)에는 태양의 활동이 떨어져 소빙하기를 경험했다. 일부 학자들은 2042년을 최저점으로 하는 에디 극소기(Eddy Minimum)가 현재 오고 있는 중이며 태양의 활동이 60%까지 감소해 지구 온도가 1.5°C 떨어질 것이라고 예측하고 있다. 그래서 그들은 인간에 의한 지구온난화 현상을 잘못된 기우에 불과하다고 주장한다. 또 산업혁명 이후 지구 대기의 이산화탄소 증가가 가장 심하게 나타난 1940년부터 1980년까지 지구 온도는 오히려 0.1°C 떨어진 사실도 인간의 화석연료 원인설을 부인하게 한다.

이처럼 원인에 대해서는 과학적으로 불확실하지만 인간의 활동에 의한 온실가스 증가가 지구온난화에 아주 적은 부분이라도 기여할 것이라는 주장이 일반적인 견해다. 따라서 세계 각국이 협력해 온실가스 배출량을 줄이는 것이 바람직하다. 하지만 과학적으로 불확실한 지구 현상에 과도한 예산을 소모하고 경제적 타격을 자초할 필요는 없다. 대신에 지구온난화로 인해 발생할 수 있는 피해를 최소화하는 대비책을 강구하는 것이 바람직하다.

오존층 파괴와 미즐리의 죽음

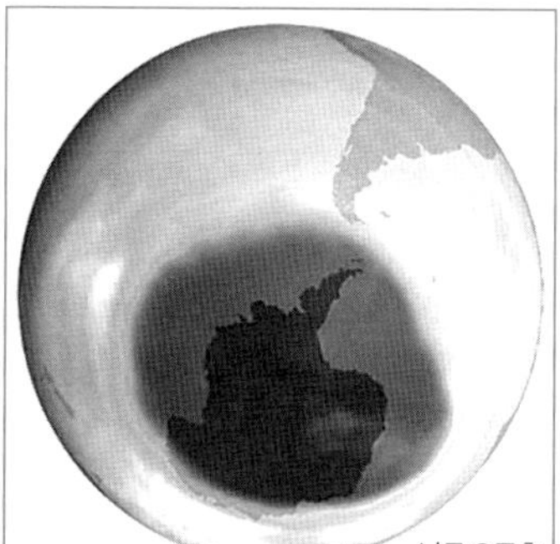
남극 오존층

지난 20세기에 인류는 수많은 문명의 이기를 만들어냈다. 이를 통해 인류의 삶은 더욱 편리하고 윤택해졌으며, 생활 영역도 크게 확대되었다. 그중에서도 특히 냉장고와 에어컨은 인류의 식생활과 생활 공간을 완전히 바꾸어 놓았다. 또 이것은 지구의 인구 분포까지 변화시켰다. 냉장고와 에어컨 사용이 일반화되면서 과거 온대 지방을 중심으로 살아 왔던 많은 인구가 열대와 아열대 지방으로 이동하게 된 것이다.

냉장고는 처음 개발되었을 당시 암모니아 가스를 사용해 냉각 효과를 얻었으나, 제2차 세계대전 무렵 냉각 능력이 매우 우수한 프레온 가스 사용이 보편화되기 시작했다. 프레온 가스는 1928년에 토머스 미즐리(Thomas Midgley)라는 미국의 화학자가 발명한 것으로, 독성이 적고 연소되지 않아 폭발 위험성이 낮다. 또 이 물질은 기름을 용해시키지만 금속이나 플라스틱과 반응하지 않으며, 비점이 상온이므로 쉽게 기화 또는 액화하는 특징을 갖고 있다. 프레온 가스는 이러한 성질 덕분에 냉장고나 에어컨의 냉매 외에도 기계, 금속, 전자제품 등의 탈지·세정제, 발포제, 그리고 화장품과 살충제의 분무제 등에 폭넓게 사용되었다. 프레온이란 말은 처음 이 가스를 생산한 제조회사의 상품명으로서 정식 화학명칭은 염화불화탄소(CFC: Chlorofluoro Carbon)다.

이 물질은 처음 개발되었을 때부터 그 독특한 성질과 유용성을 인정받았지만, 당시 미국의 경제 불황과 세계대전의 여파로 1940년대까지 사용량은 많지 않았다. 1950년에 와서 겨우 연간 2만 톤가량 생산하는 정도였다. 그러나 그 후 사용량이 폭발적으로 증가해 1970년경에는 연간 75만 톤 정도로 늘어났다. 이때까지만 해도 이렇듯 유용한 물질이 지구에 엄청난 피해를 주리라고는 아무도 생각지 못했다. 1974년에야 비로소 프레온 가스가 지구를 둘러싸고 있는 성층권의 오존층을 파괴할 수 있다는 연구 결과가 발표되었다. 미국 캘리포니아 어바인 대학의 셔우드 롤런드(Sherwood Rowland) 교수와 마리오 몰리나(Mario Molina) 박사는 프레온 가스가 불활성이기 때문에 배출되면 대부분 파괴되지 않고 성층권까지 도달하며, 연쇄 반응을 일으켜 한 분자의 프레온 가스가 수천 분자의 오존과 반응해 성층권의 오존층을 파괴할 것이라고 학계에 보고했다.

과학자들이 오존층 파괴에 처음 관심을 갖게 된 것은 1970년 초음속 비행기의 개발이 시작이었다. 성층권의 오존층은 비행기 항로로 이용되기 때문에 비행기가 배출하는 질소가스와 수증기가 오존층을 파괴할 것이라는 주장이 일부 과학자들에게서 제기되었던 것이다. 그러나 후에 이것은 우려할 만큼 심각한 문제를 야기하지 않는 것으로 밝혀졌다.

오존층은 태양빛의 유해 자외선을 차단하여 지구 생명체를 보호해주는 역할을 한다. 자외선은 오존층 투과 정도와 생명체에 미치는 영향에 따라 크게 세 영역으로 구분된다. 우선 파장 320~400nm에 해당하는 자외선(UV-A)은 전량이 오존층을 통과해 지상에 도달하나 생명체에 피해를 주지는 않는다. 파장 280~320nm에 해당하는 자외선(UV-B)은 오존층의 상태에 따라 일부 지상에 도달하며, 사람에게는 비타민 D를 생성시켜 구루병을 방지하는 장점이 있으나 양이 많으면 피부암을 유발한다. 마지막으로 파장 280nm 이하인 자외선(UV-C)은 오존층에 전량 차단되어 지상에 도달하지 않는다. 이 파장은 세포 유전자를 파괴하는 자외선(260nm 이하) 영역에 해당하기 때문에 지구에 도달할 경우 육상에는 생명이 살 수 없다.

프레온 가스로 인한 오존층 파괴는 파장 280~320nm에 해당하는 자외선(UV-B)의 차단을 줄여 지상에 더 많은 양을 도달하게 한다. 이 경우 인체에 피부암, 백내장, 각막염 등이 증가하며, 인체

프레온 가스에 의한 오존층 파괴 메커니즘을 규명한 공로로 1995년 노벨상을 수상한 롤런드(왼쪽) 교수와 몰리나(오른쪽) 박사

면역력이 떨어져 전염성 질병도 늘어나게 된다. 오존층 파괴는 피부의 햇볕 차단력이 약한 백인에 더 큰 피해를 주게 된다. 오존량이 10% 감소할 경우 백인에게는 피부암 발병률이 26% 정도 증가하며, 전 세계 백내장 환자가 연간 160만 명에서 175만 명가량 더 많아질 것이라는 연구결과도 있다. 또 육상 식물의 광합성을 저해해 식량 생산이 줄어들게 하며, 수중 생태계의 경우 식물성 플랑크톤 생산력을 떨어뜨려 어획량도 감소하게 한다. 강한 자외선은 건축 자재의 부식과 노화를 촉진하고, 대기 화학반응을 활발하게 하여 도시 지역의 대기오염을 더욱 심화시킬 것이다.

성층권의 오존은 유해 자외선을 차단해주는 유익한 기능을 담당하지만, 오존이 지면 부근에 존재할 때는 생명체에 치명적인 오염물질로 작용한다. 그래서 우리는 성층권 오존을 좋은 오존(Good Ozone), 지면 부근 대류권 오존을 나쁜 오존(Bad Ozone)이라 부른다. 대류권 오존은 화석연료 연소 과정에서 배출되는 질소산화물로부터 광화학 반응을 통해 산소 원자가 분해된 결과물이다. 가장 큰 발생원은 자동차 배기가스다. 광화학 스모그 원인 물질인 동시에 강한 산화력을 가져 암을 비롯하여 각종 호흡기 질환을 유발한다. 고농도의 오존은 호흡기 질환자에게는 치명적이며, 건강한 사람도 시각장애, 흉통, 두통 등을 호소하고 폐 기능을 크게 떨어뜨린다.

과학자들의 우려는 1980년대에 들어서면서 현실화되기 시작했다. 1982년 남극 상공에서 오존이 파괴된 구멍이 발견되었고 북극의 오존층이 엷어진 것도 위성에서 관측되었다. 그리고 오존층 파괴에 따른 지구 생물상의 피해도 보고되기 시작했다. 특히 지면에 도달하는 UV-B의 양이 크게 증가한 것으로 나타났다.

프레온 가스의 발생원은 대부분 북반구에 위치하는데도 남극에서 오존층 파괴가 심한 이유는 남극이 갖는 독특한 기상 현상 때문으로 알려져 있다. 남극 상공은 저위도(적도) 지방으로부터 열 수송이 제대로 이루어지지 않아 성층권의 기온이 영하 80℃ 이하까지 내려가고 이때 성층권 기체는 고체상의 에어로졸을 형성한다. 그런데 프레온 가스가 이 에어로졸 고체상에 부착할 경우 활성 염소의 오존층 파괴는 급속도로 일어난다. 이에 반해 북극 상공은 북반구 지형의 영향으로 기류 이동이 일어나기 때문에 저위도 지방으로부터의 열전달이 원활히 이루어진다. 따라서 북극 상공의 성층권은 영하 80℃ 이하로 내려가지 않으며, 에어로졸도 형성되지 않는다.

마침내 1985년 유엔환경계획(UNEP: United Nations Environment Programme)이 주도하여 세계 각국 대표들이 오스트리아 빈에 모여 오존층 파괴에 대한 대책 회의를 가졌다. 그 후 1987년에는 캐나다 몬트리올에서 세계 여러 나라가 프레온 가스 사용량을 줄이고

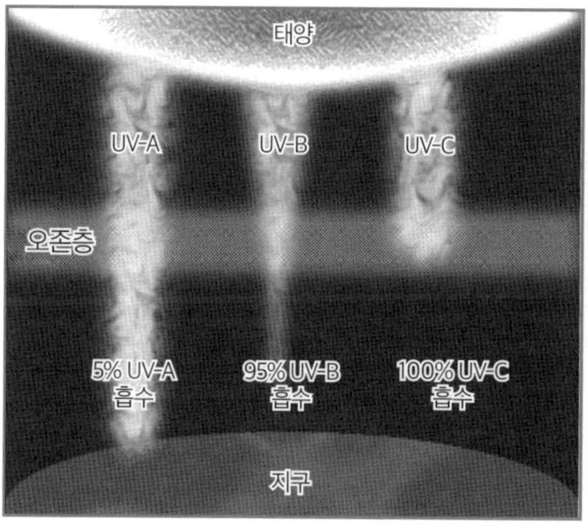

◀ 자외선 파장에 따른 오존층 흡수율
▼ 좋은 오존과 나쁜 오존

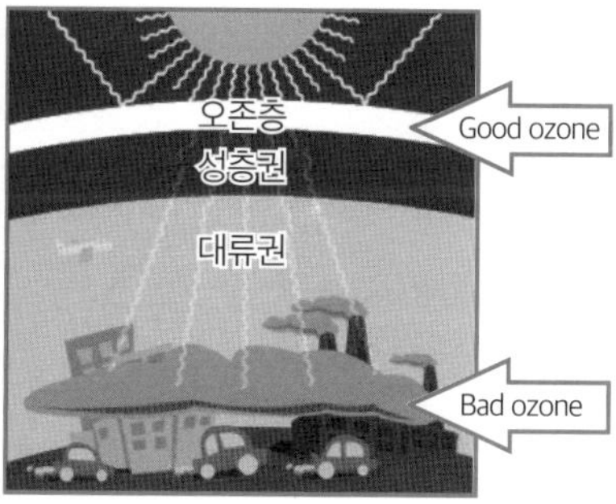

2000년까지는 일체의 프레온 가스 생산과 사용을 중지하기로 약속했다. 몬트리올 의정서(Montreal Protocol)는 프레온 가스와 할로겐족 물질의 생산과 소비를 줄이자는 국제간 협약이었는데, 1990년 6월 영국 런던에서 2000년까지 이들 물질의 생산과 사용을 전면 중단하자는 한층 강화된 내용으로 개정되었다. 그 후에도 1992년 덴마크 코펜하겐과 1995년 빈에서 협약을 개정하고 대책을 강구했다. 또 1974년 오존층 파괴 메커니즘을 발표했던 롤런드와 몰리나 교수는 1995년에 그 공로를 인정받아 노벨화학상을 받았다.

유엔을 중심으로 오존층 파괴에 대한 대책 회의가 진행되면서 세계 각국은 대체 냉매 개발에 나섰고, 1988년 이후 프레온 가스 사용량은 크게 줄었다. 특히 과거에 대량으로 사용하던 미국과 유럽, 일본 등은 1986년부터 1994년까지 75~100%나 감축했다. 프레온 가스를 크게 줄일 수 있었던 이유는 수소염화불화탄소(HCFC)와 수소불화탄소(HFC)라는 대체 냉매가 나왔기 때문이다. 하지만 두 물질 모두 온실가스이기 때문에 다시 새로운 냉매가 개발되면 사용이 금지될 것으로 보인다. 특히 HCFC는 약한 오존층 파괴 기능도 있어서 국제협약에서 선진국은 2020년에 개발도상국은 2030년에 사용금지를 약속했다. 한편 프레온 가스는 지난 2009년 지구상에서 모든 사용이 금지되었지만, 매우 안정적이어서 과거에 배출된 것이 대기에 오래 남아 있기 때문에 2087년까지 오존층 파괴에 영향을 미칠 것으로 추정하고 있다. 그래서 오존층 파괴로 자외선이 지면에 강하게 쬐는 1970년부터 2070년까지를 인간에 의해 지구가 경험하게 된 '자외선의 세기(Ultraviolet Century)'라 부르기도 한다.

지난 20세기에 과학이 만들어낸 많은 신물질은 처음에는 유용하게 사용되었다가 후에 환경 문제로 사용 금지되는 경우가 자주 있었다. 프레온 가스도 그러한 물질 중 하나다. 흥미로운 것은 프레온 가스를 발명한 토머스 미즐리의 생애와 그의 또 다른 발명품인 '유연휘발유'의 운명이다. 두 물질 모두 수십 년 동안 획기적인 신물질로 각광받았지만, 후에 같은 종말을 맞이했고 미즐리 자신도 매우 아이러니하게 생애를 마친 것이다. 미즐리는 1921년 자동차와 비행기 엔진의 노킹을 방지하기 위해 유연휘발유를 발명했고 이것은 전 세계적으로 널리 사용되었다. 그러나 유연휘발유는 대기에 배출되는 납의 유해성 때문에 1980년 이후 세계 각국에서 사용이 금지되었고 무연휘발유로 대체되었다. 그리고 미즐리 자신은 1944년에 55세의 나이로 이상한 죽음을 맞이하게 된다. 그는 1941년 폴리오 바이러스 감염으로 근육과 중추신경계가 마비되는 회백수염이라는 희귀병에 걸리게 되었다. 혼자서 침대에 눕고 일어날 수도 없을 만큼 거동이 불편한 신세였다. 그러자 그는 도르래와 단단한 줄을 이용해 혼자서 침대에 눕고 일어날 수

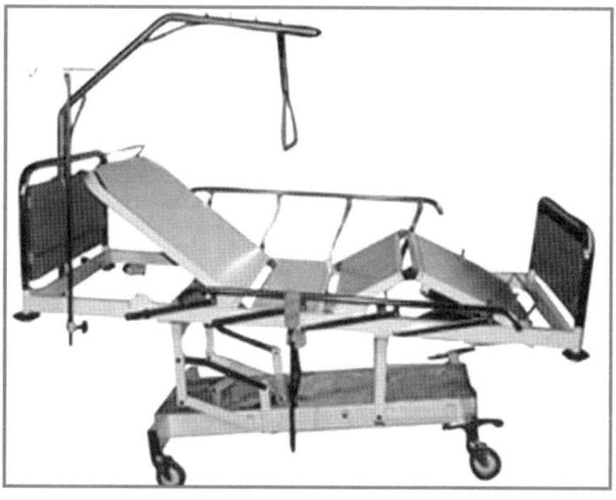

토마스 미즐리와 그를 죽음으로 이끈 그의 또 다른 발명품

있게 도와주는 발명품을 만들어 불편함을 해소했다. 그러던 어느 날 미즐리는 자신이 만든 발명품을 사용하다 줄에 목이 걸려 사망하고 말았다.

미즐리는 천재적인 발명가였다. 117개나 되는 특허를 가지고 있었으며, 미국화학회 회장을 역임하고 수많은 상도 받았다. 특히 프레온 가스와 유연휘발유는 20세기 세계 문명을 바꾼 대단한 발명품이었다. 그리고 그가 1930년 미국화학회 연례학술대회에서 수많은 관중이 지켜보는 가운데 프레온 가스가 무독하고 불에 타지 않는 획기적인 물질이라는 것을 증명해 보이고자 직접 프레온 가스를 흡입하고 불에 뿜은 일은 20세기 과학사에 유명한 일화로 남아 있다. 그러나 불행히도 미즐리 자신과 그의 두 발명품은 비극적인 결말을 맞이하게 되었다. 미즐리의 죽음과 두 발명품의 종말은 지난 세기 인류가 이룩한 과학문명의 무모함을 다시 한 번 되돌아보게 한다.

부록

환 경 사

On Airs, Waters and Places
Hippocrates
CLASSIC REPRINT SERIES
THE PURIFICATION OF SEWAGE AND WATER
SILENT SPRING
Rachel

부록1

•• 세계 주요 환경사

년도	내용
BC 8000	신석기 시대(농경 정착 생활) 시작, 세계 인구 400만 추정
BC 3000	청동기 시대 시작
BC 2000	철기 시대 시작, 수로 건설, 지하수 이용, 목탄으로 정수
BC 1000	세계 인구 5,000만 추정
BC 400	[그리스] 히포크라테스, 최초의 환경서 『물과 공기와 장소에 관하여』 발표
BC 500 ~AD 535	[로마] 상수·하수·우수 관로 사용, 먹는 물 모래자갈 여과, 환경 보호, 자원 활용, 공중보건등에관한법 제정
1273	[영국] 대기오염 방지를 위한 석탄 사용 규제(에드워드 2세)
1398	[영국] 수질오염방지법 제정
1543	[폴란드] 코페르니쿠스 『천구의 회전에 관하여』 발표, 과학 혁명 시작
1596	[영국] 존 헤링턴, 수세식 변기 발명
1610	[이탈리아] 갈릴레이 망원경 발명
1648	[프랑스] 파스칼 대기압 규명
1650	세계 인구 5억 추정
1661	[영국] 로버트 보일, 『회의적 화학자(Sceptical Chemists)』 발표 현대화학의 시작
1673	[네덜란드] 안토니 레벤후크, 현미경 발명
1712	[영국] 토마스 뉴콤먼, 초기 단계 증기기관 발명
1765	[영국] 제임스 와트, 증기기관 발명, 산업혁명 시작
1796	[영국] 에드워드 제너, 우두백신 발명
1798	[영국] 토마스 맬서스, 『인구론』 발표
1804	[영국] 상수 여과 장치 사용(스코틀랜드 파슬리)
1854	[영국] 런던 콜레라 사건, 존 스노, 콜레라 발생 경로 규명
1858	[영국] 런던 템즈 강 대악취 사건
1859	[영국] 찰스 다윈, 『종의 기원』 발표
1861	[독일]니콜라우스 오토, 4 실린더 내연기관 발명
1863	[영국] 존 틴달, 대기 온실효과 주창
1866	[스웨덴] 알프레드 노벨, 다이너마이트 발명
1872	[영국] 로버트 스미스, 산성비 현상 보고

년도	내용
1873	[영국] 런던 스모그 현상 최초 보고(1,150여 명 사망)
1874	[독일] 오트마 자이들러 DDT 발명
1875	[영국] 공중보건법 제정
1876	[영국] 하천오염방지법 제정
1878	[프랑스] 루이 파스퇴르, 세균에 의한 전염병 발생 규명
〃	[일본] 아시오 광산 사건
1881	[미국] 지방정부 단위 대기오염 규제(시카고, 신시내티)
1882	[미국] 토마스 에디슨, 최초의 수력발전소 건설(위스콘신 주 애플턴)
1885	[독일] 칼 벤츠, 최초의 내연기관(가솔린) 자동차 상용화
〃	[미국] 시카고 장티푸스 창궐(시카고)
1886	[미국] 내수면수질보호법 제정(매사추세츠 주)
1889	[영국] 하수 1차(침전)처리 시작, 수세식 변기 사용(런던)
1892	[독일] 루돌프 디젤, 디젤엔진 발명
1893	[영국] 하수 2차 살수여상법 처리 시작
1894	[미국] 니콜라 테슬라, 교류 전기 발명
1896	[프랑스] 앙투안 베크렐, 우라늄에서 방사능 발견
〃	[이탈리아] 구글리엘모 마르코니, 무선 전신 발명
1897	[영국] 윌리엄 딥딘, 『하수와 물의 정화』 발표
1898	[프랑스] 퀴리 부부, 우라늄 광석에서 플루토늄 분리
1899	[미국] 하천및항만오염방지법 제정(연방)
1901	[중동] 유전 개발 시작
1907	[미국] 세계 최초로 수질 기준치 적용
1908	[미국] 존 릴, 수돗물 염소소독 시작(뉴저지주 저지시티)
〃	[스웨덴] 스반테 아레니우스, 지구온난화 가능성 제시
1909	[독일] 프리츠 하버, 암모니아 합성법 개발(1918년 노벨상 수상)
1914	[영국] 하수 2차(활성 슬러지법)처리 시작
1921	[미국] 토마스 미즐리, 유연휘발유 발명
1928	[미국] 토마스 미즐리, 프레온 가스(CFC) 발명
1930	[벨기에] 뫼즈 밸리 대기오염 사건
1931	[미국] 먼지 구덩이(Dust Bowl) 사건 시작
1942	[미국] 시카고 페르미 연구소, 최초 원자로 개발 및 농축 우라늄 생산 뉴욕주정부, 후커케미컬에 러브 커낼 유해 폐기물 매립 허가

년도	내용
1943	[미국] DDT 생산 시작, 로스앤젤레스 스모그 현상 최초 보고
1945	[일본] 히로시마(우라늄 폭탄)와 나가사키(플루토늄 폭탄)에 원폭 투하
1948	[미국] 도노라 사건(펜실베이니아주), 연방오염규제법 시행(수질오염 방지)
1949	[미국] 클리어 호수 사건 시작
1950	[멕시코] 포사리카 황화수소 유출 사건
1951	[미국] 아리에 하겐스미트, 로스앤젤레스 광화학스모그 규명
1952	[영국] 런던 스모그 사건
〃	[미국] 최초의 주 단위 대기오염 규제(오리건주)
1953	[체코] 블루베이비 증상 보고
1956	[영국] 청정대기법 제정
〃	[일본] 미나마타 사건 시작
1957	[영국] 셀라필드 원자력발전소 사고(화재로 플루토늄 생산로 파괴)
〃	[구소련] 키슈팀 원자력발전소 방사능 유출
〃	[국제] 퍼그워시 회의 개최(세계 과학자들이 원자폭탄 대책을 논의)
1960	[일본] 욧카이치 사건 시작
1962	[영국] 제2차 런던 스모그 사건
〃	[미국] 레이첼 카슨, 『침묵의 봄』 출간
1963	[이탈리아] 베이온트 댐 붕괴 사건
〃	[미국] 연방정부의청정대기법 최초 제정(초기 단계, 미약한 규제)
1964	[일본] 니가타 사건 시작
1965	[미국] PVC 병 생산 시작
1966	[베트남] 고엽제 살포 지역에서 다이옥신 검출
1967	[일본] 공해대책기본법 제정
〃	[중동] 요르단강 물 전쟁(제3차 중동 전쟁)
〃	[스웨덴] 환경보호청 설립(세계 최초의 독립 환경 행정기관)
1968	[일본] 일본 정부에서 이타이이타이병 공식 인정, 가네미유 사건
〃	[미국] 개럿 하딘, '공유지의 비극' 이론 발표 폴 에를리히, 『인구폭팔』 출간
1969	[미국] 쿠야호가 강 화재 사건(오하이오주 클리블랜드) 알라모골드 사건 (뉴멕시코 주) 국가환경정책법(NEPA) 제정(환경영향평가제도 세계 최초로 도입)
〃	[영국] 제임스 러브록, '가이아 이론' 발표
〃	[국제] 지구의 벗 설립(네덜란드 암스테르담 본부)

년도	내용
1970	[미국] 데니스 헤이 '지구의 날(4월 22일)' 제정, 환경보호청(EPA) 설립 청정대기법 개정(강력한 규제)
〃	[영국] 환경청 설립
1971	[프랑스] 자연환경보호성 설립
〃	[캐나다] 환경성 설립
〃	[이라크] 이라크 수은 중독 사건
〃	[일본] 환경청 설립
〃	[국제] 습지 보호를 위한 람사 협약 채택(이란, 람사) 그린피스 설립 (네덜란드 암스테르담 본부)
〃	[미국] 타임스비치 사건(미주리 주)
〃	[이집트] 아스완댐 완공
1972	[미국] 청정수질법 제정
〃	[국제] 유엔인간환경회의(스톡홀름) 개최, 유엔환경기구(UNEP) 창립, 로마클럽 『성장의 한계』 출간, '세계 환경의 날(6월 5일)' 제정
1973	[미국] PBB 사건(미시간주), 멸종위기종 방지법 제정
〃	[국제] '멸종 위기에 처한 야생 동식물 국제 거래에 관한 협약(CITES)' 체결, 제1차 석유 파동
〃	[아프리카] 사헬 지역 대가뭄, 수백만 명 사망
〃	[영국] 녹색당 창당, 1975년 생태당(Ecology Party)으로 개칭
1974	[미국] 롤런드와 몰리나, 프레온가스의 오존층 파괴 메커니즘 발표 먹는물관리법 제정
〃	[일본] 공해로 인한 건강피해보상법 제정
1975	[미국] 제임스강 오염 사건(버지니아주) 브라운페리 원자력발전소 화재 사건(앨라배마주)
1976	[미국] 필라델피아 실내오염 사건, 러브 커낼 사건 시작
〃	[이탈리아] 세베소 사건
〃	[국제] 유엔사막화회의(케냐 나이로비)
1978	[프랑스] 아모코카디즈 사건
1979	[미국] 스리마일 원자력발전소 사건(펜실베이니아주)
1980	[미국] 슈퍼펀드법 제정(유해물질 오염 토양 정화)
〃	[독일] 녹색당 창당
1981	[미국] 워번 지하수 오염 사건 소송 시작
1983	[영국] 셀러필드 원자력발전소 사고(방사능 폐기물 해안 유출)
1984	[인도] 보팔 사건

년도	내용
〃	[국제] 런던서미트 환경장관회의, 세계 환경경영기업회의
〃	[미국] 리머릭 원전 라돈 사건
1985	[국제] 헬싱키의정서 체결(산성비 원인 물질 감축)
1986	[우크라이나] 체르노빌 사건
〃	[스위스] 라인강 바젤 사건
1987	[브라질] 고이아니아 사건
〃	[멕시코] 멕시코시티 대기오염 사건
〃	[과테말라] 적조 사건
〃	[국제] 몬트리올 의정서 체결(오존층 파괴 물질 감축) 『브룬트란트 보고서』 출간, '지속가능한 발전' 선언
1988	[나이지리아] 코코 투기 사건(유해 폐기물 국제 이동)
〃	[국제] 대기 변동에 관한 국제회의(캐나다 토론토), 몬트리올 의정서 발효
〃	[미국] 대기정화법 제정(캘리포니아주)
1989	[미국] 엑슨 발데즈호 사건
〃	[국제] 환경정상회의(네덜란드 헤이그), 바젤 협약 체결(유해 폐기물의 국가 간 이동 및 처리 규제), 아시아 지역 환경심포지엄(일본 도쿄)
1991	[중동] 걸프전 페르시아 만 기름 유출
〃	[호주] 달링강 녹조 사건
1992	[국제] 유엔환경개발회의(리우), 유엔 '세계 물의 날(3월 22일)' 제정
1993	[국제] 생물다양성협약 발효
〃	[미국] 밀워키 수돗물 오염 사건, 힝클리 크롬 사건 시작
1994	[국제] 유엔사막화방지회의, '사막 방지의 날(6월 17일)' 제정, 기후변화 협약 발효(50개국 비준), 유엔 해양법 발효
1995	[국제] 2000년 이후 감축 논의를 위한 기후변화협약 당사국 총회
〃	[미국] 롤런드와 몰리나, 노벨화학상 수상
1996	[우크라이나] 제2차 체르노빌 원전 사고
〃	[일본] 미나마타병 보상 최종 합의
〃	[국제] 기업환경경영체제를 위한 국제 규격 ISO14000 제정 '세계 습지의 날(2월 2일)' 제정
1997	[국제] 교토의정서 채택, '의제 21'의 향후 이행계획서 채택을 위한 유엔 환경특별총회
1998	[국제] 로테르담협약 체결(유해 화학물질 및 농약 국제 거래 규제)
1999	[일본] 도카이무라 사건(우라늄 방사능 유출)
〃	[국제] 세계 인구 60억 돌파

년도	내용
2000	[국제] 세계 물포럼(World Water Forum) 개최(네덜란드 헤이그)
2001	[국제] 난분해성 유기오염물질(POPs) 회의(스웨덴 스톡홀름)
2002	[투발루] 국토 침몰 이유로 뉴질랜드 이주 시작
〃	[국제] 유엔지속가능발전회의(남아공 요하네스버그)
2004	[국제] 케냐 환경부 차관 왕가리 마타이, 노벨평화상 수상
〃	[남아시아] 지진해일로 21만 여 명 사망
2005	[미국] 허리케인 카트리나로 1,000여 명 사망(루이지애나주, 뉴올리언스)
〃	[파키스탄] 대지진으로 4만여 명 사망
〃	[중국] 지린시 석유화학공장 폭발로 인한 쑹화 강 벤젠 유출 사건
2008	[미국] 샌디에이고 전자파 뇌종양 사건
2009	[국제] 코펜하겐 기후변화협약
2010	[국제] 나고야 의정서(유전자원 접근 및 이익 공유) 채택
〃	[미국] 멕시코 만 시추시설 딥워터 호라이즌호 폭발 사고
2011	[일본] 후쿠시마 원전 폭발 사고
2012	[국제] 유엔지속가능발전회의(리우+20, 브라질 리우데자네이루)
2013	[국제] 녹색기후기금(GCF, 한국 인천) 출범
2015	[국제] 파리 기후회의(기후변화협약 채택)
2016	[국제] 파리 기후변화협약 발효
2017	[국제] 미나마타(수은) 국제환경협약 발효
2019	[미국] 파리 기후변화협약 탈퇴 통보

부록2

·· 국내 주요 환경사

년도	내용
BC 6000년경	신석기 문화(한반도에서 집단 정착 마을 형성)
BC 2333년	단군 고조선 건국
BC 1000년경	청동기 문화 시작
BC 400년경	철기 문화 시작
~19세기 중반	하천오염, 적조발생, 콜레라 창궐 등에 관한 기록이 사료에 등장
~20세기 초	최초의 서양의학 병원 광혜원 설립(1885), 최초의 전등 경복궁 점화(1887), 최초의 철도 경인선 개통(1897), 최초의 전기회사(한성전기) 설립(1898), 최초의 자동차 도입(1903, 고종 황제 의전용), 최초의 상수도(1905) 등 신문명 전래
1935	인구 조사 실시, 전국 2,290만(서울 44만)
1936	조선오물청소령 제정
1945	해방, 당시 추정 인구 2,500만(남한 1,900만, 북한 600만)
1946	식목일 지정
1955	최초의 국산 자동차 생산
1958	청계천 복개공사 시작
1961	전북 남원 효기댐 붕괴 오물청소법, 수도법및산림법 제정, 해방 이후 최초로 적조 발생 보고(경남 진동만)
1962	울산공업센터 착공(산업화 시작)
1963	공해방지법, 독물및극물에관한법률 제정, 자연보존협회(한국 자연 및 자연자원보전학술조사위원회) 창립
1965	화전민 이전 사업 시작(당시 화전민 42만 명 추산)
1966	하수도법 제정
1967	최초의 환경 행정부서 설립(보건사회부 환경위생과 공해계), 산림청 설립, 조수보호및수렵에관한법률 제정
1968	공해방지협회 설립
1970	새마을 운동 시작
1972	최초의 분뇨처리장 건설(서울 서부위생처리장, 1988년 폐쇄), 스톡홀름 유엔인간환경회의 한국 대표 파견
1973	산림녹화기본계획 설립

년도	내용
1975	한국환경보호연구회(협의회로 개칭, 최초의 민간환경단체) 설립
1976	한국환경문제협의회(현 일사회, 최초의 환경 전문가 집단) 설립
1977	환경보전법 제정(환경영향평가 제도 도입), 자연보호협의회(현 자연보호중앙연맹) 설립
1978	최초의 하수처리장 건설(서울 중랑하수처리장), 최초의 원자력발전소 건설(경남 고리), 국립환경연구소(현 국립환경과학원) 설립
1979	합성수지폐기물처리사업법 제정, 울산공단 주변 어린이 피부병 발생
1980	환경청 설립, 자연공원법 제정, 한국자원재생공사 설립, 헌법에 '환경권' 명시(제5공화국 헌법)
1982	온산공단 '괴질병' 발생
1983	환경오염방지사업단법, 환경관리공단법 제정
1986	폐기물관리법 제정
1987	국립환경연구소 국립환경연구원으로 승격, 경기도 시흥 우물물 비소 오염, 집단 피부병 발생
1988	서울 상봉동 연탄공장 진폐증 환자 발생
1989	수돗물 중금속 오염(제1차 수돗물 파동) 사건
1990	환경청에서 환경처로 승격, 환경법 복수법화(환경정책기본법, 대기환경보전법, 수질환경보전법, 소음·진동 규제법, 자연환경보전법, 환경분쟁조정법), 수돗물에서 발암물질 트리할로메탄 검출(제2차 수돗물 파동), 제20회 지구의 날 행사를 국내 최초로 개최
1991	오수·분뇨및축산폐수의처리에관한법률 제정, 환경범죄의단속에관한특별조치법, 환경개선비용부담법 제정, 낙동강 페놀 사건(경북 구미), 안면도 핵폐기장 건설 계획 백지화, 새만금 방조제 공사 착공
1992	폐기물의국가간이동및처리에관한법률 제정, 자원의절약과재활용촉진에관한법률 제정
1993	러시아 핵폐기물 동해 투기 사건, 한국환경자원공사법 제정
1994	'멸종 위기에 처한 야생동식물의 국제 거래 협약(CITES)' 가입, 환경처에서 환경부로 승격, 환경개선특별회계법, 환경기술개발및지원에관한법률 제정, 바젤 협약, 생물다양성 협약 가입, 기후변화협약 비준, 굴업도 핵폐기장 선정 백지화

년도	내용
1995	폐기물처리시설설치촉진및주변지역지원등에관한법률 제정, 토양환경보전법, 먹는물 관리법 제정, 쓰레기 종량제 실시, 시프린스호 사건(유조선 기름 유출)
1996	시화호 수질오염 사회 문제화, 미군 송유관 파열로 인한 한강 기름오염 사건, 대구 위천공단 건설 계획과 부산·경남 지역의 물 분쟁, 다중이용시설등의실내공기질관리법 제정, '바다의 날(5월 31일)' 제정
1997	람사협약 가입, 경남 창녕 우포늪 생태계 보전지역 지정, 독도등도서지역의생태계보전에관한특별법 제정, 전국 자동차 등록 대수 1,000만 대 돌파
1998	경남 창녕 우포늪, 람사협약습지로 등록
1999	한강수계상수원수질개선및주민지원등에관한법률 제정, 월성 원자력발전소 중수 누출 사건, 비무장지대에서 1960년대(1968~1969) 고엽제 살포 확인, 동강댐 건설 계획 백지화, 새만금 사업 1차 중단, 습지 보전법, 환경교통재해등에관한영향평가법 제정
2000	수도권매립지관리공사의설립및운영등에관한법률 제정, 미군 부대 독극물(폼알데하이드) 한강 무단 방류 사건, 어장 휴식년제 도입
2001	새만금 사업 재개
2002	청계천 복원 시작
2002	낙동강특별법, 영산강특별법, 금강특별법 제정
2003	새만금 사업 2차 중단, 사업 재개, 설폐기물의재활용촉진에관한법률 제정, 수도권대기환경개선에관한특별법, 백두대간보호에관한법률 제정, 부안 핵폐기장 반대 투쟁(2004년 2월 주민 투표로 백지화)
2004	수질오염 총량관리제 최초 시행(경기도 광주시), 야생동식물보호법, 악취방지법 제정, 친환경상품구매촉진에관한법률 제정, 새집증후군 사회 문제화
2005	경부고속철도 천성산 터널공사 재검토, 새집증후군에 따른 실내공기 환경기준 강화, 청계천 복원 완공
2006	문화유산과자연환경자산에관한국민신탁법 제정, 가축분뇨관리및이용에관한법률 제정
2007	국립생물자원관 개관, 잔류성유기오염물질관리법 제정, 유조선 허베이 스피릿호 태안 기름 유출 사고
2008	저탄소 녹색성장 선포, 제10차 람사르 당사국 총회 경남 창원시 개최
2009	4대강 살리기 사업 착공

년도	내용
2010	물의재이용촉진및지원에관한법률 제정
2011	석면피해구제법 제정, 유엔사막화방지협약 제10차 총회 경남 창원 개최, 4대강 사업 준공
〃	가습기 살균제 사건 원인 규명
2012	경북 구미 불산 누출 사고, GGGI(글로벌 녹색성장연구소) 국제기구화
2013	경북 상주 웅진 폴리실리콘 염산 유출 국립생태원 개원, 환경보건법, 석면안전관리법, 저탄소녹색성장기본법 제정, 녹색기후기금(GCF, 인천) 출범
2016	파리 기후변화협약 비준
2017	가습기 살균제 피해구제를 위한 특별법 제정
〃	나고야 의정서 비준
2018	라돈 침대 사건
2019	미나마타(수은) 국제환경협약 비준

참고문헌

▸ 국내 저서

김신범,『화학물질, 비밀은 위험하다』, 포도밭출판사, 2017.
김정규,『역사로 보는 환경』, 고려대학교 출판부, 2009.
박강리,『지구별에서 함께 살아가기: 인물로 읽는 환경 이야기』, 해나무, 2008.
박석순,『지구촌 환경 재난』, 도서출판 따님, 2000.
박석순,『만화로 보는 박교수의 환경 재난 이야기』, 이화여대 출판부, 2003.
박석순,『살생의 부메랑』, 에코리브르, 2005.
박석순,『부국환경담론: 부강한 나라가 환경을 지킨다』, 사닥다리, 2007.
박석순,『MT(Map of Teens)환경공학: 나의 미래 공부시리즈』, 장서가, 2008.
박석순,『환경정책법규 원론』, 어문학사, 2016.
박석순,『부국환경론: 부국환경이 우리의 미래다』, 어문학사, 2018.
박석순,『수질관리학 원론: 전문가로 가는 입문서』, 어문학사, 2019.
박창근,『환경보호 대통령 박정희』, 도서출판 가교, 2015.
일사회,『그 세월의 뒷모습: 한국 환경야사』, 홍문관, 2011.
정회성,『전환기의 환경과 문명: 기후 · 환경과 인류의 발자취』, 도서출판 지모, 2009.
정형지, 김도윤, 유동수, 홍동우,『물과 불의 새로운 승자』, 옥당, 2012.

▸ **국내 역서**

김동규 역(라일리 던랩), 『미국의 환경운동사』, 백수사, 1996.
김보영 역(제임스 스페스), 『아침의 붉은 하늘: 환경 위기와 지구의 미래』, 에코리브르, 2005.
김은령 역(레이첼 칼슨), 『침묵의 봄』, 에코리브로, 2002.
김지석, 김춘이 역(앨 고어), 『우리의 선택』, 알피니스트, 2010.
김승욱 역(데브라 데이비스), 『대기오염, 그 죽음의 그림자』, 에코리브르, 2004.
박계수, 황선애 역(디르크 막사이너 · 미하엘 미에르쉬), 『오해와 오류의 환경 신화』, 랜덤하우스중앙, 2005.
박석순 역(노리에 허들 · 마이클 리치), 『꿈의 섬: 일본의 환경비극』, 이화여대 출판사, 2001.
박석순 역(잭 홀랜더), 『환경과 빈부의 두 세계』, 어문학사, 2017.
박석순 역(캐티 싱어), 『전자파 침묵의 봄』, 어문학사 2018.
박석순 역(니콜라스 피놀트), 『전자파 환경성 질환과 예방법』, 어문학사 2019.
박석순 역(아서 퍼스텐버그), 『보이지 않는 무지개(상): 지구 생명의 전기 현상과 환경 위기』, 어문학사, 2020.
박석순 역(아서 퍼스텐버그), 『보이지 않는 무지개(하): 전기통신 시대와 문명의 질병』, 어문학사, 2020.
박종대 · 이수영 역(클라우스 퇴퍼 · 프리데리케 바우어), 『청소년을 위한 환경교과서』, 사계절, 2009.
이하준 역(야스다 요시노리 외), 『환경은 세계사를 어떻게 바꾸었는가』, 경당, 2003.
윤홍식 역(피터 번스타인), 『물의 결혼: 이리 운하와 위대한 국가 건설』, 사닥다리, 2011.
이경남 역(대니엘 예긴), 『2030 에너지 전쟁: 과거에서 미래까지, 에너지는 세계를 어떻게 바꾸는가』, 사피엔스21, 2013.
이순희 역(로이 스펜스), 『기후 커넥션: 지구온난화에 관한 어느 기후 과학자의 불편한 고 백』, 비아북, 2008, 275쪽.
이하준 역(이시 히로유키 · 야스다 요시노리 · 유아사 다케오), 『환경은 세계사를 어떻게 바꾸었는가』, 경당, 2003.
차재권 역(제임스 스페스 · 피터 하스), 『지구와 환경: 녹색혁명의 도전과 거버넌스』, 명인문화사, 2009.
추경철, 안민석 역(스티븐 솔로몬), 『물의 세계사: 부와 권력을 향한 인류 문명의 투쟁』, 민음사, 2013.
황보영조 역(앤터니 페나), 『인류의 발자국: 지구 환경과 문명의 역사』, 삼천리, 2013.
홍욱희 역(비외른 롬보르), 『회의적 환경주의자』, 에코리브르, 2003.
홍욱희 역(존 맥닐), 『20세기 환경의 역사』, 에코리브르, 2008.

▸ 해외 서적 및 논문

Arms, K., Environmental Science, Saunders College Publishing, Philadelphia, PA, 1990.
Bailey, R. The End of Doom: Environmental Renewal in the Twenty-first Century, Thomas Dunne Books, New York, 2015.
Bailey, R. The True State of The Planet: Ten of the World's Premier Environmental Researchers in a Major Challenge to the Environmental Movement, Free Press, New York, 1995.
Bailey, R., Global Warming and Other Eco-Myths, Prima Publishing, Roseville, CA, 2002.
Banies, J., Environmental Disasters, Thomson Learning, New York, NY, 1993.
Barazilay, J. I. and Weinberg, W. G. and Eley, J. W., The Water We Drink, Rutgers University Press, New Brunswick, NJ, 1999.
Blatt, H., America's Environmental Report Card, The MIT Press, 2005.
Botkin, D. B. and Keller, E. A., Environmental Science, 4th Ed., John Woley & Sons, Inc., Hoboken, NJ, 2003.
Bowler, P. J., The Norton History of the Environmental Science, Norton, New York, NY, 1993.

Burger, J., Oil Spills, Rutgers University Press, New Brunswick, NJ, 1997.
Chanlett, E. T., Environmental Protection, 2nd Ed., McGraw-Hill, Inc., New York, NY., 1979.
Dashefasky H. S., Environmental Literacy, Random House, New York, NY, 1993.
Davis, L., Environmental Disasters: a Chronicle of Individual, Industrial, and Governmental Carelessness, Facts On File, Inc., New York, NY., 1998.
Davis, M. L., Introduction to Environmental Engineering, 3rd Ed., McGraw-Hill, New York, NY, 1998.
Davis, R., Life In The Iron Mills(1861), Kessinger Publishing, 2010.
Del Mar, D., Environmentalism, Pearson Books, 2006.
Gleick, P. H., The World's Water, Inland Press, Washington, D. C., 1998.
Goudie, A. The Human Impact on the Natural Environment 4th Ed, MIT Press, Cambridge, MA, 1997.
Gunn, A., Unnatural Disasters: Case Studies of Human-Induced Environmental Catastrophes, Greenwood Press, Westport, CT, 2003.
Harr, J., Civil Action, Vintage Books, New York, NY, 1995.
Harte, J., Holdern, C., Schneider, R., and Shirley, C., Toxics A to Z: a Guide to Everyday Pollution Hazards, University of California Press, Berkeley, 1991.
Hill, J. B., One Makes the Difference, Happer SanFrancisco, New York, NY, 2002.
Hodgson, P., Energy, the Environment and Climate Change, Imperial College Press, 2010.
Klaidman, S., Health in The Head Line, Oxford University Press, New York, NY, 1991.
Lomborg, B, False Alarm: How Climate Change Panic Costs Us Trillions, Hurts the Poor, and Fails to Fix the Planet, Basic Books, New York, 2020.
Masters, G. M., Introduction to Environmental Engineering and Science, 2nd Ed., Prentice-Hall, Upper Saddle River, NJ, 1998.
McGuire, M., The Chlorine Revolution: Water Disinfection and the Fight to Save Lives, American Water Works Association, Denver, CO, 2013.

McKibben, B., The End of Nature, Anchor Books, New York, NY, 1999.
McKinney, M. L. and Schoch, R.M., Environmental Science, West Publishing Company, New York, NY, 1996.
McNeill, J. R., Something New under the Sun: an Environmental History of the Twentieth-Century World, W.W. Norton and Company, New York, NY, 2000.
Meadows, Dennis, Meadows, Donella, Randers, J., Behrens, W., The Limits to Growth: A Report for the Club of Rome's Project on the Predicament of Mankind, A Potomac Associate Books, 1974.
Moriarty F., Ecotoxicology, Academic Press Inc., London, 1983.
Motan J. M. and Morgan M. D. and Wiersma J. H., Introduction to Environmental Science, 2nd Ed., W. H. Freeman and Company, New York, NY, 1986.
Murakami, M., Managing Water for Peace in the Middle East: Alternative Strategies, United Nations University Press, Tokyo, 1995.
Myers, N., GAIA: An Atlas of Planet Management, Anchor Books, New York, NY, 1993.
Nathanson J. A., Basic Environmental Technology, John Wiley & Sons, Inc., New York, 1986.
Nazaroff, W. W. and Alvarez-Cohen, L. Environmental Engineering Science, Wiley & Sons, Inc., New York, 2001.
Nebel, J. N. and Wright, R. T., Environmental Science, 5th Ed., Prentice Hall., Upper Saddle River, NJ, 1981.
Parker S. P. and Corbitt R. A., McGraw-Hill Encyclopedia of Environmental Science and Engineering, 3rd Ed., McGraw-Hill, Inc., New York, NY, 1992.
Porritt, J., Save the Earth, Turner Publishing, Inc., Atlanta, GA. 1991.
Raven, P. H and Berg, L. R and Johnson, G. B., Environment, 2nd Ed., Saunders College Publishing, Philadelphia, PA, 1997.
Regenstein, L, How to Survive in America the Poisoned, Acropolis Books, Washington, D. C., 1986.

Rodrigue DC, Etzel RA, Hall S, de Porras E, Velasquez OH, Tauxe RV, Kilbourne EM, Blake PA, 『Lethal paralytic shellfish poisoning in Guatemala』 The American journal of tropical medicine and hygiene, 42(3), 267-271, 1990.

Schneider, A. and McCumber, D. 『An Air That Kills: How the Asbestos Poisoning of Libby, Montana, Uncovered a National Scandal』, Putnam, New York, 2004.

Shellenberger, M, Apocalypse Never: Why Environmental Alarmism Hurts Us All Harper Collins, New York, 2020.

Stefoff, R., Environmental Disaster, Chelsea House Publishers, New York, NY, 1994.

Turk, J. and Turk, A., Environmental Science, 4th Ed., Saunders College Plublishing, Philadelphia, PA, 1988.

United Nations Environmental Programme, Global Environmental Outlook 3, Earthscan Publishing Ltd, London, 2002.

Warren, L. S., American Environmental History, Blackwell, Malden, MA, 2003.

Weiner, R. F. and Matthews, R., Environmental Engineering, Elsevier Science, Burlington, MA, 2003.

World Resources Institute, Environmental Almanac, Houghton Mifflin Company, Boston, MA, 1993.

Wrightstone, G, Inconvenient Facts: The science that Al Gore doesn't want you to know, Silver Crown Productions, Minneapolis, MN, 2018.

찾아보기

개정증보판
환경 재난과 인류의 생존 전략

초판 1쇄 발행일 2020년 11월 30일

지은이 박석순
펴낸이 박영희
편　집 박은지
디자인 최민형, 서채영
인쇄·제본 AP프린팅
펴낸곳 도서출판 어문학사
서울특별시 도봉구 쌍문동 523-21 나너울 카운티 1층
대표전화: 02-998-0094/편집부1: 02-998-2267, 편집부2: 02-998-2269
홈페이지: www.amhbook.com
트위터: @with_amhbook
블로그: 네이버 http://blog.naver.com/amhbook
다음 http://blog.daum.net/amhbook
e-mail: am@amhbook.com
등록: 2004년 4월 6일 제7-276호

ISBN 978-89-6184-962-3 03530
정가 18,000원

이 도서의 국립중앙도서관 출판시도서목록(CIP)은 e-CIP홈페이지(http://www.nl.go.kr/ecip)와
국가자료공동목록시스템(http://www.nl.go.kr/kolisnet)에서 이용하실 수 있습니다.
(CIP제어번호: CIP 2020039951)